Marc Fengel · Prüfung elektrischer Anlagen
Band I

de-FACHWISSEN

Die Fachbuchreihe
für Elektro- und Gebäudetechniker
in Handwerk und Industrie

Marc Fengel

Prüfung elektrischer Anlagen

Band 1
Grundlagen – Bewertungskriterien – Schutzziele

Hüthig · München/Heidelberg

Bibliografische Information der Deutschen Bibliothek
Die Deutsche Bibliothek verzeichnet diese Publikation in der Deutschen Nationalbibliografie; detaillierte bibliografische Daten sind im Internet über https://portal.dnb.de/ abrufbar.

Möchten Sie Ihre Meinung zu diesem Buch abgeben?
Dann schicken Sie eine E-Mail an das Lektorat
im Hüthig Verlag:
buchservice@huethig.de
Autor und Verlag freuen sich über Ihre Rückmeldung.

ISSN 1438-8707
ISBN 978-3-8101-0539-4

Printed in Germany
Titelbild, Layout, Satz: schwesinger, galeo:design
Titelfotos: Multimeter PCE-DC2-ICA der Firma PCE Deutschland GmbH
Vordergrund: © shutterstock 353697836, Feaspb
Druck: Westermann Druck Zwickau GmbH

Vorwort

Als Sachverständiger habe ich im Rahmen von Prüfungen und Begutachtungen den schönsten Job. Ich suche die Fehler bei anderen und muss die Mängel nicht selbst beheben. Doch so einfach ist es dann doch wieder nicht. Bei Prüfungen und Begutachtungen werden technische Zusammenhänge mit juristischen Mitteln bewertet. Dabei bedient sich ein Sachverständiger, im Gegensatz zu Juristen, technischer, gesetzlicher und privatrechtlicher Regeln auf dem Gebiet der Elektrotechnik sowie weiterer Fachgebiete.

Je nach Prüfung und Bewertungsgrundlage bewegt sich ein Sachverständiger oder ein Prüfer immer in einem Spannungsfeld zwischen dem Kunden, der eigenen Wirtschaftlichkeit und dem eigenen Qualitätsanspruch. Da Prüfer und Sachverständige bestimmte Freiheiten haben den Prüfungsumfang und die Prüftiefe festzulegen, liegt es an jedem einzelnen, seine Position in diesem Spannungsfeld zu finden. Selbstverständlich ist auch die Tätigkeit als Sachverständiger und Prüfer aufgrund der Liberalisierung des Prüfmarktes einem gewissen marktwirtschaftlichen Wettbewerb aus Angebot und Nachfrage unterworfen. Damit haben Kunden die Wahl, wer einen Prüfauftrag erhält und wer nicht. Durch den Preiskampf sind Sachverständige in der Zwickmühle, die Qualität und Prüftiefe zugunsten der Effizienz zu reduzieren oder Aufträge zu verlieren. Ein Sachverständiger oder Prüfer läuft immer Gefahr die eigenen Qualitätsansprüche zu Gunsten der Wirtschaftlichkeit bewusst oder unbewusst zu reduzieren. Damit werden Haftungsrisiken und im schlimmsten Fall das Risiko von strafrechtlichen Konsequenzen in Kauf genommen.

Im Rahmen meiner Tätigkeit stoße ich immer wieder auf Anwendungsfälle, die nicht der Routine des „Alltagsgeschäfts“ entsprechen und deren Lösung besondere Sorgfalt erfordert. Die Prüfung dient im Grundsatz der Feststellung, ob eine Anlage sicher ist oder nicht. Dabei schafft ein Sachverständiger durch die Prüfung und die damit getätigten Aussagen Rechtssicherheit hinsichtlich Haftung und Schadensersatzansprüchen für Errichter und Betreiber. Im Grunde geht es für alle Beteiligten darum, am Abend wohlbehalten von der Arbeit nach Hause zu kommen, das eigene Haus, die Eigentumswohnung oder andere erarbeitete Vermögensstände zu behalten und morgens mit reinem Gewissen in den Spiegel schauen zu können. Hier kommt der fachlichen Aussage eines Sachverständigen vor allem bei sicherheitsrelevanten Aspekten eine besondere Rolle als unabhängige Institution zu. Wie man dieser Rolle im Spannungsfeld der Interessen durch Zugeständnisse und Auslegung der technischen Regeln gerecht wird, obliegt jedem selbst: *„Nach bestem Wissen und Gewissen"*.

Danksagung

Danken möchte ich Frau *Nina Gnädig*, Frau *Sarah Neumann* und Herrn *Michael Muschong* vom Hüthig Verlag für die konstruktive Zusammenarbeit und Unterstützung bei der Umsetzung dieses Projektes.

Mein Dank gilt auch meinen Kollegen, Kunden und verschiedenen Fachkreisen, die mir für dieses Buch durch interessante und informative Fachdiskussionen einen wichtigen Input zu den fachlichen Inhalten gaben.

Ein besonderer Dank gilt den Personen in meinem privaten und familiären Umfeld, die mir an den unzähligen Abenden, Wochenenden und Feiertagen den Rücken für die notwendigen Schreibarbeiten freihielten, indem sie auf meine Person verzichteten, und damit erst dieses Buch ermöglichten.

Ich wünsche Ihnen viel Spaß beim Lesen.

Marc Fengel

Inhaltsverzeichnis

I Grundlagen

1 Einführung

1.1 Was ist eine elektrische Anlage?

Eine elektrische Anlage ist eine Gesamtheit zugeordneter elektrischer Betriebsmittel mit abgestimmten Kenngrößen zur Erfüllung bestimmter Zwecke. Der Zweck liegt in der Verteilung und Umwandlung elektrischer Energie zur Versorgung elektrischer Verbrauchsmittel, die dazu bestimmt sind, die elektrische Energie in andere Energieformen, beispielsweise in Licht, Wärme oder mechanische Energie, umzuwandeln. Mit Einzug der dezentralen Erzeugungsanlagen, die aus einer oder mehreren Erzeugungseinheiten eines Energieträgers bestehen, dreht sich die Stromrichtung in Richtung des Niederspannungsnetzes um. Es findet somit in elektrischen Anlagen sowohl eine Stromentnahme für Verbrauchsmittel als auch eine Einspeisung durch Erzeugungsanlagen statt.

1.2 Definition der Netzbetreiber

Mit Anwendungsbeginn der VDE-AR-N 4100: April 2019 (TAR Niederspannung) gelten folgende Begrifflichkeiten: Die Kundenanlage ist die Gesamtheit aller elektrischer Betriebsmittel hinter der Übergabestelle mit Ausnahme der Messeinrichtung.

Nach VDE-AR-N 4100 Abs. 3.1.55 ist die Übergabestelle der technisch und räumlich definierte Ort der Übergabe der elektrischen Energie aus dem öffentlichen Niederspannungsnetz in die Kundenanlage bzw. aus der Kundenanlage in das öffentliche Niederspannungsnetz. Im Allgemeinen stellt der Hausanschlusskasten die Übergabestelle dar. Damit ist die Schnittstelle zwischen öffentlichem Netz und der Kundenanlage klar definiert.

Die Kundenanlage besteht aus dem Hauptstromversorgungssystem und der/den Anschlussnutzeranlage(n) (**Bild 1.1**).

Das Hauptstromversorgungssystem umfasst die Hauptleitungen und Betriebsmittel hinter der Übergabestelle (Hausanschlusskasten) des Netzbetreibers, die nicht gemessene Energie führen, und endet an den Eingangsklemmen des Zählers. In der Kundenanlage ist die Anschlussnutzeranlage

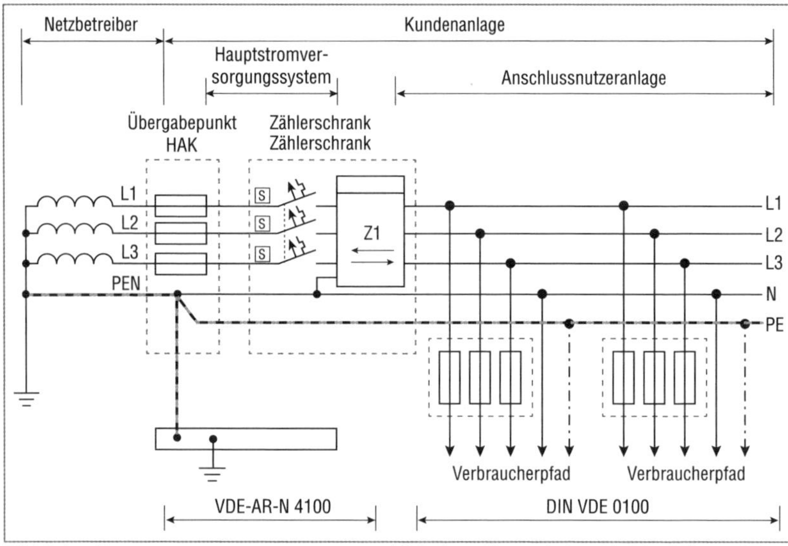

Bild 1.1 Hauptstromversorgungssystem und Schnittstellen zwischen Netzbetreiber, Kundenanlage und Anschlussnutzeranlage

an den Abgangsklemmen der Zähler angeschlossen. Die Anschlussnutzeranlage umfasst die Gesamtheit aller elektrischer Betriebsmittel hinter der Messeinrichtung zur Entnahme oder Einspeisung von elektrischer Energie. Es kann sich dabei um eine elektrische Anlage oder eine Erzeugungsanlage handeln. Die Messeinrichtung ist nicht Bestandteil der Kundenanlage, sondern fällt in den Verantwortungsbereich des Messstellenbetreibers. Der Anschlusspunkt Zählerplatz ist die Schnittstelle zwischen Hauptübergabepunkt (HÜP) und Zählerplatz.

Der Netzanschluss ist die Verbindung des öffentlichen Verteilnetzes mit der Kundenanlage.

Der Netzanschluss endet am Netzanschlusspunkt. Dieser ist der Punkt, an dem die Kundenanlage über den Netzanschluss an das Netz der allgemeinen Versorgung angeschlossen ist. Der Netzverknüpfungspunkt der Kundenanlage ist die nächstgelegene Stelle im Netz der allgemeinen Stromversorgung, an die weitere Kundenanlagen angeschlossen sind oder angeschlossen werden können. Netzverknüpfungspunkt und Netzanschlusspunkt können je nach örtlichen Ausführungen an derselben Stelle sein. Hier beginnt die Kundenanlage.

Die VDE-AR-N 4100 definiert den Anschlussnehmer als eine natürliche oder juristische Person, dessen Kundenanlage unmittelbar über einen Anschluss mit dem Netz des Netzbetreibers verbunden ist. Der Anschlussnutzer ist eine natürliche oder juristische Person, die im Rahmen des Anschlussnutzerverhältnisses einen Anschlusspunkt an das Niederspannungsnetz zur allgemeinen Versorgung, zur Entnahme oder Einspeisung nutzt. Damit sind die Zuständigkeiten von Kundenanlage und Anschlussnutzeranlage klar definiert.

- Kundenanlage: der Anschlussnehmer
- Anschlussnutzeranlage: der Anschlussnutzer

Der Anwendungsbereich der Reihe DIN VDE 0100 umfasst nach DIN VDE 0100-100 Abs. 11 die Anforderungen an Errichtung und Prüfung elektrischer Anlagen bis 1 kV Wechselspannung und 1,5 kV Gleichspannung. Nach DIN VDE 0100-100 Abs. 11.4 sind die Anforderungen der Normenreihe VDE 0100 nicht für öffentliche Verteilungsnetze oder für die Stromversorgung sowie die -erzeugung und -übertragung solcher Verteilungsnetze anzuwenden. Der Anwendungsbereich der Reihe DIN VDE 0100 beginnt somit am Speisepunkt der Kundenanlage. Der Speisepunkt ist nach DIN VDE 0100-200 Abs. 826-10-02 der Punkt, an dem elektrische Energie in die elektrische Anlage eingespeist wird.

1.3 Erzeugungsanlagen

Eine Erzeugungsanlage ist die an einem Netzanschluss/Hausanschluss angeschlossene Anlage, in der sich eine oder mehrere Erzeugungseinheiten eines Energieträgers zur Erzeugung elektrischer Energie befinden, und alle zum Betrieb erforderlichen elektrischen Einrichtungen. Erzeugungsanlagen (EZA) sind beispielsweise

- Photovoltaik-Stromversorgungssysteme,
- Speicher,
- Blockheizkraftwerke.

Die Erzeugungseinheit ist die einzelne Einheit, die die elektrische Energie erzeugt bzw. andere Energieformen in elektrische Energie umwandelt. Eine Batteriezelle oder das einzelne PV-Modul stellen u. a. eine Erzeugungseinheit dar. Der Speicher ist eine Erzeugungseinheit einer Anlage, die elektrische Energie aus einer Anschlussnutzeranlage oder aus dem öffentlichen Netz bezieht, speichern und wiedereinspeisen kann.

1.4 Ladeinfrastruktur für Elektrofahrzeuge

Ein Elektrofahrzeug ist nach DIN VDE 0100-722 Abs. 722.3.1 jedes Fahrzeug, das von einem Elektromotor mit Strom aus einem wiederaufladbaren Energiespeicher angetrieben wird und hauptsächlich für den Einsatz auf öffentlichen Straßen bestimmt ist.

Die Begriffe „Elektrofahrzeug-Ladestation“ und „Stromversorgungseinrichtung“ für das Elektrofahrzeug wurden neu in die Norm aufgenommen. Die Elektrofahrzeug-Ladestation umfasst den ortsfesten Teil, der mit dem Versorgungsnetz verbundenen ist und für das Elektrofahrzeug (kurz EV) vorgesehen ist. Die Stromversorgung für das Elektrofahrzeug ist eine Einrichtung oder eine Kombination aus Einrichtungen, die mit speziellen Funktionen ausgestattet sind, um ein EV zum Zwecke des Ladens über eine ortsfeste elektrische Anlage oder ein Versorgungsnetz mit elektrischer Energie zu versorgen. Die Einrichtung kann ein Ladesystem gemäß DIN EN 61851-1 (DIN VDE 0122-1) mit fest angeschlossenem Ladekabel und einem genormten Ladestecker oder Teil der ortsveränderlichen Leitungsgarnitur mit integrierter Steuer- und Schutzeinrichtung (IC-CPD) sein.

Der Anschlusspunkt ist der Teil einer ortsfesten Installation, über den Energie zwischen ortsfester Elektroinstallation und Elektrofahrzeug übertragen wird. Damit beschränkt sich die Definition des Anschlusspunktes nicht ausschließlich auf reine leitungsgebundene Ladevorgänge, sondern umfasst zusätzlich neben der leitungsgebundenen Rückspeisung in die ortsfeste Elektroinstallation auch die Ladung und die Rückspeisung über Vorrichtungen zur kontaktlosen Energieübertragung. Der Anschlusspunkt ist je nach Anschlussart Teil

- der ortsfesten elektrischen Anlage,
- der ortsveränderlichen Leitungsgarnitur,
- des ACD-Systems (Automatische Anschlusssysteme),
- des Stationärteils des berührungslosen Energieübertragungssystems (induktives Laden) oder
- der Batteriewechselsysteme.

1.5 Ersatzstromversorgungsanlagen

Ersatzstromversorgungsanlagen sind Stromversorgungsanlagen, die dazu bestimmt sind, die Funktion einer elektrischen Anlage bzw. von einem Teil oder mehreren Teilen einer Anlage bei einer Unterbrechung der üblichen Stromversorgung aus anderen Gründen als für Sicherheitszwecke aufrechtzuerhalten. Die Ersatzstromquelle ist in diesem Fall dazu bestimmt, die Versorgung der elektrischen Anlage oder eines Teiles davon zum Zwecke der Aufrechterhaltung des bestimmungsgemäßen fehlerfreien Betriebes sicherzustellen.

1.6 Elektrische Anlage für Sicherheitszwecke

Elektrische Anlagen für Sicherheitszwecke sind dazu bestimmt, die Funktion von elektrischen Betriebsmitteln, die von wesentlicher Bedeutung sind, aufrechtzuerhalten. Von wesentlicher Bedeutung sind Anlagen oder Anlagenteile, die bestimmte Funktionen für die Sicherheit und Gesundheit von Personen und Nutztieren im Gefahrenfall aufrechterhalten. Die Anlagen für Sicherheitszwecke dienen den Schutzzielen,

- Brände zu erkennen und zu melden,
- eine Evakuierung zu ermöglichen und
- Lösch- und Rettungsarbeiten für eine vorgegebene Zeit durchführen zu können.

Die Notwendigkeit solcher Anlagen ist in den zutreffenden nationalen Verordnungen geregelt. Einrichtungen für Sicherheitszwecke sind zum Beispiel

- Notbeleuchtung (Sicherheitsbeleuchtung),
- Feuerlöschpumpen,
- Feuerwehraufzüge,
- Brandmeldeanlagen,
- CO-Warnanlagen,
- Einbruchmeldeanlagen,
- Evakuierungsanlagen,
- Entrauchungsanlagen und
- wichtige medizinische Systeme mit z. B. lebenserhaltenden Maßnahmen.

Die Stromversorgung solcher Einrichtungen ist entsprechend den Anforderungen der DIN VDE 0100-560 auszuführen. Die Stromquelle für Sicherheitszwecke ist dazu bestimmt, Teile einer elektrischen Anlage für Sicherheitszwecke zu versorgen. Hierzu sind nach DIN VDE 0100-560 folgende Stromquellen zulässig:

- wiederaufladbare Batterien,
- Primärelemente,

- Generatoren, deren Antriebsmaschine unabhängig von der allgemeinen Stromversorgung ist, und
- separate Einspeisung aus dem Versorgungsnetz.

Vgl. hierzu [22,] [25], [43], [86].

2 Begriffe

2.1 Elektrische Anlagen und Betriebsmittel

2.1.1 Kabel- und Leitungsanlage

Eine Kabel- und Leitungsanlage ist die Gesamtheit aller für die Weiterleitung von Strom erforderlichen Komponenten. Eine Kabel- und Leitungsanlage besteht aus einem oder mehreren isolierten Leitern, Kabeln und Leitungen oder Stromschienen einschließlich deren Befestigungsmaterial sowie falls notwendig deren mechanischer Schutz. Hierzu zählen

- Kabel- und Leitungen sowie Stromschienen,
- Klemmen und Anschlussstellen,
- Elektroinstallationsrohr,
- Kabelkanal,
- Kabelwanne,
- Kabelpritsche sowie
- Befestigungsschellen.

2.1.2 Elektrisches Betriebsmittel

Ein elektrisches Betriebsmittel ist ein Produkt, das zum Zweck der Erzeugung, Umwandlung, Übertragung, Verteilung oder Anwendung von elektrischer Energie benutzt wird. Elektrische Betriebsmittel werden üblicherweise von einem Hersteller am Markt bereitgestellt. Für verwendungsfertige Betriebsmittel hat der Hersteller die Konformität gemäß den zutreffenden EU-Richtlinien zu erklären, eine Herstellerkennzeichnung anzubringen und den Nutzer über die Montage- und Bedienungsanleitung in die Lage zu versetzen, das Betriebsmittel sicher und gemäß seiner bestimmungsgemäßen Verwendung zu benutzen.

2.1.3 Elektrisches Verbrauchsmittel

Ein elektrisches Verbrauchsmittel ist ein elektrisches Betriebsmittel, das dazu bestimmt ist, elektrische Energie in eine andere Energieform umzuwandeln. Typische Verbrauchsmittel sind demnach Leuchten, Heizungen oder Motoren.

2.1.4 Schaltgerät

Schaltgeräte sind elektrische Betriebsmittel, die in einem Stromkreis eine oder mehrere Funktionen zum Schützen, Steuern, Trennen oder Schalten erfüllen.

2.1.5 Ortsveränderliche elektrische Betriebsmittel

Ortsveränderliche elektrische Betriebsmittel sind elektrische Betriebsmittel, die am Versorgungsstromkreis angeschlossen sind und während des Betriebes bewegt oder leicht zu einem anderen Platz gebracht werden können.

2.1.6 Elektrisches Handgerät

Ein elektrisches Handgerät ist ein ortsveränderliches Betriebsmittel, das bestimmungsgemäß während des üblichen Gebrauchs in der Hand gehalten wird.

2.1.7 Ortsfestes elektrisches Betriebsmittel

Ein ortsfestes elektrisches Betriebsmittel ist ein fest angebrachtes elektrisches Betriebsmittel oder ein elektrisches Betriebsmittel ohne Tragevorrichtung, dessen Masse so groß ist, dass es nicht leicht bewegt werden kann. Als fest angebrachte elektrische Betriebsmittel zählen Betriebsmittel, die auf Haltevorrichtungen angebracht oder in einer anderen Weise fest an einer bestimmten Stelle montiert sind.

2.1.8 Elektrischer Verteiler

Unter einem elektrischen Verteiler versteht man eine Betriebsmittelkombination, die verschiedene Arten von Schaltgeräten und Steuergeräten enthält, an die ein oder mehrere abgehende Stromkreise angeschlossen sind, die von einem oder mehreren ankommenden Stromkreisen gespeist wird und Anschlussstellen für Neutralleiter und Schutzleiter besitzt. Elektrischer Verteiler sind gleichzusetzen mit Schaltgerätekombinationen nach DIN VDE 0660-600.

Vgl. hierzu [22], [24], [25], [40], [47], [48].

2.2 Instandhaltung und Prüfung

Immer wieder kreisen um eine Prüfung Begriffe wie Inspektion, Wartung, Instandhaltung und Instandsetzung. Oft werden diese synonym verwendet und zusammengeworfen. Für Prüfungen gibt es eine Vielzahl an Normen, Regelwerke und Begriffsbestimmungen aus mehreren Fachbereichen. Verschiedene Regelwerke für elektrische Anlagen, Geräte und Maschinen legen ihre eigenen Definitionen fest. Diese unterscheiden sich allerdings nicht wesentlich voneinander (siehe **Bild 2.1**).

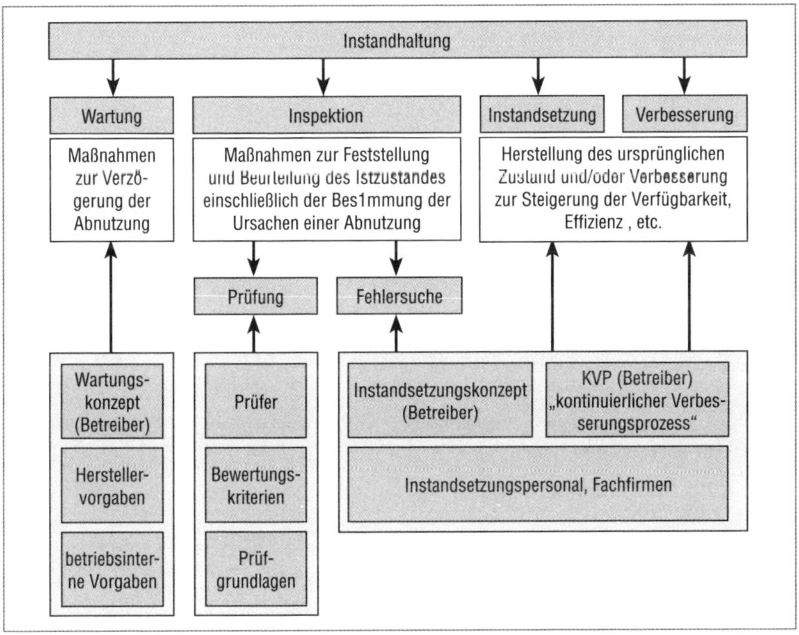

Bild 2.1 Aspekte der Instandhaltung

2.2.1 Instandhaltung

Eine Instandhaltung dient nach DIN VDE 0105-100 Abs. 7.1.1 dazu, die elektrische Anlage (auch Maschinen und Geräte) im geforderten Zustand zu erhalten. Die Instandhaltung umfasst die regelmäßige Wartung und Instandsetzung. Die Wartung umfasst alle präventiven Maßnahmen, um das Risiko von Ausfällen zu verringern und Abnutzungserscheinungen durch Betriebsbeanspruchungen entgegenzuwirken. Sie erfolgt weitestgehend nach den Vorgaben der Hersteller und ist damit Teil der bestimmungsgemäßen Verwendung. Weitere Vorgaben können jedoch auch vom Betreiber im Rahmen eines Wartungs- und Instandhaltungskonzeptes festgelegt werden.

2.2.2 Instandsetzung

Eine Instandsetzung umfasst Maßnahmen nach einer Abnutzung, wie z. B. einer Beschädigung oder eines Verschleißes, um den ursprüngliche Zustand wiederherzustellen. Im Rahmen der Instandsetzung ist es auch üblich, einzelne Teile und Funktionen durch andere Bauteile zur Steigerung der Funktionssicherheit, Verfügbarkeit oder Effizienz zu ersetzen. Typische Verbesserungen sind beispielsweise der Austausch von Leuchten gegen energieeffizientere LED-Leuchten oder der Austausch einer Schützschaltung gegen eine SPS. Verbesserungen werden in der Regel durch einen kontinuierlichen Verbesserungsprozess, kurz KVP, des Betreibers festgelegt und umgesetzt.

2.2.3 Inspektion

Der Begriff Inspektion beinhaltet nach DIN 31051 Abs. 4.1.3 Maßnahmen zur Feststellung und Beurteilung des Istzustandes einschließlich der Bestimmung der Ursachen einer Abnutzung bzw. einer Abweichung. Die Feststellung von Abweichung der elektrischen Anlage, Maschine oder der ortsveränderlichen Betriebsmittel anhand der zutreffenden Regelwerke, wie z. B. Errichtungsbestimmungen, ohne Bestimmung der Ursache ist als Prüfung zu verstehen.

2.3 Prüfung

Während der Begriff der Inspektion sowohl die Erkennung von Abweichungen als auch die Feststellung der Fehlerursache beinhaltet, geht es bei einer Prüfung ausschließlich um die Feststellung von Abweichungen. Es ist zwischen folgenden Prüfungen zu unterscheiden:

- Erstprüfung,
- wiederkehrende Prüfung und
- Prüfung nach Instandsetzung.

Eine Prüfung besteht aus Besichtigen, Erproben und Messen. Das Besichtigen umfasst die Untersuchung einer elektrischen Anlage mit allen geeigneten Sinnen. Sie dient je nach Prüfungsgrundlage der Feststellung der richtigen Auswahl und der ordnungsgemäßen Errichtung der elektrischen Betriebsmittel bzw. der Feststellung des ordnungsgemäßen Zustandes der elektrischen Anlage im Betrieb. Das Erproben und Messen beinhaltet alle Maßnahmen, mit denen die ordnungsgemäße Funktion einer elektrischen Anlage nachgewiesen wird.

Während das Besichtigen alle Aspekte der Errichtungsnormen umfasst, dient das Erproben und Messen in elektrischen Anlagen dem Nachweis der Wirksamkeit der Schutzmaßnahmen gegen elektrischen Schlag gemäß DIN VDE 0100-410.

2.3.1 Erstprüfung

Elektrische Anlagen müssen während der Errichtung und nach Fertigstellung vor Inbetriebnahme geprüft werden. Die Erstprüfung dient dem Nachweis, dass die Anlage den zum Errichtungszeitpunkt gültigen anerkannten Regeln der Technik entspricht. Sowohl neu errichtete Anlagen als auch bestehende Anlagen sind nach Erneuerung, Änderung oder Erweiterung einer Erstprüfung nach DIN VDE 0100-600 zu unterziehen. Die Prüfung obliegt dem Errichter und ist von einer Elektrofachkraft durchzuführen.

2.3.2 Wiederkehrende Prüfung

Der Betrieb elektrischer Anlagen ist u. a. in der DIN VDE 0105-100 „Betrieb elektrischer Anlagen“ festgelegt. Demnach besteht nach Abs. 5.3.3.1 der Zweck einer Prüfung im Nachweis, dass die elektrische Anlage im ordnungsgemäßen Zustand ist und den zutreffenden Sicherheitsvorschriften zum Zeitpunkt der Errichtung oder den derzeit gültigen Errichtungsnormen entspricht [110]. Die Prüfung ist durch den Betreiber zu veranlassen.

2.3.3 Prüfung nach Instandsetzung

Die Prüfung nach Instandsetzung dient nach DIN VDE 0105-100 Abs. 7.3.4 der Überprüfung des ordnungsgemäßen Zustandes vor der Wiederinbetriebnahme. Die Prüfung umfasst neben der Funktionskontrolle des instandgesetzten Betriebsmittels bzw. Anlagenteils den Nachweis der Schutzmaßnahmen gegen elektrischen Schlag. Im Gegensatz zur wiederkehrenden Prüfung und Erstprüfung sind hier lediglich die von der Instandsetzung betroffenen Anlagenteile zu prüfen.

Vgl. hierzu [6], [22], [25], [47].

2.4 Betreiber, Anlagenverantwortlicher, Arbeitsverantwortlicher

2.4.1 Anlagenbetreiber

Anlagenbetreiber ist ein Unternehmer oder eine von ihm beauftragte natürliche oder juristische Person, die die Unternehmerpflicht für den sicheren Betrieb und ordnungsgemäßen Zustand der elektrischen Anlagen wahrnimmt. Er hat die Gesamtverantwortung für den sicheren Betrieb und verantwortet die Einhaltung der gesetzlichen Anforderungen.

2.4.2 Anlagenverantwortlicher

Anlagenverantwortlicher ist eine Person, die während der Durchführung von Arbeiten die unmittelbare Verantwortung für den Betrieb der elektrischen Anlage oder der Anlagenteile trägt, die zur Arbeitsstelle gehören. Sie hat sicherzustellen, dass beim Durchführen der Arbeiten an oder in der Nähe der Anlage oder Anlagenteilen die besonderen Gefahren in diesem Zusammenhang berücksichtigt werden und ein sicherer Betrieb gewährleistet wird. Der Anlagenverantwortliche ist zu dokumentieren (**Bild 2.2**).

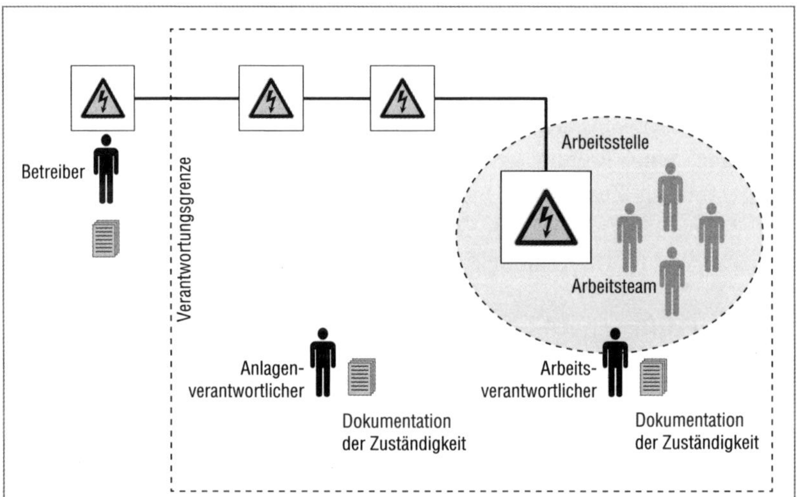

Bild 2.2 Akteure beim Betrieb elektrischer Anlagen

2.4.3 Arbeitsverantwortlicher

Eine Person, die beauftragt ist, die unmittelbare Verantwortung für das sichere Durchführen der Arbeit zu tragen, insbesondere dafür, dass alle einschlägigen Sicherheitsanforderungen und -vorschriften sowie betrieblichen Anweisungen während der Arbeit eingehalten werden (Bild 2.2). Die Arbeitsverantwortung ist schriftlich zu dokumentieren.

2.4.4 Mitarbeiter im Betrieb

Mitarbeiter im Betrieb sind weisungsgebundene Mitarbeiter, die im Rahmen ihrer beruflichen Tätigkeit Arbeiten verrichten.

Vgl. hierzu [47], [52].

2.5 Teile und Körper

2.5.1 Körper

Ein Körper ist ein leitfähiges Teil eines elektrischen Betriebsmittels, das berührt werden kann und üblicherweise nicht unter Spannung steht. Es kann bei Versagen der Basisisolierung eine gefährliche Berührungsspannung annehmen.

2.5.2 Aktives Teil und gefährliches aktives Teil

Ein aktives Teil ist ein Leiter oder ein leitfähiges Teil, das dazu vorgesehen ist, im üblichen Betrieb unter Spannung zu stehen oder Strom zu führen. Aktive Teile sind aktive Leiter gemäß der Definition nach DIN VDE 0100-540. Demnach sind die Außenleiter und der Neutralleiter aktive Leiter. PEN-Leiter, PEM-Leiter und PEL-Leiter sind demnach keine aktiven Leiter. Ein gefährliches aktives Teil ist ein aktives Teil, von dem unter bestimmten Bedingungen ein schädlicher elektrischer Schlag ausgehen kann.

2.5.3 Leitfähige und fremde leitfähige Teile

Leitfähige Teile sind Teile, die im normalen Betrieb und unter Fehlerbedingungen elektrischen Strom führen können.

Fremde leitfähige Teile sind leitfähige Teile, die nicht zur elektrischen Anlage gehören. Diese können allerdings ein elektrisches Potential über die örtliche Erde einführen.

Gleichzeitig berührbare leitfähige Teile können durch eine Person oder, wo zutreffend, durch ein Tier berührt werden. Gleichzeitig berührbare Teile sind zum Beispiel

- aktive Teile,
- Körper,
- fremde leitfähige Teile,
- Schutzleiter,
- Schutzleiter Erdreich oder leitfähige Fußböden.

2.6 Ströme und Fehlerarten

2.6.1 Vorgesehener Betriebsstrom

Der vorgesehene Betriebsstrom I_b ist der Strom, den ein Stromkreis im ungestörten Betrieb führen soll, um den vorgesehenen Zweck zu erfüllen. Stromkreise mit fest angeschlossenen Betriebsmitteln haben definierte Betriebsströme. Diese sind den Typenschildern der fest angeschlossenen Betriebsmittel zu entnehmen. Typischerweise handelt es sich bei fest angeschlossenen Betriebsmitteln um Leuchten, Heizelemente oder Motoren. Auf Typenschildern von elektrischen Geräten für den Hausgebrauch, Heizelementen oder Leuchten wird neben der Nennspannung grundsätzlich die elektrisch aufgenommene Leistung angegeben. Daraus wird unter Beachtung des Wirkleistungsfaktors cos φ der Betriebsstrom, sofern nicht auch angegeben, berechnet.

Bei Typenschildern von Motoren ist grundsätzlich die mechanisch abgegebene Wirkleistung an der Welle aufgeführt. Hier kann über einen angegebenen Wirkungsgrad und den Wirkleistungsfaktor cos φ die aufgenommene elektrische Leistung mit der Nennspannung und dem Nennstrom berechnet werden.

Im Gegensatz zu fest angeschlossenen Betriebsmitteln ist eine Berechnung bzw. eine Auslegung des vorgesehenen Betriebsstromes bei wechselnden Betriebsmitteln mit Steckvorrichtung nicht möglich. In diesen Fällen ist grundsätzlich davon auszugehen, dass der Nennstrom des (eingesteckten) Betriebsmittels dem der Steckvorrichtung bzw. dem Bemessungsstrom der Überstrom-Schutzeinrichtung entspricht. Bei Schukosteckdosen und CEE-Steckdosen mit einem Bemessungsstrom von 16 A ist dieser als vorgesehener Betriebsstrom anzusetzen.

2.6.2 Dauerstrombelastbarkeit

Die Dauerstrombelastbarkeit I_z ist der Maximalwert eines Stromes, der in einem Leiter, einer Einrichtung oder einem Gerät unter festgelegten Bedingungen dauernd geführt werden kann, ohne dass die Beharrungstemperatur des Leiters, der Einrichtung oder des Gerätes einen festgelegten Grenzwert erreicht.

2.6.3 Überstrom

Überstrom ist der Strom, der den Bemessungswert übersteigt. Überstrom kann durch Überlast oder durch Kurzschluss entstehen.

Der Überlaststrom ist der Strom, der in einem Stromkreis aufgrund der Anzahl und Leistung der Verbrauchsmittel oder Erzeugungseinheiten unter fehlerfreien Bedingungen fließt.

Der Kurzschlussstrom ist der Strom, der bei einem Kurzschluss oder einem Erdschluss aufgrund eines Isolationsfehlers zum Fließen kommt.

2.6.4 Fehlerstrom

Der Fehlerstrom ist der an der Fehlerstelle zum Fließen kommende Strom aufgrund eines Isolationsfehlers zwischen einem aktiven Leiter und Erde (Bild 2.4). Der Fehlerstrom wird aus der Nennspannung des Außenleiters gegen Erde und der Impedanz der Fehlerstrecke (Fehlerschleifenimpedanz) berechnet.

$$I_F = \frac{U_0}{Z_S}$$

2.6.5 Kurzschluss

Als Kurzschluss werden zufällige oder absichtlich entstandene Strompfade zwischen zwei oder mehreren leitfähigen Teilen bezeichnet, durch die die elektrische Potentialdifferenz zwischen diesen leitfähigen Teilen auf einen Wert von 0 V oder fast 0 V abfällt und somit kein Fehlerwiderstand vorhanden ist. Solche Kurzschlüsse werden auch als direkte oder vollkommene Kurzschlüsse bezeichnet. Wirkt im Fehlerstromkreis ein Fehlerwiderstand, spricht man von einem indirekten oder unvollkommenen Kurzschluss (**Bild 2.3**).

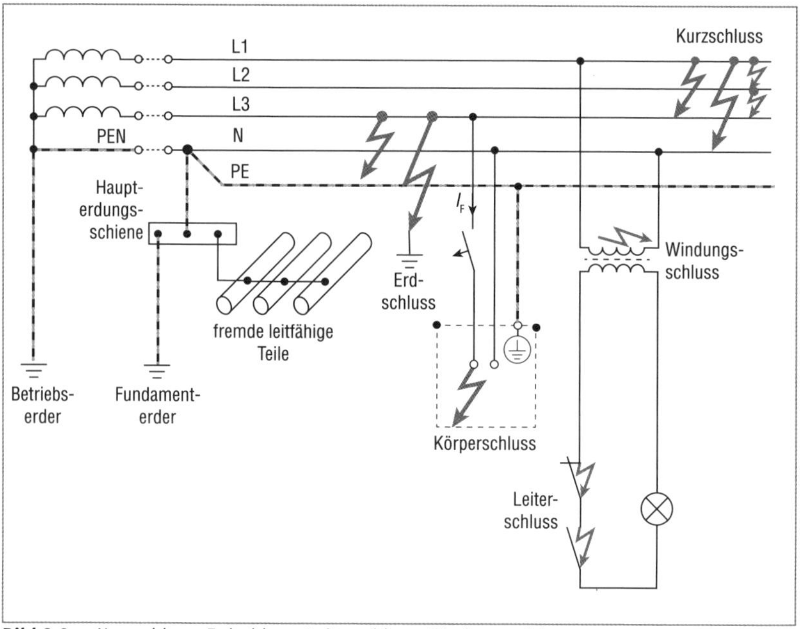

Bild 2.3 Kurzschluss, Erdschluss, Leiterschluss, Windungsschluss

Es lassen sich folgende Arten eines Kurzschlusses unterscheiden:

- Ein Kurzschluss zwischen einem Außenleiter und Erde in einem Netz mit direkter Neutralpunkterdung oder mit Neutralpunkt-Impedanzerdung.
- Ein Kurzschluss zwischen einem aktiven Teil und einem Körper (Betriebsmittel), als Körperschluss bezeichnet.
- Ein Kurzschluss zwischen zwei oder mehr Außenleitern, der mit einem Kurzschluss zwischen Außenleiter und Erde an derselben Stelle kombiniert sein kann.
- Ein Erdschluss: Ein unbeabsichtigtes Auftreten eines Strompfads zwischen einem aktiven Leiter und Erde bzw. einem aktiven Leiter und einem fremden leitfähigen Teil.

2.6.6 Leiterschluss

Leiterschlüsse liegen vor, wenn aufgrund eines Fehlers ein Nutzwiderstand überbrückt wird. Ein Leiterschluss ist damit zum Beispiel eine leitende Verbindung über einen Schaltkontakt. Ein Leiterschluss an einem Schließerkontakt kann zur unbeabsichtigten Einschaltung oder zu „Ein"-Signalen an speicherprogrammierbaren Steuerungen o. Ä. führen. Leiterschlüsse an Öffnerkontakten machen die Schaltung unwirksam, da der aktive Öffnerkontakt unwirksam wird (Bild 2.3).

2.6.7 Windungsschluss

Als Windungsschluss wird ein Isolationsfehler der Wicklungsisolation bezeichnet. Durch den Windungsschluss werden Wicklungen über die Isolationsfehlerstelle überbrückt, sodass die im Stromkreis wirksame Windungszahl reduziert ist. Windungsschlüsse auf der Primärseite von Transformatoren erhöhen dadurch das Übersetzungsverhältnis *ü*, wodurch es sekundärseitig zur Erhöhung der Spannung kommt. Damit sind Windungsschlüsse besonders bei spannungsbegrenzenden Schutzmaßnahmen gefährlich (Bild 2.3).

2.6.8 Berührungsstrom und -spannung

Der Berührungsstrom ist der Strom, der durch den Körper eines Menschen oder Tieres fließt, wenn dieser oder dieses ein oder mehrere leitfähige Teile einer elektrischen Anlage oder eines Betriebsmittels, die unter Spannung stehen, berührt.

Die Berührungsspannung ist die Spannung zwischen zwei gleichzeitig berührbaren leitfähigen Teilen. Die Berührungsspannung an Menschen oder Nutztier wird durch die Körperimpedanz erheblich beeinflusst (Kapitel 4 *Gefahren des elektrischen Stromes*). Kommt es aufgrund einer Berührungsspannung durch Berührung zu einem Stromfluss, wird diese auch als wirksame Berührungsspannung bezeichnet. Liegt keine Berührung vor, kommt es infolgedessen nicht zu einem Berührungsstrom. Die Berührungsspannung wird dann als unbeeinflusste Berührungsspannung bezeichnet. Der Berührungsstrom darf im normalen Betrieb eine Wahrnehmbarkeitsschwelle von 0,5 mA AC oder 2 mA DC nicht erreichen.

Neben der Berührungsspannung gibt es den Begriff der Fehlerspannung. Die Fehlerspannung ist die Spannung, die im Fehlerfall an einem Körper anliegt. Im Gegensatz zur Berührungsspannung bezieht sich die Fehlerspannung nicht auf das Potential der Standfläche, sondern auf die Bezugserde. Damit fällt die Fehlerspannung am menschlichen Körper und dem Standortwiderstand ab (**Bild 2.4**).

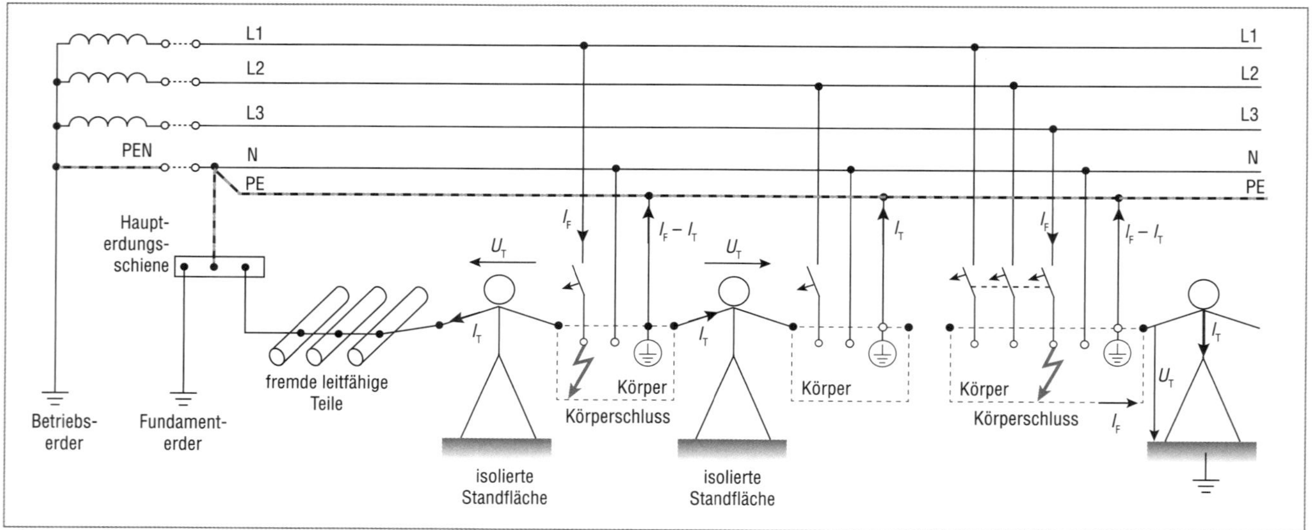

Bild 2.4 Übersicht Berührungsstrom und -spannungen bei Körperschluss am Beispiel vom TN-C-S-System

Der Berührungsstrom kann über die wirksame Berührungsspannung U_T und die Körperimpedanz oder über die Differenz von Fehlerstrom und Schutzleiterstrom, der bei Körperschluss zum Fließen kommt, berechnet werden.

$$I_T = \frac{U_T}{Z_{Körper}}$$

$$I_T = I_F - I_{PE}$$

Zur Berechnung der Berührungsspannung im TN- und TT-System siehe Kapitel 26 *Schutzmaßnahmen gegen elektrischen Schlag.*

2.6.9 Differenzstrom

Der Differenzstrom ist die algebraische Summe der Augenblickswerte der Ströme, die zur gleichen Zeit in allen aktiven Leitern an einem gegebenen Punkt eines Stromkreises in der elektrischen Anlage fließen. Differenzströme entstehen durch Fehlerströme und Ableitströme. Sie enthalten demnach sowohl Wirk- als auch Blindanteile. Für Differenzstromüberwachungen gibt es keine festen Vorgaben. Anlagen mit Frequenzumrichtern und langen Leitungslängen verursachen hohe Ableitströme. Zur Erkennung der um 90° zum Ableitstrom verschobenen Fehlerströme ist die Anzahl, der Einstellwert und die Anordnung der Differenzstromüberwachungseinrichtungen sinnvoll zu wählen (**Bild 2.5**).

2.6.10 Ableitstrom

Der Ableitstrom ist der Strom, der über die fehlerfreien Isolierungen eines Betriebsmittels zur Erde oder zu einem fremden leitfähigen Teil fließt. Ableitströme entstehen vorwiegend in Stromkreisen, die über Frequenzumrichter gespeist werden oder aufgrund von hochfrequenten Oberschwingungsanteilen und Anlagen mit hohen Kapazitiven. Ableitströme treten demnach im normalen fehlerfreien Betrieb auf und sind überwiegend reine kapazitive Ströme und demnach abhängig von der Frequenz, der Leitungslänge und der wirksamen Kapazitäten der aktiven Leiter gegen Erde (Bild 2.5).

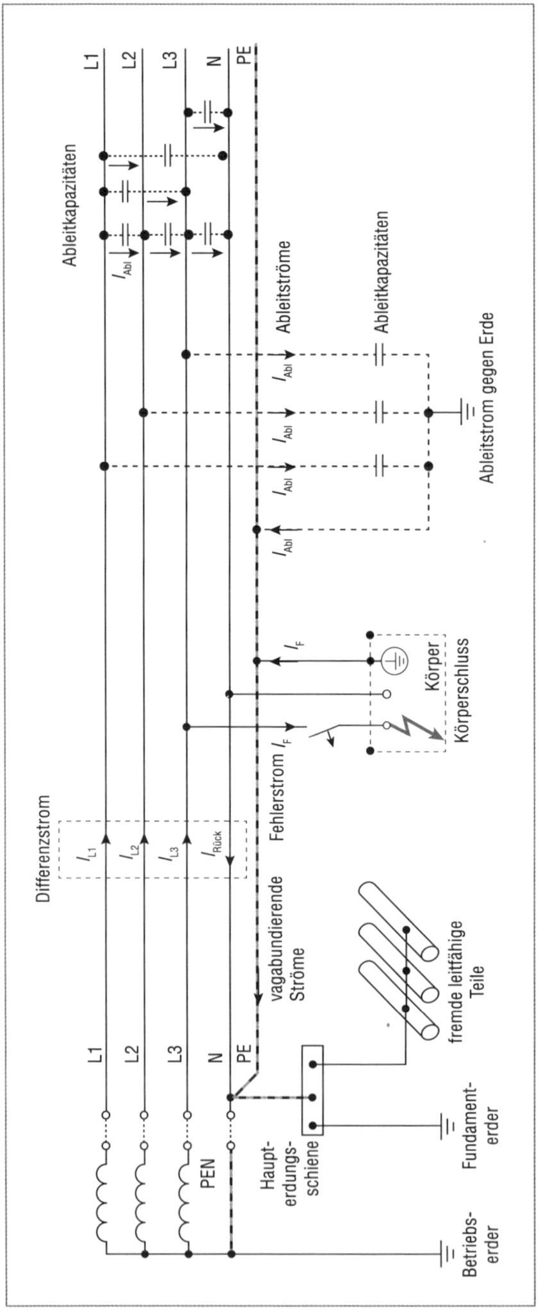

Bild 2.5 Differenzstrom/Ableitstrom

2.6.11 Schutzleiterstrom

Der Schutzleiterstrom ist der Strom in einem Schutzleiter, der entweder aufgrund der Ableitströme oder infolge eines Isolationsfehlers im Schutzleiter auftritt. Schutzleiterströme haben demnach je nach angeschlossenen Betriebsmitteln und Fehlerfällen Wirk- und kapazitive Blindanteile (Bild 2.5).

2.6.12 Vagabundierende Ströme

Vagabundierende Ströme sind Ströme, die betriebsmäßig nicht über das elektrische Leitungsnetz L1–L3 und N bzw. PEN fließen (Bild 2.5). Die vagabundierenden Ströme beeinträchtigen die elektrische Anlage durch

- Korrosion, Lochfraß,
- Aussendung von störenden Magnetfeldern,
- Einkopplungen von niederfrequenten Feldern,
- Spannungsverschleppungen und
- Schirmleiter von Signalkabeln, sofern die Strombelastbarkeit überschritten wird.

Vgl. hierzu [24], [25], [26], [30], [40].

2.7 Stromkreise

Ein Stromkreis umfasst den Leitungsabschnitt mit der Gesamtheit aller elektrischer Betriebsmittel innerhalb einer Anschlussnutzeranlage, die verbrauchsseitig durch eine Überstrom-Schutzeinrichtung geschützt ist. Es wird zwischen Hauptstromkreisen, Hilfsstromkreisen, Verteilerstromkreisen und Endstromkreisen unterschieden.

2.7.1 Endstromkreis

Endstromkreise sind Stromkreise zur unmittelbaren Entnahme aber auch zur Einspeisung elektrischer Energie mit fest angeschlossenen Betriebsmitteln bis 32 A und Steckdosenstromkreisen bis 63 A. Die fest und über Steckvorrichtungen angeschlossenen Betriebsmittel dienen einem bestimmten Anwendungszweck. Endstromkreise zur Entnahme elektrischer Energie sind typischerweise Steckdosenstromkreise mit Schuko-Steckvorrichtung oder Industrie-Steckvorrichtungen, Beleuchtungsstromkreise, Jalousieantriebe etc. Mit dem Einzug neuer Anwendungskonzepte werden Endstromkreise auch zum Laden von Elektrofahrzeugen über fest installierte Wallboxen oder zur Einspeisung sogenannter Plug-in-PV-Anlagen (auch Balkonanlagen genannt) verwendet.

2.7.2 Hauptstromkreise und Verteilerstromkreise

Hauptstromkreise dienen dem Zweck der Erzeugung, Umformung und Verteilung elektrischer Energie. Dabei kann es sich um Verteilerstromkreise oder fest angeschlossene Stromkreise mit Umformern handeln. Verteilerstromkreise sind Stromkreise, die Verteiler und Schaltschränke versorgen.

2.7.3 Hilfsstromkreise

Hilfsstromkreise sind Stromkreise, die zur Weitergabe von Schaltbefehlen an Aktoren bestimmt sind oder eine zusätzliche Funktion zum Steuern, Regeln, Verriegeln oder Übertragen von Befehlen von Sensoren haben. Hilfsstromkreise zum Steuern und Regeln sind meistens in Schaltschänken, z. B. der MSR-Technik, aufgebaut. Hilfsstromkreise können allerdings auch Teil eines Betriebsmittel sein, welches über Anschlussklemmen Signale von Sensoren abfragt und Schaltbefehle an Aktoren gibt.

Vgl. hierzu [34].

2.8 Schalten und Trennen

2.8.1 Trennen

Trennen ist nach DIN VDE 0140-1 Abs. 3.41 als eine Funktion zur Abschaltung und Aufrechterhaltung der Sicherheit durch geeignete Unterbrechung von jeglicher elektrischen Energiequelle definiert. Diese kann manuell oder automatisch erfolgen.

2.8.2 Automatische Abschaltung

Die automatische Abschaltung der Stromversorgung ist nach DIN VDE 0140-1 Abs. 3.18 eine Unterbrechung eines oder mehrerer Außenleiter durch selbsttätiges Ansprechen einer Schutzeinrichtung im Falle eines Fehlerzustandes definiert.

Nach DIN VDE 0100-460 Abs. 462 muss jede elektrische Anlage Vorkehrungen aufweisen, die eine Trennung von jeder Stromversorgung ermöglicht. Es sind für jeden Stromkreis Einrichtungen vorzusehen, die eine Trennung aller aktiver Leiter, ausgenommen den PEN-Leiter, ermöglicht. Die Einrichtung zum Trennen dient folgenden Zwecken:

- Abschalten der Energieversorgung zur mechanischen Instandhaltung,
- Ausschalten im Notfall, sofern die Gefahr eines elektrischen Schlages oder einer anderen elektrischen Gefährdung besteht.

2.8.3 Ausschalten im Notfall

Das Ausschalten im Notfall ist dazu bestimmt, durch eine Handlung die Versorgung mit elektrischer Energie zu einer ganzen Anlage oder zu einem Teil der Anlage in einer Notfall-Situation abzuschalten. Damit setzt das Ausschalten im Notfall eine bewusste Handlung in einer Gefahrensituation, die während des Betriebes entsteht, voraus.

2.8.4 Freischalten

Vor Arbeiten an elektrischen Anlagen sind die fünf Sicherheitsregeln durchzuführen. Das „Freischalten" ist nach DIN VDE 0105-100 Abs. 3.4.6 als allseitiges Ausschalten oder Abtrennen eines Stromkreises durch Trennstellen, die den zu erwartenden Spannungsunterschieden zwischen Betriebsmitteln und Stromkreisen standhalten können, definiert.

Vgl. hierzu [15], [47].

2.9 Elektromagnetische Verträglichkeit

Als elektromagnetisch verträglich wird ein elektrisches Betriebsmittel oder eine elektrische Anlage im Gesamten bezeichnet, die weder für andere technische Anlagen über einen Kopplungsweg eine Störquelle darstellt, noch über einen Kopplungsweg durch andere technische Anlagen in ihrer bestimmungsgemäßen Funktion beeinträchtigt wird.

In elektrischen Anlagen können Betriebsmittel über einen Übertragungsweg andere Betriebsmittel und damit die Funktion der Anlage beeinträchtigen (**Bild 2.6**).

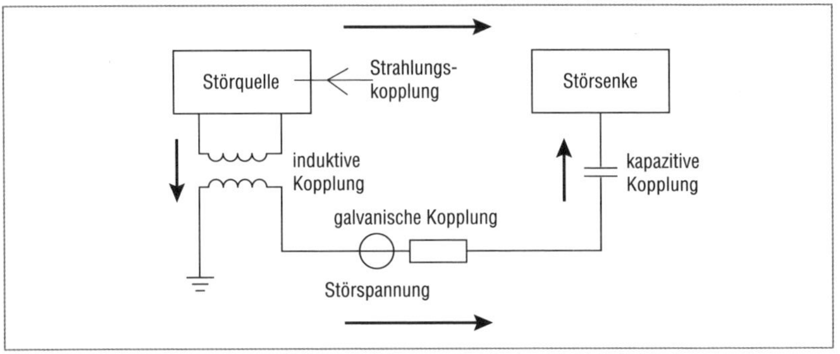

Bild 2.6 Kopplungswege aus Sicht der elektromagnetischen Verträglichkeit

Jede elektromagnetische Beeinträchtigung einer Störsenke erfolgt über einen Übertragungsweg. Ziel der Maßnahmen gegen elektromagnetische Einwirkungen ist, die Störquellen auf ein verträgliches Minimum zu reduzieren, die Übertragung über die Kopplungswege zu erschweren und die Wirkung von Störungen auf Betriebsmittel, elektronische Verbraucher zur Informationsverarbeitung und die elektrische Anlage zu begrenzen.

Die Beeinträchtigung kann auf eine oder einer Kombination der vier Kopplungsarten erfolgen:

- galvanische Kopplung,
- induktive Kopplung,
- kapazitive Kopplung,
- Strahlungskopplung.

2.9.1 Galvanische Kopplung

Als galvanische Kopplung wird die leitungsgebundene Störeinkopplung über eine niederohmige Impedanz bezeichnet. Die entsteht über die direkte Verbindung leitfähiger Teile, die aufgrund von Strömen an den Koppelimpedanzen Störspannungen und Potentialunterschiede verursachen. Galvanische Kopplungen entstehen z. B. durch Erdschleifen. Ströme auf dem Erdungssystem, wie z. B. Blitzströme, transiente Überspannungen, Ableitströme und Fehlerströme, verursachen Störströme, die Störspannungen übertragen. Ursache galvanischer Einkopplungen sind Potentialunterschiede aufgrund zu hoher Widerstände der Erdungsanlage innerhalb eines Gebäudes, Ströme auf dem PEN-Leiter eines TN-C-Systems oder Ableitströme auf dem Schutzleitersystem bedingt durch nichtlineare Verbraucher.

2.9.2 Induktive Kopplung

Induktive Kopplungen werden über Magnetfelder von Stör- und Koppelinduktivität übertragen. Störeinkopplungen werden demnach über Störsenken, die Ströme mit hohen Stromänderungen (di/dt) in Verbindung mit hohen Induktivitäten führen, in das Schutzleitersystem eingekoppelt. Induktive Einkopplungen wirken sich bei großen Leiterschleifen aus. Durchquert ein magnetisches Feld (Wechselfeld) eine Leiterschleife, wird in dieser eine Spannung induziert, die zu Spannungsverschiebungen und Störströmen führt. Induktive Einkopplungen erfolgen durch Induktionsschleifen.

Als Maßnahmen gegen induktive Einkopplungen ist demnach die Fläche der Induktionsschleife möglichst gering zu halten und/oder durch Schirmungsmaßnahmen die Wirkung über den Kopplungsweg zu minimieren.

Die Fläche und damit induktive Einkopplungen auf die elektrische Anlage können durch folgende Maßnahmen reduziert werden:

- dichte parallele Leitungsführung von Hin- und Rückleiter,
- Verdrillen der Hin- und Rückleiter, sodass sich induktive Einkopplungen durch entgegengesetzte Leiterschleifen gegenseitig aufheben (Twisted pair),
- getrennt verlegte Stromkreise,
- Trennbleche in Kabelkanälen.

Schirme werden z. B. in Koaxialkabel verwendet. Sie sind, wenn möglich, an einer Stelle mit Erde zu verbinden. Bei beidseitiger Erdverbindung geschirmter Leitungen würde sonst eine Induktionsschleife über die Schutzleiter und Erdungsanlage geschlossen werden.

2.9.3 Kapazitive Kopplung

Kapazitive Kopplung entsteht durch elektrische Aufladung aufgrund elektrischer Felder, auch Influenz genannt. Die kapazitive Kopplung wird weitestgehend von den Leiterabständen und der Dielektrizitätskonstanten der Isolationsmaterialen der Kabel und Leitungen bestimmt. Kapazitive Einkopplungen sind überwiegend bei Freileitungen und Einleiterkabeln ein Problem und spielen im Rahmen der Gebäudeinstallation eine eher untergeordnete Rolle.

Kapazitive Kopplungen werden durch Abstände oder durch Schirmung reduziert. Eine Schirmung erfolgt durch leitfähige Materiealien wie Geflechte, Folien oder metallene Gehäuse.

2.9.4 Strahlungskopplung

Strahlungskopplung entsteht durch hochfrequente Störquellen (z. B. Schaltnetzteil) über eine Störaussendung auf andere Betriebsmittel. Störquelle und Störsenke wirken demnach wie Sender und Empfänger, wobei anstatt Nutzsingale Störsignale über die Luft übertragen werden.

Bei der EMV-gerechten Elektroinstallation geht es letztlich darum, durch geeignete Maßnahmen Störquelle und Störsenke im Übertragungsweg voneinander zu entkoppeln. Die Übertragung auf eine Störsenke wird so vermieden.

Vgl. hierzu [32], [75].

3 Raumarten und Aufstellorte

3.1 Elektrische Betriebsstätten und abgeschlossene elektrische Betriebsstätten

Elektrische Betriebsstätten sind Räume oder Örtlichkeiten, die im Wesentlichen zum Betrieb elektrischer Anlagen dienen. Sie werden in der Regel nur von elektrotechnisch unterwiesenen Personen betreten. Zu elektrischen Betriebsstätten gehören z. B. Schalträume, Schaltwarten, Verteilungsanlagen in abgetrennten Räumen, abgetrennte elektrische Prüffelder und Laboratorien, Maschinenräume.

Abgeschlossene elektrische Betriebsstätten sind gegenüber elektrischen Betriebsstätten grundsätzlich für Laien und unbefugte Personen unter Verschluss zu halten. Die Sicherstellung der Zugangsregelung und damit die Verwahrung von Schlüsseln, Zugangskarten etc. obliegt dem Betreiber im Rahmen seiner Organisationspflichten. Zu abgeschlossenen elektrischen Betriebsstätten gehören

- abgeschlossene Schalt- und Verteileranlagen,
- Transformatorzellen,
- Übergabestation etc.

3.2 Räume

Räume sind nach den Umgebungsbedingungen in trockene, feuchte und nasse Räume unterteilt.

3.2.1 Trockene Räume

Trockene Räume und Bereiche sind dadurch charakterisiert, dass in der Regel die Luft nicht mit Feuchtigkeit gesättigt ist und so nicht mit einer Kondenswasserbildung zu rechnen ist.

3.2.2 Feuchte Räume

In feuchten Räumen ist hingegen mit Feuchtigkeit, Kondenswasserbildung oder ähnlichen klimatischen Einflüssen zu rechnen.

3.2.3 Nasse Räume

Nasse Räume und Bereiche zeichnen sich dadurch aus, dass Fußböden – und mitunter dessen Wände und/oder Einrichtungen – aus betrieblichen, hygienischen oder anderen Gründen mit Wasser abgespritzt werden (z.B. zu Reinigungszwecken).

3.3 Arbeitsstätten

Arbeitsstätten sind nach ArbStättV §2 Arbeitsräume, andere Orte in Gebäuden, im Freien auf dem Gelände eines Betriebes oder auf Baustellen, sofern sie zur Nutzung für Arbeitsplätze vorgesehen sind. Als Arbeitsplatz wird im Sinne der ArbStättV einer der genannten Bereiche verstanden, in denen Beschäftigte im Rahmen ihrer beruflichen Ausübung tätig sind. Bei einer Arbeitsstätte handelt es sich somit grundsätzlich um Orte, an denen Beschäftigte ihrer Arbeit nachgehen und der Arbeitgeber gegenüber den Arbeitnehmern verpflichtet ist, sichere Arbeitsplätze und Arbeitsmittel im Sinne der Unfallverhütungsvorschriften und des Arbeitsschutzes zur Verfügung zu stellen.

3.4 Öffentliche Einrichtungen und Bereiche

Öffentliche Einrichtungen sind nach DIN VDE 0100-718 Abs. 718.3 Standorte, Gebäude oder Bereiche eines Gebäudes, die für die Öffentlichkeit zugänglich sind. Das sind ortsunkundige Personen, die öffentliche Bereiche betreten, z.B. bei Versammlungen, Konzerten, Fußballspielen etc. In öffentlichen Bereichen hat der Betreiber gegenüber den Personen eine Verkehrssicherungspflicht.

3.5 Feuergefährdete Betriebsstätten und gleichzusetzende Risiken

3.5.1 Feuergefährdete Betriebsstätte

Feuergefährdete Betriebsstätten sind Räume oder Orte bzw. Bereiche in Räumen oder im Freien, bei denen eine besondere Brandgefahr durch die Art der verarbeiteten oder gelagerten Materialien, die Verarbeitung oder Lagerung von brennbaren Materialien oder die Ansammlung von Stäuben oder ähnlichen Substanzen besteht. Eine Brandgefahr besteht im Vorhandensein einer gefahrdrohenden Menge von leicht entzündlichen Stoffen, die an elektrischen Betriebsmitteln aufgrund zu hoher Temperaturen resultierend aus den Betriebsbedingungen oder Fehlerbedingungen entstehen. Als leicht entzündliche Materialien werden brennbare Stoffe bezeichnet, die nach einer Einwirkung von 10 s durch eine Flamme eines Zündholzes selbstständig weiterbrennen.

Feuergefährdete Betriebsstätten werden nach solchen Orten und Bereichen unterschieden, in denen eine Brandgefahr durch leicht entzündliche Stoffe

- ohne Auftreten von Stäuben und/oder Fasern und
- mit Stäuben und/oder Fasern vorliegt.

Brennbare Stoffe ohne Staub und/oder Fasern sind Stoffe, bei denen sich erfahrungsgemäß keine gefahrdrohenden Mengen an Staub und/oder Fasern auf elektrische Betriebsmittel niederschlagen. Unter diese Stoffe fallen auch brennbare Gase und entzündliche Flüssigkeiten, für die unter Umständen weitergehende Anforderungen zu beachten sind. Die Einstufung ist nach VdS 2033 durch den Betreiber vorzunehmen.

3.5.2 Räume und Orte mit gleichzustellenden Risiken

Eng verbunden mit dem Begriff der feuergefährdeten Betriebsstätten sind Räume und Orte mit den sogenannten gleichzustellenden Risiken. Hierbei handelt es sich um Gebäude, Räume, Orte, Stellen in Räumen oder im Freien, in denen unwiederbringliche Kulturgüter vorhanden sind. Bei Orten mit gleichzustellenden Risiken handelt es sich i.d.R. um Museen, Archive und Baudenkmäler. Ebenso fallen Orte und Räume darunter, bei denen die Gefährdung des Sachwertes zu einem hohen wirtschaftlichen Schaden führen würde. Hierfür ist eine individuelle Risikobeurteilung durchzuführen. Typisch hierfür sind EDV-Zentralen, Rechenzentren etc.

3.6 Explosionsgefährdete Bereiche

Explosionsgefährdete Bereiche sind Bereiche, in denen eine explosionsfähige Atmosphäre in solchen Mengen vorhanden ist oder zu erwarten ist, dass besondere Maßnahmen zur Vermeidung solcher Atmosphären und von

Zündquellen sowie Maßnahmen zur Beherrschung von Explosionen erforderlich sind. In nichtexplosionsgefährdeten Bereichen sind hingegen aufgrund geringer Mengen (Flüssigkeiten) keine explosionsgefährlichen Atmosphären zu erwarten. Bei Anlagen in explosionsgefährdeten Bereichen handelt es sich um sogenannte überwachungsbedürftige Anlagen. Sie fallen in den Anwendungsbereich der Betriebssicherheitsverordnung, der Gefahrstoffverordnung und hinsichtlich der elektrischen Anlage in den Anwendungsbereich der Reihe DIN-VDE 0165.

3.7 Gebäude und Gebäudeklassen

Für bauliche Anlagen, Grundstücke und Bauprodukte, gelten die Anforderungen der Bauordnung des Bundeslandes. Im Allgemeinen besteht eine bauliche Anlage aus Bauprodukten, die mit dem Erdboden durch eine feste Verbindung oder aufgrund ihrer Schwere verbunden ist. Gebäude sind selbständige benutzbare, überdeckte bauliche Anlagen, die von Menschen betreten werden können und geeignet oder dafür bestimmt sind, dem Schutz von Menschen, Tieren oder Sachen zu dienen. Gebäude sind in fünf Gebäudeklassen eingeteilt. Die Einteilung richtet sich nach der Aufstellung (freistehend), der Gebäudehöhe, der Nutzungseinheiten und der Fläche der Nutzungseinheiten (**Tabelle 3.1**). Die Gebäudehöhe ist als Höhe der Geländeoberfläche im Mittel zur Fußbodenoberkante des höchstmöglichen Raumes, in dem ein Aufenthalt von Personen möglich ist, definiert. Die Grundflächen der Nutzungseinheiten sind die Brutto-Flächen. Die Flächen der Kellergeschosse werden nicht berücksichtigt.

Gebäudeklasse	Aufstellung	Gebäudehöhe in m	Nutzungseinheiten	Fläche der Nutzungseinheiten in m^2	Nutzung
1	freistehend	bis 7	max. 2	insgesamt bis zu 400	k.A.
		k.A.	k.A.	k.A.	land- oder forstwirtschaftliche Nutzung
2	k.A.	bis 7	max. 2	insgesamt bis zu 400	k.A.
3			k.A.	k.A.	
4		bis 13	keine Beschränkung	bis zu 400 je Einheit	
5	sonstige Gebäude (einschließlich unterirdische Gebäude)	k.A.	k.A.	k.A.	

Tabelle 3.1 Übersicht über die Gebäudeklassen nach Musterbauordnung

Nach § 14 MBO sind bauliche Anlagen so zu errichten, zu ändern und instand zu halten, dass der Entstehung eines Brandes und der Brandausbreitung von Feuer und Rauch (Brandfortleitung) vorgebeugt wird und bei einem Brand die Rettung von Menschen und Tieren sowie wirksame Löscharbeiten möglich sind. Bauliche Anlagen und die dem Verkehr dienenden nicht überbauten Flächen von bebauten Grundstücken müssen verkehrssicher sein. Hierfür sind nach § 52 MBO der Bauherr und die anderen im Rahmen ihres Wirkungskreises am Bau Beteiligten in der Pflicht, die öffentlich-rechtlichen Vorschriften (Verordnungen) einzuhalten.

Für Sonderbauten (MBO § 51) können im Einzelnen besondere Anforderungen zur Verwirklichung der allgemeinen Vorgaben gestellt werden.

Diese können sich u. a. erstrecken auf:

- die Verwendung von Baustoffen,
- die Bauart und Anordnung aller für die Stand- und Verkehrssicherheit wesentlichen Bauteile,
- das Vorhandensein von Brandschutzanlagen, -einrichtungen, -vorkehrungen und eines -konzeptes sowie
- die Bestellung und Qualifikation eines Brandschutzbeauftragten.

Im Rahmen der brandschutztechnischen Generalplanung sind in einem Brandschutzkonzept alle erforderlichen Maßnahmen zur Beherrschung der Risiken, Erreichung der Schutzziele, Vorbeugung einer Brandausbreitung, sicheren Menschenrettung und sicheren Durchführung von Löscharbeiten zusammenzufassen.

Vgl. hierzu [25], [28], [35], [45], [72].

4 Gefahren des elektrischen Stromes

Elektrischer Strom kann in unterschiedlicher Weise auf den menschlichen Körper wirken. Als Folge können auftreten:

- Muskelverkrampfungen,
- Atemlähmung und dadurch Sauerstoffmangel im Gehirn,
- Herzrhythmusstörung, insbesondere Herzkammerflimmern,
- Herzstillstand,
- Verbrennungen,
- unkontrollierte Bewegungen.

Elektrischer Strom wirkt in Abhängigkeit von der Stromhöhe, dem Durchströmungspfad durch den Körper und der Einwirkdauer unterschiedlich auf den menschlichen Körper. Es wird zwischen drei Schwellenbereichen unterschieden:

- Wahrnehmbarkeitsschwelle und Reaktionsschwelle,
- Schwelle der Immobilisierung und Loslassschwelle,
- Schwelle des Herzkammerflimmerns.

Die Höhe des Stromflusses hängt vorerst von der Impedanz des menschlichen Körpers ab. Diese setzt sich aus der Körperimpedanz und der Hautimpedanz an den Eingangs- und Ausgangsstellen zusammen.

Die im Stromkreis wirkenden Hautimpedanzen hängen in erster Linie von der Feuchte der Haut, der Berührungsfläche und deren Anpresskraft an das spannungsführende Teil ab. Es wird zwischen trockenem, wassernassem und salzwassernassem Zustand unterschieden. Die Schwellen sind abhängig von der Berührungsfläche, den Berührungsbedingungen wie Trockenheit, Feuchte, Druck, Temperatur etc., der Durchströmungsdauer und den physiologischen Eigenschaften der Person.

Die Körperinnenimpedanz eines menschlichen Körpers kann nahezu als reiner Wirkwiderstand angenommen werden, da die Impedanz hauptsächlich vom Stromweg und weniger von der Berührungsfläche bestimmt ist (**Bild 4.1**).

Die Hautimpedanz hingegen ist als Netzwerk von Wirkwiderständen und kapazitiven Blindwiderständen zu verstehen. Bei niedrigen Berührungsspannungen ist die Körperimpedanz vorwiegend von der Hautimpedanz bestimmt, während sie bei höheren Berührungsspannungen abnimmt (**Bild 4.2**).

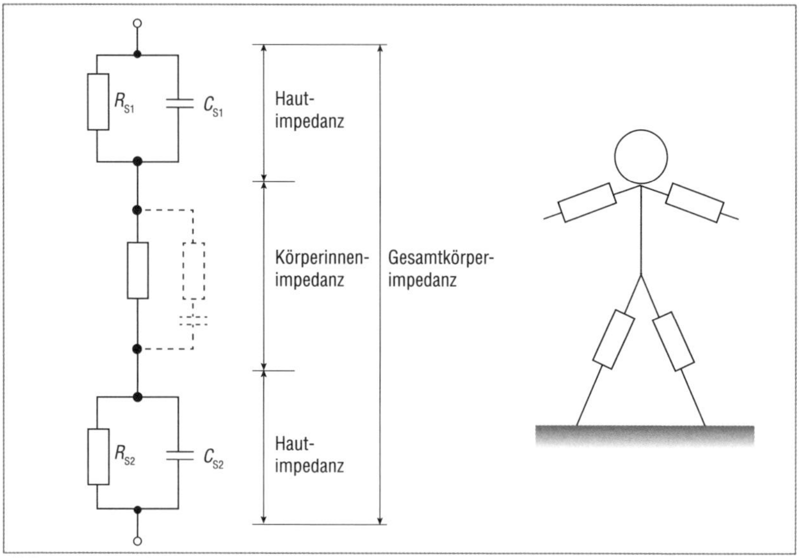

Bild 4.1 Impedanzen des menschlichen Körpers und vereinfachtes Ersatzschaltbild eines Menschen

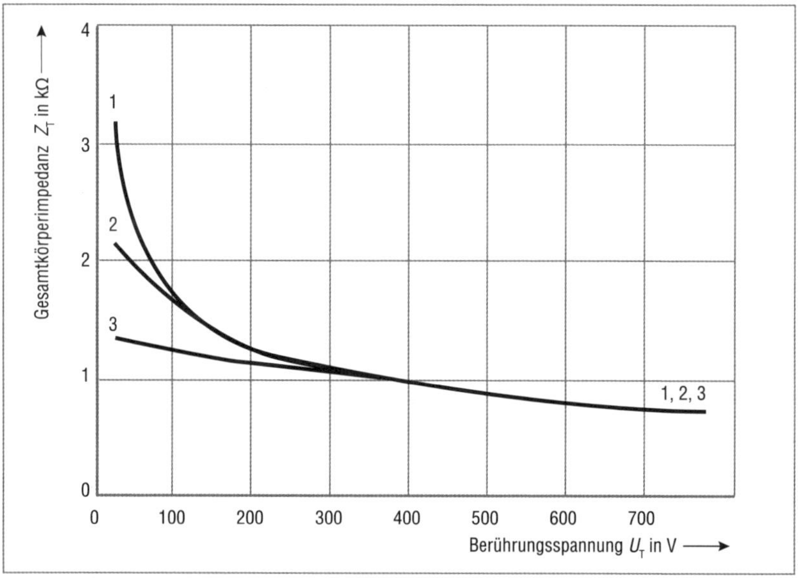

Quelle: DIN IEC/TS 60479-1 (VDE V 0140-479-1):2007-05

Bild 4.2 Gesamtkörperimpedanz Z_T (50 %), die bei 5 % der Population nicht überschritten wird, für einen Stromweg von Hand zu Hand bei großen Berührungsflächen im trockenen, wassernassen und salzwassernassen Zustand und Berührungsspannungen von AC 25 V bis 700 V bei 50/60 Hz

Der Stromweg durch den menschlichen Körper ist sowohl bei Gleichstrom als auch bei Wechselstrom durch den Herzstromfaktor definiert. Mit dem Herzstromfaktor kann der Körperstrom für die in **Tabelle 4.1** gelisteten Stromwege umgerechnet werden. Referenzwert ist der Körperstrom für den Stromweg von der linken Hand zu den Füßen. Es gilt für den Körperstrom

$$I_\text{h} = \frac{I_\text{ref}}{F}$$

I_ref Körperstrom für den Stromweg von der linken Hand zu den Füßen
I_h Körperstrom für die in Tabelle 4.1 genannten Stromwege
F Herzstromfaktor nach Tabelle 4.1 für die genannten Stromwege

Bei einem Stromweg von der linken Hand zu den Füßen ist der Herzstromfaktor 1. Es ist davon auszugehen, dass der Strom über diesen Stromweg im Körper vollständig über das Herz fließt. Gleiches ist beim Stromweg von beiden Händen zu den Füßen zu erwarten. In diesen Fällen ist der Herzstromfaktor gleich 1. Bei einem Stromweg von der Brust zur rechten oder zur linken Hand liegt der Herzstromfaktor aufgrund des geringeren Stromweges im Körper über 1.

Stromweg	**Herzstromfaktor *F***
linke Hand zum linken Fuß, rechten Fuß oder zu beiden Füßen	1,0
beide Hände zu beiden Füßen	1,0
linke Hand zur rechten Hand	0,4
rechte Hand zum linken Fuß, rechten Fuß oder zu beiden Füßen	0,8
Rücken zur rechten Hand	0,3
Rücken zur linken Hand	0,7
Brust zur rechten Hand	1,3
Brust zur linken Hand	1,5
Gesäß zur linken Hand, rechten Hand oder zu beiden Händen	0,7
linker Fuß zum rechten Fuß	0,04

Tabelle 4.1 Herzstromfaktor und Stromwege nach DIN IEC/TS 60479-1 (VDE V 0140-479-1)

4.1 Gefahren durch Wechselstrom

Bei Wechselstrom im Frequenzbereich von 50 Hz bis 100 Hz und für den Stromweg von der Hand zu beiden Füßen kann im Bereich AC-1 bis zu einer Stromstärke von 0,5 mA eine Wahrnehmung erfolgen (**Bild 4.3**). Eine Schreckreaktion ist hier unwahrscheinlich. Im Bereich AC-2 ist eine Wahrnehmung und unwillkürliche Muskelkontraktionen von 0,5 mA bis 200 mA

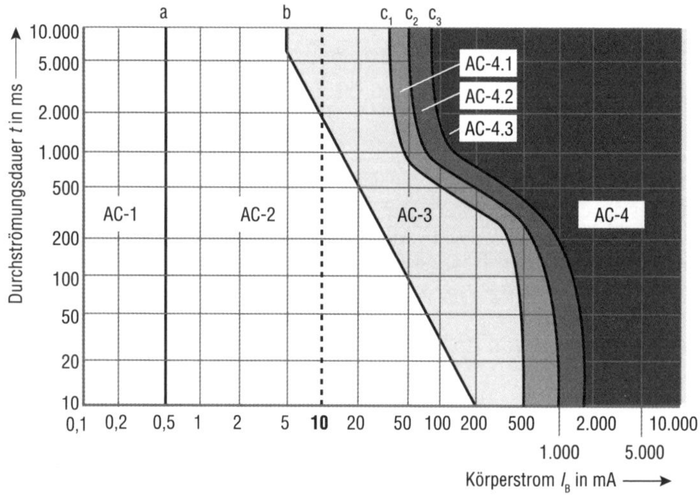

Bild 4.3 Konventionelle Zeit-/Stromstärkebereiche mit Wirkungen von Wechselströmen zwischen 15 und 100 Hz auf Personen bei einem Stromweg von der linken Hand zu den Füßen nach DIN IEC/TS 60479-1 (VDE V 0140-479-1)

bei kurzer Einwirkdauer und bis 5mA bei einer Einwirkdauer unter 5 s wahrscheinlich. Im Allgemeinen ist keine physiologische Wirkung zu erwarten. Im Bereich AC-3 bis zur Grenzlinie c1 können starke unwillkürliche Muskelkontraktionen, Schwierigkeiten bei der Atmung, reversible Störungen der Herzfunktion und Muskelverkrampfungen auftreten. Organische Schäden sind im Allgemeinen nicht zu erwarten. Der Bereich AC-4 ist in vier Bereiche unterteilt. Innerhalb der Grenzlinie c1 können pathologische Wirkungen wie Herzstillstand, Atemstillstand und Verbrennungen oder Zellschäden auftreten. Die Wahrscheinlichkeit des Herzkammerflimmerns nimmt zu. Im Bereich AC-4.1 liegt die Wahrscheinlichkeit bei 5 %, im Bereich AC-4.2 bei 50 % und im Beriech AC-4.3 bei über 50 % (Bild 4.3 und **Bild 4.4**).

Tabelle 4.2 zeigt eine Zusammenfassung der Bereiche, in die sich die unterschiedlichen Stromstärken mit Wirkung auf den menschlichen Körper unterteilen lassen.

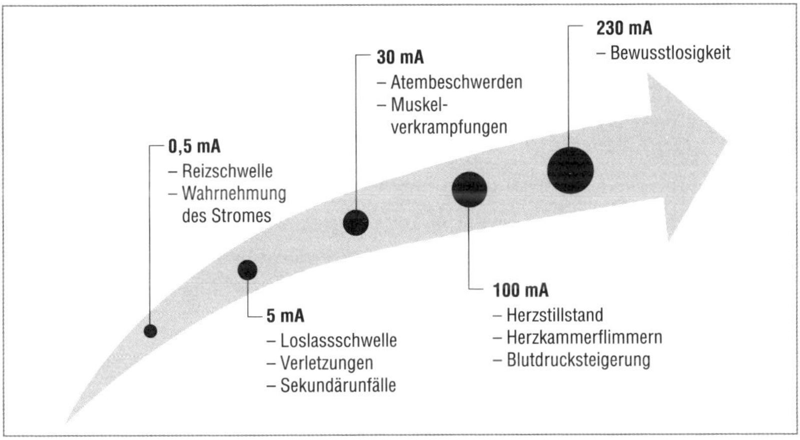

Bild 4.4 Schwellen und Gefahren bei Körperdurchströmung

Wechselstromstärke	Folgen und Auswirkungen	
0,5 mA	Reizschwelle	Wahrnehmung
5 mA	Loslassschwelle	Verletzungen durch Sekundärunfälle
30 mA	Atembeschwerden und Muskelverkrampfungen	
100 mA	Herzstillstand, Herzkammerflimmern, Blutdrucksteigerung	
230 mA	Bewusstlosigkeit	innere Verbrennungen
≥ 3 A	Verkochungen, Zellzerstörung	

Tabelle 4.2 Zusammenfassung der Wirkung auf den menschlichen Körper durch Wechselstrom

4.2 Gefahren durch Gleichstrom

Im Gegensatz zu Wechselstrom wird bei einer Berührung aktiver Teile bei Gleichstrom nur der Beginn und die Unterbrechung sowie die Änderung der Stromhöhe wahrgenommen. Die Reaktionsschwelle liegt bei 2 mA (DC). Bis zu dieser Stromstärke bemerken Personen beim Ein- und Ausschalten oder bei schneller Änderung der Stromstärke leicht stechende Empfindungen.

Ab 2 mA (DC) bis zu 200 mA (DC) (Bereich DC-2) können mit zunehmender Stromstärke und Durchströmungsdauer bei Personen starke unwillkürliche Muskelkontraktionen und reversible Störungen der Reizbildung und Reizleitung im Herzen auftreten. Ein organischer Schaden ist im Allgemeinen nicht zu erwarten. Oberhalb von 100 mA kann eine Wärmeempfindung während des Stromflusses wahrgenommen werden.

Über 200 mA (DC) oder ab 30 mA (DC) mit einer Durchströmungsdauer ab 2 s treten mit zunehmender Stromstärke und Einwirkdauer starke unwillkürliche Muskelkontraktionen und reversible Störungen der Reizbildung und Reizleitung im Herzen auf. Ein organischer Schaden ist nicht zu erwarten. Bei Stromstärken bis 300 mA (Querdurchströmung) für mehrere Minuten können mit zunehmender Einwirkdauer und Stromstärke reversible Herzrhythmusstörungen, Strommarken, Verbrennungen und Schwindelanfälle auftreten. Ströme unterhalb 300 mA können auch zu Bewusstlosigkeit führen. Oberhalb 300 mA ist eine Bewusstlosigkeit der betroffenen Person wahrscheinlich.

Im Bereich DC-4 können pathologische Wirkungen wie Herzstillstand, Atemstillstand und Reizleitung im Herzen, Herzstillstand und andere Verbrennungen auftreten. Der Grenzbereich der Bereiche DC-3 und DC-4 ist in drei Teilbereiche unterteilt. Mit zunehmendem Strom und zunehmender Einwirkdauer steigt im Übergangsbereich DC-3 zu DC-4 die Wahrscheinlichkeit des Herzkammerflimmerns an. Im Übergangsbereich C1-C2 (DC-4.1) liegt die Wahrscheinlichkeit des Herzkammerflimmern bei 5 %, während im Übergangsbereich C2-C3 (DC-4.2) die Wahrscheinlichkeit auf bis zu 50 % ansteigt. Ab dem Übergangsbereich C3-DC-4 (DC-4.3) liegt die Wahrscheinlichkeit über 50 %.

Daher verursacht Gleichstrom wie Wechselstrom Herzkammerflimmern. Die Wahrscheinlichkeiten des Eintritts von Herzkammerflimmern von Gleich- zu Wechselstrom kann über den Gleichstrom-Wechselstrom-Gleichwertigkeitsfaktor berechnet werden. Dieser wird aus dem Quotienten der 50 %igen Eintrittswahrscheinlichkeit von Gleichstrom und dem Effektivwert des Wechselstroms berechnet.

$$k = \frac{I_{\text{DC - Flimmern}}}{I_{\text{AC - Flimmern (RMS)}}} = \frac{300\,\text{mA}}{80\,\text{mA}} = 3{,}75$$

Ströme von einigen Ampere, die mehrere Sekunden andauern, können tiefe Verbrennungen und andere Schädigungen bis hin zum Tod verursachen. Darüber hinaus hat der Stromfluss eines Gleichspannungslichtbogens keinen Spannungs- und Stromnulldurchgang. Einmal gezündet bleibt dieser bestehen (**Bild 4.5**).

Vgl. hierzu [21], [81].

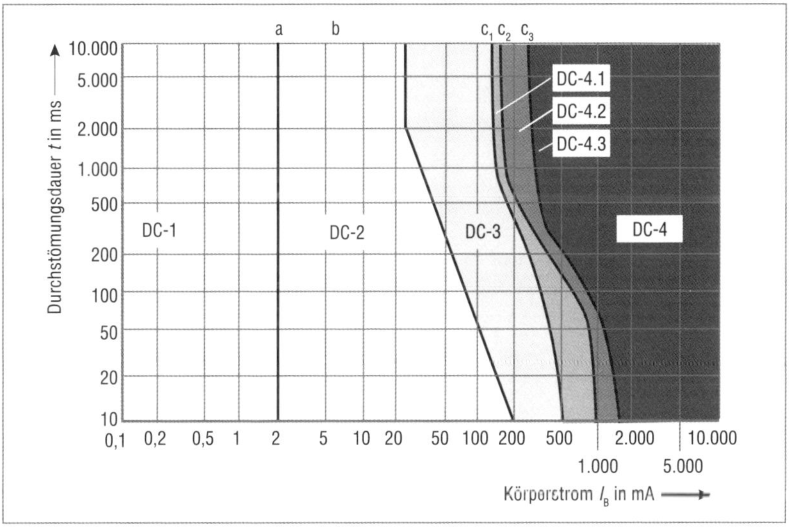

Bild 4.5 Konventionelle Zeit-/Stromstärkebereiche bei Gleichströmen mit Wirkung auf Personen bei einem Stromweg von der linken Hand zu den Füßen nach DIN IEC/TS 60479-1 (VDE V 0140-479-1)

5 Schutzarten von Betriebsmitteln

Elektrische Betriebsmittel sind nach den allgemeinen Grundsätzen der DIN VDE 0100-100 Abs. 133 entsprechend den zu erwartenden Beanspruchungen auszuwählen. Neben den elektrischen Beanspruchungen wie Spannung, Strom, Frequenz und Nutzungsfaktor sind Betriebsmittel entsprechend den Umgebungsbedingungen auszuwählen. Die Eignung elektrischer Betriebsmittel bzgl. äußerer Beanspruchungen durch Wasser und Staub sowie der Schutz vor mechanischen Beanspruchungen sind auf den Betriebsmitteln durch die IP-Schutzarten nach DIN EN 60529 (VDE 0470-1) – *Schutzarten durch Gehäuse (IP-Code)* – und die IK-Schutzart nach DIN EN 50102 – *Schutzarten durch Gehäuse für elektrische Betriebsmittel (Ausrüstung) gegen äußere mechanische Beanspruchungen (IK-Code)* – angegeben.

5.1 Der IP-Code

Die erste Ziffer des IP-Codes gibt den Schutzgrad eines Gehäuses gegen den Zugang zu gefährlichen Teilen an, indem das Eindringen eines Teils des menschlichen Körpers (Finger, Hand ...) von Personen verhindert, begrenzt oder ferngehalten wird und gleichzeitig das Gehäuse des Betriebsmittels vor Eindringen von festen Fremdkörpern geschützt wird. Damit ist die erste Ziffer sowohl ein Maß für den Schutz bei direktem Berühren als auch ein Maß für den Schutz vor fremden Körpern (**Bild 5.1** und **Tabelle 5.1**). Die zweite Kennziffer beschreibt den Schutzgrad gegen das Eindringen von Wasser.

Die zweite Kennziffer ist grundsätzlich für die Auswahl der Betriebsmittel hinsichtlich des Wasserschutzes relevant. Diese sind entsprechend den Umgebungseinflüssen auszuwählen, die in unterschiedliche Klassen unterteilt sind (**Tabelle 5.2**).

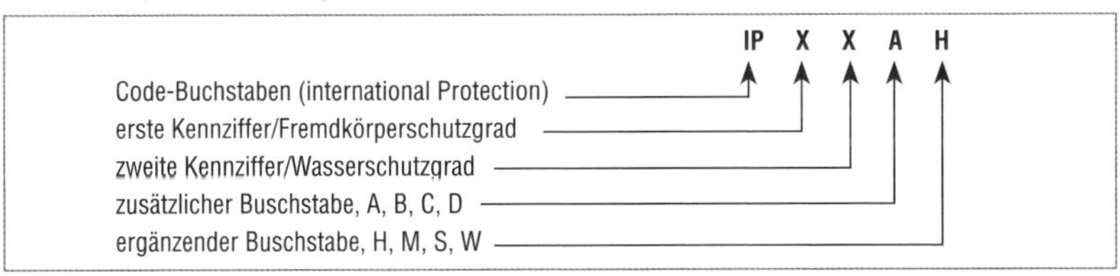

Bild 5.1 IP-Schutzarten und die Bedeutung der Schutzgrade

erste Kennziffer	Schutz des Betriebsmittels	Schutz von Personen
0	kein Schutz gegen Eindringen fester Körper	kein Schutz gegen direktes Berühren
1	≥ 50 mm Durchmesser	Handrücken
2	≥ 12,5 mm Durchmesser	Finger
3	≥ 2,5 mm Durchmesser	Werkzeug
4	≥ 1,0 mm Durchmesser	Draht
5	staubgeschützt	Draht
6	staubdicht	Draht

Tabelle 5.1 Bedeutung des ersten Buchstabens nach DIN EN 60529 (VDE 0470-1)

Klasse	Wasserschutz	IP-Schutzart	Merkmale
AD1	keine oder vernachlässigbare Wassermengen	IPX1	Tropfwasserschutz (senkrecht fallende Wassertropfen) Kondensieren und Dampf
AD2	Tropfwasser	IPX2	
AD3	Sprühwasser	IPX3	Sprühwasser aus allen Richtungen in einem Winkel von 60° zur Senkrechten, oder Bildung von Wasserfilmen auf Wänden und Böden
AD4	Spritzwasser	IPX4	aus allen Richtungen, z. B. zu Reinigungszwecken (AD5), oder aufgrund der äußeren Umgebung wie Regen (AD4)
AD5	Strahlwasser	IPX5	
AD6	Schwallwasser	IPX6	Betriebsmittel ist oberhalb der Wasseroberfläche angeordnet und gelegentlich oder in Intervallen Schwallwasser durch z.B. Wellen ausgesetzt.
AD7	Eintauchen	IPX7	Betriebsmittel ist bis zu einer bestimmten Tiefe dauernd unter Wasser.
AD8	Untertauchen	IPX8	Betriebsmittel ist vollständig unter Wasser.

Tabelle 5.2 Bedeutung des zweiten Buchstabens nach DIN EN 60529 (VDE 0470-1) und Zuordnung der Umgebungseinflüsse nach DIN VDE 0100-510

Der zusätzliche Buchstabe beschreibt den Schutzgrad für Personen vor Zugang zu gefährlichen Teilen (**Tabelle 5.3**). Dieser wird ausschließlich verwendet, wenn der tatsächliche Schutz gegen den Zugang zu gefährlichen Teilen höher ist als durch die erste Kennziffer angegeben bzw. wenn nur der Schutz gegen den Zugang zu gefährlichen Teilen angegeben ist und die erste Kennziffer durch ein X ersetzt ist. Dieser höhere Schutz kann durch Abdeckungen, geeignete Form von Öffnungen oder Abstände innerhalb des Gehäuses erreicht werden. Der ergänzende Buchstabe findet in Ausnahmefällen Anwendung (**Tabelle 5.4**). Solche Ausnahmefälle liegen vor, wenn in den betreffenden Produktnormen entsprechende Anforderungen gestellt werden und diese grundsätzlich mit den IP-Schutzarten der Norm DIN EN 60529 (VDE 0470-1) übereinstimmen Sie werden entsprechend den Produktnormen zusätzlichen Prüfungen unterzogen.

zusätzlicher Buchstabe	Beschreibung	Definition/Zugangssonde (Prüfsonde)
A	Handrückensicherheit	Kugel 50 mm Durchmesser
B	Fingersicherheit	12 mm Durchmesser, 80 mm Länge
C	geschützt gegen Zugang mit Werkzeug	2,5 mm Durchmesser, 100 mm Länge
D	geschützt gegen Zugang mit Draht	1,0 mm Durchmesser, 100 mm Länge

Tabelle 5.3 Bedeutung des zusätzlichen Buchstabens nach DIN EN 60529 (VDE 0470-1)

<table>
<tr><th>ergänzender Buchstabe</th><th colspan="2">Beschreibung</th><th>Definition/Zugangssonde (Prüfsonde)</th></tr>
<tr><td>H</td><td colspan="2">Hochspannungs-Betriebsmittel</td><td></td></tr>
<tr><td>M</td><td rowspan="2">Geprüft auf schädliche Einwirkungen durch den Eintritt von Wasser.</td><td>Wenn bewegliche Teile des Betriebsmittels in Betrieb sind.</td><td rowspan="2">Das Fehlen der Buchstaben „M“ und „S“ bedeutet, dass der Schutzgrad nicht davon abhängt, ob Teile des Betriebsmittels in Bewegung sind oder nicht.</td></tr>
<tr><td>S</td><td>Wenn bewegliche Teile des Betriebsmittels im Stillstand sind.</td></tr>
<tr><td>W</td><td colspan="2">Geeignet zur Verwendung unter festgelegten Wetterbedingungen und ausgestattet mit zusätzlichen schützenden Maßnahmen oder Verfahren.</td><td></td></tr>
</table>

Tabelle 5.4 Bedeutung des ergänzenden Buchstabens nach DIN EN 60529 (VDE 0470-1)

5.2 Der IK-Code

Während die IP-Schutzart ein System zur Klassifikation der Betriebsmittel gegen Fremdkörper und Wasser ist, ist der IK-Code das Maß des Schutzes gegen schädliche mechanische Beanspruchungen zur Erhaltung der IP-Schutzart über die Lebensdauer des Betriebsmittels. Der IK-Code gilt im Allgemeinen für vollständige Gehäuse eines Betriebsmittels oder mehrere Betriebsmittel, die in einem Gehäuse untergebracht sind.

Der IK-Code besteht aus den Buchstaben „IK“ und einer charakteristischen Zifferngruppe. Diese geht von 00 bis 10. Die Zifferngruppe 00 bis 10 ist jeweils einer Beanspruchungsenergie zugeordnet (**Bild 5.2** und **Tabelle 5.5**).

Die Zuordnung der Zifferngruppe ist gemäß den Prüfbedingungen nach DIN EN 50102 Abs. 5 festgelegt. Bei der Bewertung der Auswahl und Anordnung der Betriebsmittel hinsichtlich der mechanischen Beanspruchungen sind die Klimabedingungen zu beachten.

IK XX

Code-Buchstaben (internationaler mechanischer Schutz) → IK

charakteristische Zifferngruppe (00 bis 10) → XX

Bild 5.2 Code gemäß DIN EN 50102

IK-Code	IK00	IK01	IK02	IK03	IK04	IK05	IK06	IK07	IK08	IK09	IK10
Beanspruchungsenergie in Joule	*	0,15	0,20	0,35	0,50	0,70	1	2	5	10	20
*kein Schutz entsprechend der Norm											

Tabelle 5.5 Zuordnung IK-Code nach DIN EN 50102

Der IK-Code und damit der mechanische Schutz gilt, sofern vom Hersteller nichts anderes angegeben, für die unter IEC 68-1 genormten Klimabedingungen:

- Temperaturbereich: 15 °C bis 35 °C
- Luftdruck: 86 kPa bis 106 kPa (860 mbar bis 1.060 mbar)
- Höhe: 0 m bis 2.000 m

Vgl. hierzu [12], [35], [53].

6 Qualifikationen von Personen

6.1 Laie

Unbefugte Personen im Sinne der elektrischen Anlagen sind Laien, die weder Elektrofachkraft noch elektrotechnisch unterwiesene Personen sind. Sie sind von Orten, an denen elektrische Gefährdungen auftreten können, fernzuhalten. Abgeschlossene elektrische Betriebsstätten dürfen von Laien nur in Begleitung von Elektrofachkräften oder elektrotechnisch unterwiesenen Personen betreten werden.

6.2 Befähigte Person nach TRBS 1203

Die Festlegung der Anforderungen an befähigte Personen erfolgt nach TRBS 1203. Zudem werden dort die Anforderungen an das Prüfpersonal konkretisiert. Nach TRBS 1203 Abs. 2 sind für die Prüfung befähigte Personen einzusetzen. Nur diese können aufgrund ihrer Fachkenntnisse aus Berufsausbildung, Berufserfahrung und zeitnaher beruflicher Tätigkeit ein zuverlässiges Verständnis sicherheitstechnischer Belange aufweisen. Dies ist die Voraussetzung, dass Prüfungen ordnungsgemäß durchgeführt werden können. Weiterhin benötigen die für die Prüfung befähigten Personen eine abgeschlossene Berufsausbildung oder ein Studium, anhand dessen es möglich ist, die beruflichen Kenntnisse nachzuvollziehen. Sie müssen ebenso über eine entsprechende Berufserfahrung verfügen sowie einer zeitnahen beruflichen Tätigkeit nachgehen. Geeignete zeitnahe berufliche Tätigkeiten von befähigten Personen hinsichtlich elektrischer Gefährdungen sind z. B. nach TRBS 1203 Abs. 3.3:

- Reparatur-, Service- und Wartungsarbeiten und abschließende Prüfung an elektrischen Geräten,
- Prüfung elektrischer Betriebsmittel in der Industrie z. B. in Laboratorien, an Prüfplätzen,
- Instandsetzung und Prüfung von elektrischen Geräten unter Leitung und Aufsicht einer befähigten Person.

Demnach können auch Meister und Techniker unter Einhaltung der zeitnahen beruflichen Tätigkeit und der Anforderungen nach TRBS 1203 zum Prüfen von Arbeitsmitteln befähigt werden.

6.3 Elektrofachkraft, VEFK, EuP nach VDE 0105-100

Das Arbeitsschutzgesetz (ArbSchG) regelt die Rechte und Pflichten hinsichtlich des Arbeitsschutzes zwischen Arbeitgeber und Beschäftigten. Nach ArbSchG § 3 ist der Arbeitgeber – also der Betreiber – verpflichtet, die erforderlichen Maßnahmen des Arbeitsschutzes zu treffen. Diese Aufgaben muss der Arbeitgeber nicht zwingend selbst durchführen, sondern er kann die Maßnahmen und Aufgaben gemäß ArbSchG § 3 (2) durch Einrichtung einer geeigneten Organisation, Bereitstellung der erforderlichen Mittel und durch Vorkehrungen in die betriebliche Führungsstruktur und, im Rahmen der Mitwirkungspflicht der Beschäftigten, in die Arbeitsabläufe integrieren.

Zu den Aufgaben gehören u.a. die Einhaltung der vom Gesetzgeber erlassenen Rechtsverordnungen sowie die Einhaltung der Unfallverhütungsvorschriften. Nach DGUV Vorschrift 3 § 3 (1) hat der Unternehmer (= Betreiber = Arbeitgeber) dafür zu sorgen, dass die elektrischen Anlagen und Betriebsmittel den elektrotechnischen Regeln entsprechend betrieben werden. Hierfür kann der Arbeitgeber gemäß ArbSchG § 13 (2) auch zuverlässige und fachkundige Personen als verantwortliche Personen schriftlich mit den Aufgaben beauftragen.

6.3.1 Die Elektrofachkraft

Nach DIN VDE 1000-10 Abs. 3.2 ist eine Elektrofachkraft eine Person, die aufgrund ihrer fachlichen Ausbildung, Kenntnisse und Erfahrungen sowie Kenntnisse der einschlägigen Normen die ihr übertragenen Arbeiten beurteilen und mögliche Gefahren erkennen kann.

6.3.2 Die verantwortliche Elektrofachkraft

Eine verantwortliche Elektrofachkraft ist darüber hinaus nach DIN VDE 1000-10 Abs. 3.2 eine Person, die als Elektrofachkraft die Fach- und Aufsichtsverantwortung übernimmt und vom Arbeitgeber dafür bestellt wird. Elektrofachkräfte, die zur verantwortlichen Elektrofachkraft bestellt werden, müssen demnach der Beauftragung zustimmen. Ist allerdings eine Stellenbeschreibung vorhanden, oder liegt ein Alleinstellungsmerkmal wie eine Stellen- und Berufsbezeichnung „Elektromeister als Werkstattleiter" vor, ist eine zusätzliche Benennung als VEFK aufgrund der eindeutigen fachlichen Verantwortung nicht erforderlich. Ein klares Organigramm mit einer Qualifikations- und Stellenanforderung ist demnach in vielen Fällen ausreichend.

Zur verantwortlichen Elektrofachkraft wird man somit durch

- die schriftliche Bestellung des Arbeitgebers und der Zustimmung der EFK oder
- durch eine Stellenbeschreibung mit einer Qualifikations- und Stellenanforderung.

Gemäß der Stellungnahme des DKE zu den Anforderungen an die im Bereich der Elektrotechnik tätigen Personen ist in Unternehmen mit mehreren verantwortlichen Elektrofachkräften eine geeignete Organisation zu finden und zu definieren, um die Verantwortlichkeiten in elektrotechnischen Bereichen klar zu regeln.

Bei Unternehmen oder Unternehmensbereichen mit nur einer Elektrofachkraft (EFK) ist zusätzlich eine VEFK nicht erforderlich.

In der Arbeitsorganisation muss nach DIN VDE 0105-100 Abs. 4.3 jede elektrische Anlage unter der Verantwortung einer Person des Anlagenbetreibers stehen. Der Zugang zu allen Orten ist zu regeln und die Art der Zugangsregelung und -überwachung ist vom Anlagenbetreiber festzulegen. Demnach muss jede elektrische Anlage, an der gearbeitet wird, unter der Verantwortung eines Anlagenverantwortlichen stehen, der gegenüber nicht EFKs die Aufgaben als VEFK weisungsfrei ausführt. Die Organisation obliegt dem Betreiber.

6.3.3 Die elektrotechnisch unterwiesene Person

Darüber hinaus definiert die DIN VDE 0105-100 die „elektrotechnisch unterwiesene Person" (kurz EuP). Die EuP ist von Elektrofachkräften über die ihr übertragenen Aufgaben zu unterweisen. Zweck der Unterweisung ist,

- die EuP über mögliche Gefahren bei unsachgemäßem Verhalten zu unterrichten,
- diese erforderlichenfalls anzulernen,
- diese über die notwendigen Schutzmaßnahmen zu unterweisen.

Der Umfang, in dem EuPs Arbeiten ausführen dürfen, beschränkt sich somit ausschließlich auf die Tätigkeiten, in denen sie unterwiesen wurden.

6.4 Wer darf was?

Tabelle 6.1 zeigt die Randbedingungen für das Arbeiten an unter Spannung stehenden Teilen hinsichtlich der Auswahl des Personals in Abhängigkeit von der Nennspannung gemäß der Durchführungsanweisung nach DGUV Vorschrift 4.

Nennspannung in V	Arbeiten	EFK	EUP	Laie
bis AC 50 V und bis DC 120 V	Alle Arbeiten, soweit eine Gefährdung, z. B. durch Lichtbogenbildung, ausgeschlossen ist.	X	X	X
über AC 50 V und über DC 120 V	Heranführen von Prüf-, Mess- und Justiereinrichtungen, z. B. Spannungsprüfern, von Werkzeugen zum Bewegen leichtgängiger Teile, von Betätigungsstangen.	X	X	
	Heranführen von Werkzeugen und Hilfsmitteln zum Reinigen sowie das Anbringen von geeigneten Abdeckungen und Abschrankungen.	X	X	
	Herausnehmen und Einsetzen von nicht gegen direktes Berühren geschützten Sicherungseinsätzen mit geeigneten Hilfsmitteln, wenn dies gefahrlos möglich ist.	X	X	
	Anspritzen von unter Spannung stehenden Teilen bei der Brandbekämpfung oder zum Reinigen.	X	X	
	Arbeiten an Akkumulatoren und Photovoltaikanlagen unter Beachtung geeigneter Vorsichtsmaßnahmen.	X	X	
	Arbeiten in Prüfanlagen und Laboratorien unter Beachtung geeigneter Vorsichtsmaßnahmen, wenn es die Arbeitsbedingungen erfordern.	X	X	
	Abklopfen von Raureif mit isolierenden Stangen.	X	X	
	Fehlereingrenzung in Hilfsstromkreisen (z. B. Signalverfolgung in Stromkreisen, Überbrückung von Teilstromkreisen) sowie Funktionsprüfung von Geräten und Schaltungen.	X		
	Sonstige Arbeiten, wenn a) zwingende Gründe durch den Betreiber festgestellt wurden und b) Weisungsbefugnis, Verantwortlichkeiten, Arbeitsmethoden und Arbeitsablauf (Arbeitsanweisung) schriftlich für speziell ausgebildetes Personal festgelegt worden sind.	X		
bei allen Nennspannungen	Alle Arbeiten, wenn die Stromkreise mit ausreichender Strom- oder Energiebegrenzung versehen sind und keine besonderen Gefährdungen (z. B. wegen Explosionsgefahr) bestehen.	X	X	X
	Arbeiten zum Abwenden erheblicher Gefahren, z. B. für Leben und Gesundheit von Personen oder Brand- und Explosionsgefahren.	X		
	Arbeiten an Fernmeldeanlagen mit Fernspeisung, wenn Strom kleiner als AC 10 mA oder DC 30 mA.	X	X	X

Tabelle 6.1 Zulässige Arbeiten für Laien, EuP, EFK in Anlehnung an DGUV Durchführungsanweisung zur Vorschrift 4

Vgl. hierzu [1], [5], [47], [52], [84].

II Anwendung technischer und gesetzlicher Bestimmungen

7 Die Gesetzespyramide

In der Praxis haben Betreiber und Kunden oft die Wahrnehmung, dass sich die unterschiedlichen Prüfungen und Betreiberpflichten an elektrischen Anlagen, Maschinen und ortsveränderlichen Geräten sowie weiteren technischen Anlagen ähneln und die Prüfgrundlagen sich nicht wesentlich unterscheiden bzw. sogar überschneiden. So einfach ist es jedoch nicht. Hinzu kommt, dass Deutschland sowie die gesamte Europäische Union ein Verbund voller Gesetze, Normen und Richtlinien sind.

7.1 Europäisches Recht

Nach Art. 288 EG-Vertrag nehmen die Organe für die Ausübung der Zuständigkeit der Union Verordnungen, Richtlinien, Beschlüsse und Stellungnahmen an (**Bild 7.1**). Zur Erfüllung ihrer Aufgaben und nach Maßgabe dieses Vertrags erlassen das Europäische Parlament und der Rat gemeinsam, der

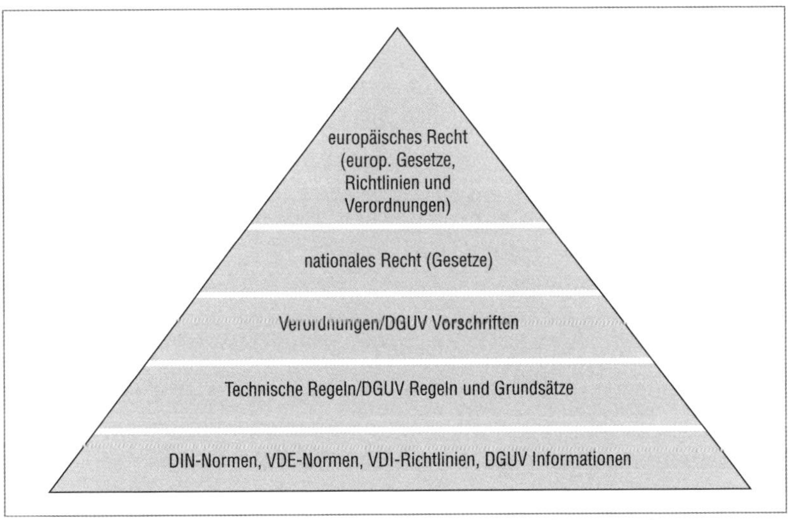

Bild 7.1 Die Gesetzespyramide/Hierarchie von Gesetzen, Verordnungen und Normen

Rat und die Kommission Verordnungen, Richtlinien und Entscheidungen, sprechen Empfehlungen aus oder geben Stellungnahmen ab. Eine EU-Verordnung (Art. 249 II EG) hat allgemeine Geltung und ist daher in allen ihren Teilen verbindlich einzuhalten. Sie gilt unmittelbar in jedem Mitgliedsstaat. Eine EU-Richtlinie (Art 249 III EG) ist hinsichtlich des zu erreichenden Zieles verbindlich. Die innerstaatliche Umsetzung hinsichtlich der Wahl der Form und Mittel bleibt jedoch den Mitgliedsstaaten, an die sie gerichtet wird, überlassen.

Beschlüsse sind direkt an Adressaten gerichtet und demnach in allen Teilen verbindlich einzuhalten. Stellungnahmen sind hingegen nicht verbindlich. Damit sind EU-Richtlinien von EU-Verordnungen abzugrenzen.

7.1.1 EU-Verordnungen

EU-Verordnungen werden durch die Regierungs- oder Verwaltungsorgane (Exekutive) erlassen und sind demnach verbindlich von allen Mitgliedsstaaten einzuhalten und in nationales Recht umzusetzen. Gesetze und Verordnungen legen im Allgemeinen die Schutzziele in einem geringen Detailierungsgrad fest. Sie obliegen der staatlichen Hoheit und sind öffentlich zugänglich. Die Nichteinhaltung von Gesetzen und Verordnungen führt zur Strafe.

7.1.2 EU-Richtlinien

EU-Richtlinien besitzen eine alleine Geltung und wirken im Vergleich zu EU-Verordnungen nicht unmittelbar. Sie sind in allen Teilen für die Mitgliedsstaaten verbindlich hinsichtlich der anvisierten Ziele einzuhalten. EU-Richtlinien finden in ihren Mitgliedsstaaten, an welche sie adressiert sind, indirekt durch nationale Gesetzgebung und Verordnungen Anwendung. EU-Richtlinien lassen sind in drei Arten unterteilt:

- Rahmenrichtlinien,
- spezifische Richtlinien und
- Richtlinien nach dem neuen Konzept.

Rahmenrichtlinien sind in deren Rahmen in den einzelnen Mitgliedsstaaten in nationales Recht umzusetzen, während spezifische Richtlinien als Ergänzung bestehenden Rechts anzusehen sind (**Bild 7.2**).

Richtlinien nach dem neuen Konzept legen grundlegende Sicherheits- und Gesundheitsanforderungen für bestimmte Produkte fest. Sie verfolgen

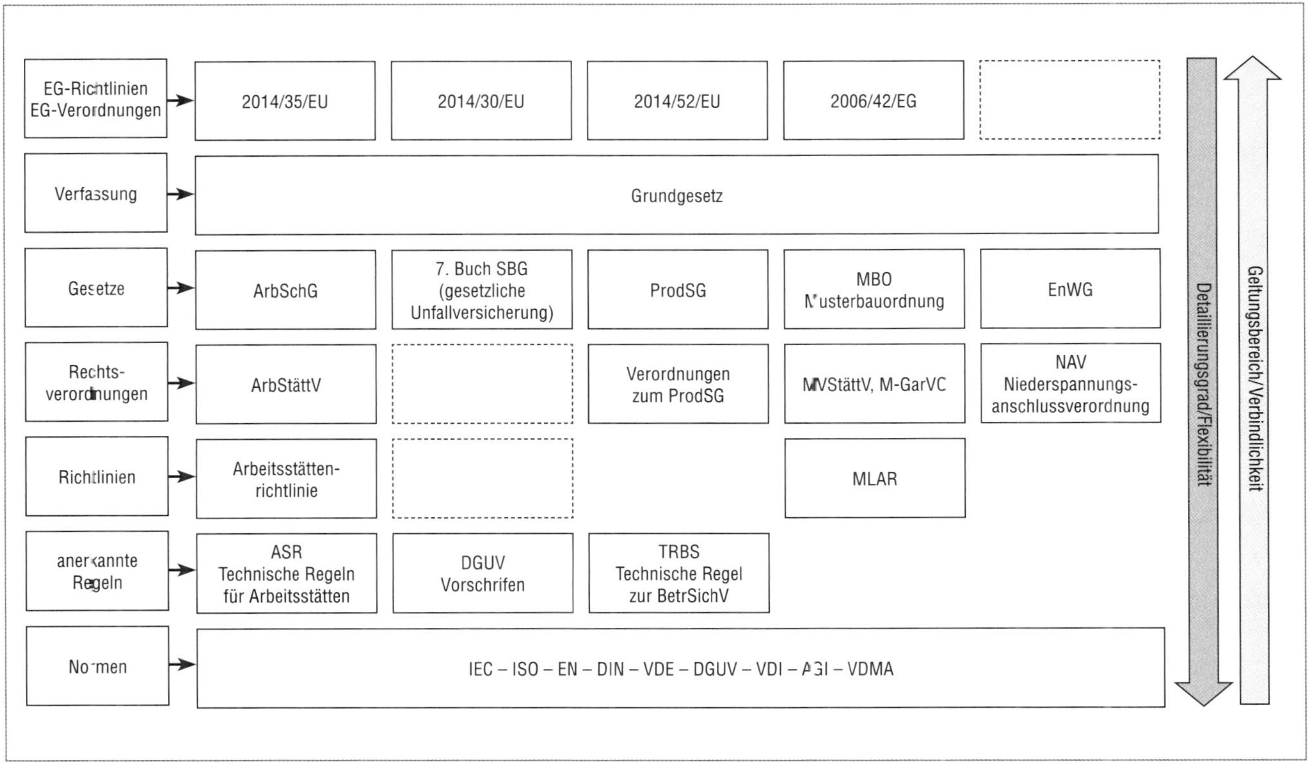

Bild 7.2 Richtlinien, Gesetze, Verordnungen und Normen im europäischen und nationalen Kontext

das Ziel, technische Handelshemmnisse durch die Harmonisierung technischer Normen abzubauen. Hierzu sind die Normen aus Gründen der Aktualität ständig und regelmäßig von den europäischen Normungsorganisationen CEN, CENELEC und ETSI (Abschnitt 15.2 *Einhaltung der anerkannten Regeln der Technik*) zu aktualisieren.

Für Errichtung und Betrieb elektrischer Anlagen sind insbesondere folgende EU-Richtlinien und EU-Verordnungen relevant:

- Niederspannungsrichtlinie,
- EMV-Richtlinie,
- Funkgeräterichtlinie,
- Bauprodukteverordnung,
- Maschinenrichtlinie,
- ATEX-Richtlinie,
- Verordnung (EU) 2016/631 der Kommission vom 14. April 2016 zur Festlegung eines Netzkodex mit Netzanschlussbestimmungen für Stromerzeuger (NC RfG),
- Verordnung (EU) 2016/1388 der Kommission vom 17. August 2016 zur Festlegung eines Netzkodex für den Lastanschluss (NC DCC).

7.2 Regeln der Technik und Stand der Technik

Anerkannte Regeln stellen die zum Rechtsgebiet erlassenen Regeln und Vorschriften dar. Zu unterscheiden ist zwischen einer „anerkannten Regel der Technik“ und dem „Stand der Technik“. Der „Stand der Technik" ist ein entwickeltes Stadium der technischen Möglichkeiten zu einem bestimmten Zeitpunkt, soweit Produkte, Prozesse und Dienstleistungen betroffen sind basierend auf den diesbezüglichen gesicherten Erkenntnissen von Wissenschaft, Technik und Erfahrung. Wichtig: „Stand der Technik" ist nicht identisch mit „Aktueller Stand der Technik" oder „Stand von Wissenschaft und Technik". Eine „Anerkannte Regel der Technik" ist eine technische Festlegung, die von einer Mehrheit repräsentativer Fachleute als Wiedergabe des Standes der Technik angesehen wird. Eine „Regel der Technik" hat demnach nicht immer die Anerkennung der Fachleute. Bis zur Veröffentlichung einer Norm vergeht manchmal viel Zeit. Für besonders dynamische Zukunftsmärkte, wie die Elektromobilität und die Informations- und Telekommunikationstechnologie (IKT), bietet deshalb die DKE Veröffentlichungsformen, in denen Normen in einer kurzen Zeitspanne entstehen und der breiten Öffentlichkeit vorgestellt werden. Sie werden Spezifikationen genannt und nach definierten Regeln erarbeitet. Zu ihnen zählen Leitfäden und VDE-Anwendungsregeln. Sie genügen den hohen Ansprüchen des VDE-Vorschriftenwerkes und ermöglichen einen deutlich schnelleren Veröffentlichungsprozess.

Die Beachtung mancher Regelwerke als Bewertungskriterien ergeben sich aus den Prüfgrundlagen. Manche Regelwerke finden hingegen nur in bestimmten Anwendungsfällen oder durch privatrechtliche vertragliche Vereinbarung Anwendung.

Zusammenfassend ist festzuhalten, dass EU-Richtlinien nicht direkt anzuwenden sind. Sie werden über Gesetze und Verordnungen vollständig, teilweise oder sinngemäß in nationales Recht umgesetzt. EU-Verordnungen sind direkt von den Mitgliedsstaaten umzusetzen.

Richtlinien und Verordnungen orientieren sich am Stand der Technik. Stand der Technik ist das Stadium derzeitiger technischer Möglichkeiten. Sie basieren auf wissenschaftlichen Erkenntnissen, Technik und Erfahrung. Eine anerkannte Regel der Technik ist hingegen eine technische Festlegung basierend auf einer Mehrheit repräsentativer Fachleute, während eine Regel der Technik lediglich eine technische Festlegung ohne zwingende Anerkennung der Mehrheit repräsentativer Fachleuchte ist.

Vgl. hierzu [58], [66], [67], [68], [69].

8 Normen und VDE-Bestimmungen

Normung findet auf internationalen, europäischen und nationalen Ebenen statt. Auf jeder Ebene gibt es für allgemeine Normen, Normen der Elektrotechnik und Normen der Telekommunikationstechnik eine Normungsorganisation, die diese Normen erarbeitet und die Arbeitsergebnisse veröffentlicht (**Bild 8.1**).

	Allgenmein	Elektrotechnik	Telekommunikationstechnik
International	ISO	IEC	ITU
Europäisch (regional)	cen	CENELEC	ETSI
Deutsch (national)	DIN	DKE VDE DIN	DKE VDE DIN

Quelle: DKE

Bild 8.1 Überblick internationaler, europäischer und nationaler Normungsorganisationen

Normen setzen im Grundsatz auf folgende Prinzipien:

- Freiwilligkeit,
- Öffentlichkeit,
- Konsens,
- Einheitlichkeit und Widerspruchsfreiheit,
- Sachbezogenheit,
- Ausrichtung am allgemeinen Nutzen,
- Ausrichtung an der Wirtschaft,
- Beteiligung aller Interessenskreise,
- Ausrichtung am Stand der Technik,
- Internationalität.

8.1 Internationale Normen

Auf internationaler Ebene erarbeiten und veröffentlichen die ISO (International Standardisation Organisation), die IEC (Internationl Electrotechnical

Commission) und die ITU (Internationale Fernmeldeunion) mit Sitz in Genf. Jedes Land hat mit seiner nationalen Normungsorganisation die Möglichkeit, der ISO und der IEC beizutreten und durch ihre nationalen Komitees in der internationalen Normung mitzuwirken. Internationale Normen haben den Charakter von Empfehlungen an die nationalen Normungsorganisationen, ihre nationalen Normen an diese anzupassen. Die Anpassung an internationale Normen kann direkt und unverändert, in modifizierter Form oder durch teilweise Übernahme in eine nationale Norm erfolgen. Bei einer direkten bzw. unveränderten Übernahme wird der gesamt Normentext unverändert und uneingeschränkt übernommen. Es findet lediglich eine Übersetzung in die jeweilige Landesssprache statt. In Deutschland erhalten direkt übernommene internationale Normen vor der Nummerierung die Bezeichnung DIN ISO plus Nummer bzw. DIN IEC plus Nummer. Bei der modifizierten Übernahme einer internationalen Norm wird der Normentext vollständig und formgetreu übernommen. Allerdings können hier im Vergleich zu der direkten Übernahme nationale Änderungen, Ergänzungen und Streichungen im Normentext vorgenommen werden. Im Titel der Norm wird auf die internationale Norm verwiesen. Eine teilweise Übernahme in eine nationale Norm erfolgt nicht formgetreu. Der internationale Normentext kann von den nationalen Normungsorganisationen geändert, ergänzt und gekürzt werden. In der Vorbemerkung wird auf teilweise Übernahme einer internationalen Norm hingewiesen. Modifiziert übernommene und teilweise übernommene internationale Normen sind in Deutschland mit der Bezeichnung DIN plus Nummer bzw. DIN VDE plus Nummer gekennzeichnet.

8.2 Europäische Normen

In Europa ist die CEN und CENELEC mit Sitz in Brüssel für den Normungsprozess und die Herausgabe auf europäischer Ebene zuständig. Europäische Normen konkretisieren die grundlegenden Sicherheits- und Gesundheitsanforderungen. Die CEN (Comité Européen de Normalisation) erarbeitet und veröffentlicht allgemeine Normen, während die CENELEC (Comité Européen de Normalisation Electrotechnique) Normen für die Elektrotechnik erarbeitet und veröffentlicht.

Die Mitglieder sind die nationalen Normungsinstitute der Mitgliedsländer der europäischen Union, Mitglieder des europäischen Freihandelsabkommen und Länder, deren Beitritt in die EU zu erwarten ist. Das Verfahren entspricht dem nationalen Verfahren: Erarbeitung einer Vorlage, Konsensbildung bzgl. dem Inhalt, ein öffentliches Umfrageverfahren mit Einspruchsverfahren sowie Bearbeitung der Einsprüche und Veröffentlichung.

Europäische Normen entstehen durch die Facharbeit der Technischen Komitees, Unterkomitees und Arbeitsgruppen oder durch Übernahme normativer internationaler Dokumente. Zur Vermeidung doppelter Arbeit, haben CEN/CENELEC mit der ISO und IEC im Rahmen einer Vereinbarung Regeln über die Zusammenarbeit auf internationaler Ebene beschlossen. Hierbei wurde der internationalen Normungsarbeit der Vorrang eingeräumt. Damit ist im Rahmen neuer europäischer Normungsvorhaben zu prüfen, ob diese Arbeit fristgerecht bei der ISO oder IEC erledigt werden kann.

Neben den europäischen Normen gibt es noch sogenannte Harmonisierungsdokumente (HD). Harmonisierungsdokumente sind gemäß den Regeln der CENELEC inhaltlich in die jeweiligen nationalen Normenwerke von den nationalen Normungsorganisationen zu übernehmen. Die auf demselben Harmonisierungsdokument basierenden nationalen Normen der einzelnen Länder müssen daher nicht zwangsläufig inhaltlich übereinstimmen.

8.3 Nationale Normen und VDE-Bestimmungen

In Deutschland ist ausschließlich der DIN berechtigt, Normen zu veröffentlichen. Ab April 2005 fällt auch das VDE-Vorschriftenwerk unter die Herausgabe des DIN. Beide Institutionen haben sich seitdem zum DKE zusammengeschlossen. Die zusätzliche VDE-Klassifikation mit der Schreibweise „DIN VDE“ und Nummerierung bedeutet, dass es sich bei der Norm um eine VDE-Bestimmung mit Normungscharakter handelt.

Die Ergebnisse der Normungsarbeit der DKE sind DIN-Normen oder DIN-Vornormen mit und ohne VDE-Klassifikation, Fachberichte, Beiblätter, Übersetzungen von Veröffentlichungen internationaler und regionaler Normungsorganisationen sowie Entwürfe zu DIN-Normen. VDE-Vorschriften sind Bestandteil des VDE-Vorschriftenwerkes. Sie sind gleichzeitig in das deutsche Normenwerk aufgenommen. Gleiches gilt für Vornormen mit VDE-Klassifikation, Beiblätter zum VDE-Vorschriftenwerk sowie VDE-Leitlinien und Anwenderregeln.

Es wird unterschieden zwischen:

- VDE-Bestimmungen,
- VDE-Leitlinien,
- VDE-Vornormen,
- VDE-Anwendungsregeln,
- Beiblätter des VDE-Vorschriftenwerks,
- Verlautbarungen und
- harmonisierte Normen.

VDE-Bestimmungen enthalten sicherheitstechnische Festlegungen

- zu Eigenschaften, zur Bemessung und Prüfung,
- zum Schutz und zur Instandhaltung solcher Anlagen und Betriebsmittel sowie
- an den Blitzschutz.

Sie richten sich an Errichter und Betreiber elektrischer Anlagen sowie Hersteller elektrischer Betriebsmittel. Die Festlegungen für das Herstellen elektrischer Betriebsmittel können zudem Handlungsanleitungen für den Betreiber beinhalten. Hierüber hat der Hersteller den Anwender in der Montage und Bedienungsanleitung zu informieren.

8.3.1 Mitarbeit der Öffentlichkeit und Bekanntgabe

VDE-Bestimmungen und -Entwürfe werden im Bundesanzeiger gelistet und damit der Öffentlichkeit bekanntgegeben. Bei Entwürfen handelt es sich um einen Vorschlag für eine Norm. Deshalb wird bei einem Entwurf eine Einspruchsfrist öffentlich bekanntgegeben. Innerhalb dieser Frist hat jedermann unter Angabe von Gründen Änderungsvorschläge, Stellungnahmen und Einsprüche einzureichen.

8.3.2 Ausarbeitende Gremien

VDE-Bestimmungen werden von den zugeordneten Arbeitsgremien des Fachbereichs in regelmäßigen Zeitabständen überprüft und bei Bedarf überarbeitet. Die Arbeitsgremien in den Fachbereichen bestehen im DKE aus Komitees (K), Unterkomitees (UK) und Arbeitskreisen (AK). Die klassischen Errichtungs- und Betreibernormen für elektrische Anlagen am Niederspannungsnetz sind dem Fachbereich 2 im Sachgebiet 2.2 „Errichten und Betrieb“ zugeordnet (**Bild 8.2**). Die Gremien sind aus Fachleuten zusammengesetzt, die die Erfahrungen in die betroffenen Fachkreise einbringen. In

Bild 8.2 Website des DKE Komitees K221 zum Thema Schutz gegen elektrischen Schlag

der Zusammensetzung wird zudem auf Diversität geachtet, sodass die Interessen möglichst vieler Fachkreise vertreten sind.

Die klassischen Errichtungsnormen für elektrische Anlagen bis 1 kV AC/ 1,5 kV DC, die Reihe DIN VDE 0100 und die Normung für den Betrieb elektrischer Anlagen (DIN VDE 0105-100) werden in den Komitees 221 und 224 erarbeitet.

- K221 „Elektrische Anlagen und Schutz gegen elektrischen Schlag“
  - UK 221.1 „Schutz gegen elektrischen Schlag“
  - UK 221.2 „Schutz gegen thermische Auswirkungen/Sachschutz“
  - UK 221.3 „Bauliche Anlagen für Menschenansammlungen“
  - UK 221.4 „Elektrische Anlagen in medizinischen Einrichtungen“
  - UK 221.5 „Zukunftsfähige Elektroinstallationen“
  - UK 221.6 „Niederspannungsgleichstromverteilnetze“
- K224 „Betrieb elektrischer Anlagen“

Weitere Komitees sowie die zugehörigen Unterkomitees mit den Arbeitskreisen sind auf der Website des DKE zu finden:
www.dke.de/de/ueber-uns/dke-organisation-auftrag/dke-fachbereiche

8.3.3 VDE-Leitlinien

Eine VDE-Leitlinie beinhaltet sicherheitstechnische Festlegungen. Im Vergleich zu einer VDE-Bestimmung bleibt dem Anwender ein wesentlich erweiterter Ermessensspielraum für eigenverantwortliches Handeln. VDE-Leitlinien werden verwendet, wenn die Vielfalt der zu betrachtenden

Sachlagen oder Gestaltungsmöglichkeiten nach vorherrschender Meinung durch unmittelbare anwendbare Anweisungen nicht erfasst werden können.

„Technical Reports“ (TR) der IEC und des CENELEC können in das VDE-Vorschriftenwerk in Form einer VDE-Leitlinie oder als Vornorm übernommen werden.

8.3.4 VDE-Vornormen

Eine Vornorm ist ein Dokument, das von einer normenschaffenden Institution, wie die DKE, vorläufig angenommen und der Öffentlichkeit bekannt gegeben wird. Durch die Anwendung der Vornorm soll die notwendige Erfahrung gesammelt werden, die als Grundlage einer Norm dient. Eine Vornorm wird wie eine Norm im Bundesanzeiger veröffentlicht. Vornormen haben nicht automatisch den Anspruch einer anerkannten Regel der Technik. Die Anwendung ist privatrechtlich zu vereinbaren.

Die Überführung in eine Norm, das Weiterbestehen der Vornorm oder die ersatzlose Streichung der Vornorm ist nach spätestens drei Jahren zu prüfen.

8.3.5 VDE-Anwendungsregeln

Die Berücksichtigung von Anwenderregeln werfen grundsätzlich Fragen der verbindlichen Anwendung auf und ob diese anerkannte Regeln im Sinne § 49 EnWG darstellen. Nach VDE 0022 Abs. 6 ist eine Anwenderregel das Ergebnis von Standardisierungsarbeiten, die Festlegungen mit Empfehlungen für spezielle Anwendungsgebiete zusammenfassen. Sie ist jedoch keine Norm und demnach nicht automatisch Bestandteil des Deutschen Normenwerkes. Anwenderregeln können allerdings den Status einer allgemein anerkannten Regel der Technik erlangen, wenn sie wie eine VDE-Bestimmung erarbeitet und veröffentlicht wurden:

1. Beteiligung der betroffenen Kreise,
2. die Veröffentlichung eines Entwurfs,
3. ein öffentliches Einspruchsverfahren und ggf. ein Schieds- und Schlichtungsverfahren.

Typisches Beispiel einer Anwenderregel ist die VDE-AR-E 2100-712. In der Anwenderregel sind ergänzende Maßnahmen zum Schutz von Einsatzkräften bei Hilfs- und Löscharbeiten in Gebäuden mit Photovoltaikanlagen formuliert. Im Vorwort der VDE-AR-E 2100-712 Ausgabe 2013-05 und der derzeit gültigen VDE-AR-E 2100-712 Ausgabe Dezember 2018 wird auf die Zuständigkeit des nationalen Arbeitsgremiums DKE/UK 221.1 „Schutz gegen elektrischen Schlag“ verwiesen. Damit erfüllt die Erarbeitung der Anwenderregel die Anforderung hinsichtlich der Beteiligung der betroffenen Kreise. Zudem ist aus dem Vorwort zu entnehmen, dass der Anwenderregel ein Entwurf (Entwurf: E-VDE-AR-E 2100-712: 2011-08) vorausging und dieser Teil eines öffentlichen Einspruchsverfahrens war. Nach VDE 0022 Abs. 6.2 ist eine VDE-Anwenderregel nach spätestens fünf Jahren zu überprüfen. Hierzu wurde im Juli 2017 ein neuer Entwurf (E VDE-AR-E 2100-712: 2017-Juli) mit einer Einspruchsfrist bis zum 30.07.2017 veröffentlicht.

Damit wurde die derzeit gültige Ausgabe der VDE-AR-E 2100-712: 2018-12 gemäß VDE 0022 Abs. 6.2 nach fünf Jahren überprüft und gemäß den Anforderungen mit dem Status einer allgemein anerkannten Regel der Technik veröffentlicht. Sie ist damit im Sinne §49 EnWG als VDE-Bestimmung anzuwenden.

8.3.6 Beiblätter des VDE-Vorschriftenwerks

Beiblätter enthalten Informationen zum VDE-Vorschriftenwerk. Sie haben im Vergleich zu einer Norm einen informativen Charakter, zeigen jedoch dem Anwender Möglichkeiten zur Umsetzung normativer Anforderungen auf. Die Kennzeichnung erfolgt auf Basis der dazugehörigen VDE-Bestimmung. Sie werden wie VDE-Bestimmungen in den entsprechenden Arbeitsgremien erarbeitet, genehmigt und bekannt gegeben. Sie stellen für den Anwender eine Art Hilfestellung bei der Planung der Anlage für den entsprechenden Anwendungsfall dar. Beiblätter werden i.d.R. nicht als Entwurf veröffentlicht, sodass keine Möglichkeit zum öffentlichen Einspruchsverfahren besteht. Damit können Beiblätter nicht den Anspruch einer anerkannten Regel der Technik erlangen. Ihre Einhaltung ist freiwillig.

8.3.7 Verlautbarungen

Eine Verlautbarung stellt nichts anderes als die Veröffentlichung einer Meinung dar. Sie ist eine fachliche Meldung, die die Meinung des Arbeitskreises oder einzelner Personen spiegelt. Verlautbarungen gehören nicht zum VDE-Vorschriftenwerk, können allerdings für den Anwender einer Norm durchaus eine Interpretationshilfe sein.

Siehe hierzu auch: www.dke.de/de/suche?q=Verlautbarung&a=area

8.3.8 Harmonisierte Normen

Bei harmonisierten Normen handelt es sich um europäische Normen. Sie finden auf Grundlage der im europäischen Wirtschaftsraum greifenden Richtlinien und der zutreffenden Verordnungen zum Produktsicherheitsgesetz auf nationaler Ebene Anwendung. Die harmonisierten Normen werden hierzu im Amtsblatt der EU veröffentlich. Der Vermutung der Konformität für Hersteller und damit die Einhaltung der Schutz- und Sicherheitsziele erfolgt auf der Grundlage harmonisierter Normen oder den zutreffenden Fundstellen. Die Anwendung bleibt jedoch freiwillig. Was für Errichter elektrischer Anlagen die zum Errichtungszeitpunkt gültigen VDE-Bestimmungen auf Grundlage § 49 des Energiewirtschaftsgesetzes sind, sind für Hersteller die harmonisierten Normen. Sind keine harmonisierten Normen vorhanden oder decken die Fundstellen den Anwendungsfall nicht ab, kann auf internationale Normen oder in zweiter Stufe auf nationale Normen, soweit anwendbar, zurückgegriffen werden.

Siehe hierzu auch: https://eur-lex.europa.eu/homepage.html

8.4 Zusammenfassung: Normen und VDE-Bestimmungen

VDE-Bestimmungen werden als Entwurf mit einer Einspruchsfrist im Bundesanzeiger veröffentlicht, wodurch jedermann die Möglichkeit hat, gegen die Inhalte Einspruch zu erheben. Nach Ablauf der Einspruchsfrist und der Bearbeitung der Einsprüche wird die VDE-Bestimmung im Bundesanzeiger veröffentlicht und in das VDE-Vorschriftenwerk aufgenommen. Dadurch bekommt eine VDE Bestimmung normativen Charakter und erhebt den Anspruch eine anerkannte Regel der Technik zu sein.

VDE-Leitlinien beinhalten sicherheitstechnische Festlegungen. Sie lassen dem Anwender jedoch einen wesentlich höheren Ermessensspielraum in der Auslegung, bieten allerdings eine Hilfestellung zur Umsetzung der normativen Anforderungen für bestimmte Anwendungsfälle.

VDE-Vornormen sind privatrechtlich zu vereinbaren. Sie haben keinen normativen Charakter und haben nicht automatisch den Anspruch, eine allgemein anerkannte Regel der Technik zu sein. Die Notwendigkeit einer Überführung in eine Norm oder die ersatzlose Streichung ist spätestens nach drei Jahren zu überprüfen.

Eine VDE-Anwenderregel hat nicht automatisch den Anspruch eine anerkannte Regel der Technik zu sein. VDE-Anwenderregeln müssen nach spätestens fünf Jahren überarbeitet werden. Der Anspruch einer anerkannten Regel der Technik kann durch die Veröffentlichung eines Entwurfes mit der Möglichkeit Einsprüche einzureichen erlangt werden.

Beiblätter zum VDE-Vorschriftenwerk enthalten keine zusätzlichen Festlegungen mit normativem Charakter. Sie stellen für den Anwender einen Leitfaden zur Umsetzung der normativen Anforderungen dar.

Verlautbarungen zum VDE-Vorschriftenwerk sind Erläuterungen zur Umsetzung der normativen Anforderungen. Im Vergleich zu Beiblättern spiegeln sie nicht zwingend die Arbeitsergebnisse der zuständigen Gremien, sondern die persönliche Meinung einzelner oder mehrerer Personen. Verlautbarungen sind demnach nicht zwingend zu beachten.

Harmonisierte Normen richten sich an Hersteller, die im europäischen Wirtschaftsraum ein Produkt am Markt bereitstellen. Der Normungsprozess verläuft auf europäischer Ebene durch die CENELEC. Sie sind im Amtsblatt der zutreffenden Richtlinien (Niederspannungsrichtlinie, Maschinenrichtlinie etc.) veröffentlicht. Die Anwendung ist freiwillig. Jedoch wird bei Anwendung der zutreffenden Normen bzw. Fundstellen das Bereitstellen sicherer Produkte vermutet.

Vgl. hierzu [7], [58], [66], [67], [68], [69], [85].

9 Aufbau von Normen und VDE-Bestimmungen

Normen und VDE-Bestimmungen enthalten normative und informative Elemente. Ein normatives Element ist ein Element, das den Anwendungsbereich eines Dokuments beschreibt oder Festlegungen enthält. Ein informatives Element ist hingegen dafür vorgesehen, das Verstehen und die Anwendbarkeit des Dokuments zu erleichtern sowie Hintergründe und Zusammenhänge mit anderen Dokumenten zu erläutern. Ein Dokument besteht im Wesentlichen aus den folgenden Strukturelementen:

- Titel,
- Vorwort,
- Einleitung,
- Anwendungsbereich,
- normative Verweisungen,
- Begriffe,
- Symbole und Abkürzungen,
- Anhänge und
- Literaturhinweise.

9.1 Der Normentitel

Der Titel beschreibt das Thema der Norm, ohne auf die Inhalte des behandelten Themas einzugehen. Er besteht aus einer Benummerung und dem Titeltext. Der Titel ist normativ und in jedem Fall erforderlich. In Deutschland darf ausschließlich das DIN (Deutsches Institut für Normung) Normen veröffentlichen. Deshalb sind die VDE-Bestimmungen grundsätzlich mit der Bezeichnung DIN VDE plus Nummer gekennzeichnet (**Tabelle 9.1**). Darüber hinaus sind je nach Art des Dokuments zusätzliche Angaben in der Bezeichnung enthalten:

- Aw: Auswahl,
- Bbl: Beiblatt,
- Ber: Berichtigung,
- E: Entwurf,
- V: Vornorm.

Anwenderregeln sind mit dem Kürzel „VDE“ und den Buchstaben „AR“ gekennzeichnet. Darauf folgt der Buchstabe „E“ oder „N“ und eine Numme-

Abkürzung	Logo	Bedeutung	Abkürzung
DIN		DIN Deutsches Institut für Normung e. V., Berlin	DIN
EN		Europäische Norm	CEN, CENELEC, ETS
ENEC		European Norms Electrical Certification	CENELEC
ENV		Europäische Vornorm (ersetzt durch: Technische Spezifikation)	CEN, CENELEC
IEC		International Electrotechnical Commission	IEC
ISO		International Organization for Standardization	ISO
CEN		Comité Européen de Normalisation	CEN
CENELEC		Comité Européen de Normalisation Electrotechnique	CENELEC
VDE		VDE Verband der Elektrotechnik Elektronik Informationstechnik e.V., Frankfurt am Main	VDE
E		Entwurf	E
V		Vornorm	V

Tabelle 9.1 Abkürzungen und Bedeutungen in der Normenbezeichnung

rierung. Die Trennung erfolgt über einen Bindestrich. Der Buchstabe "E" bedeutet, dass die Anwendung im Rahmen der Anschlussnutzeranlagen erfolgt, während der Buchstabe „N“ auf die vom zuständigen Lenkungskreis Nieder-/Mittelspannung gegründete Projektgruppe „Technische Anschlussregeln für die Niederspannung“ des Forums Netztechnik/Netzbetrieb im VDE (FNN) als ausarbeitendes Organ hindeutet.

Normentwürfe sind zusätzlich mit dem Wortlaut „Entwurf“ bzw. in der Bezeichnung mit dem Buchstaben „E“ gekennzeichnet. Im Deckblatt enthalten ist zudem ein Hinweis auf die Einspruchsfrist und auf die Norm mit Ausgabedatum, die diesen Entwurf, sofern er als Norm veröffentlicht wird, ablöst. Normentwürfe haben keinen normativen Charakter. Deshalb müssen diese einen Anwendungswarnvermerk enthalten, der auf die Prüfung der Öffentlichkeit sowie auf die Notwendigkeit der besonderen Vereinbarung hinweist.

Vornormen sind durch den Wortlaut „Vornorm“ bzw. den Zusatz „V“ in der Bezeichnung gekennzeichnet.

Ein Bleiblatt enthält im Titel nach der Nummer die Bezeichnung „Beiblatt“ bzw. die Abkürzung „Bbl“. Auf dem Deckblatt findet sich ein Verweis auf die im Beiblatt bezuggenommene Norm mit dem Hinweis, dass keine zusätzlichen genormten Festlegungen enthalten sind.

9.2 Vorwort und Einleitung

Das Vorwort enthält Informationen über die für die Veröffentlichung des Dokumentes verantwortliche Organisation, das zuständige Arbeitsgremium (siehe Abschnitt 8.3.2 *Ausarbeitende Gremien*) und das Verfahren der Erstellung. Es hat einen rein informativen Charakter, ist jedoch unbedingt im Normendokument erforderlich. Im Vorwort können auch Informationen über den Inhalt des Dokumentes enthalten sein. Typisch hierfür ist die Nennung der Vorgängerausgaben und der gegenüber der Vorgängerausgabe geänderten Abschnitte und Inhalte.

Die Einleitung liefert bestimmte Informationen oder Kommentare über den technischen Inhalt des Dokuments und über die Gründe seiner Erarbeitung. Sie hat einen reinen informativen Charakter ohne normative Festlegungen. Die Einleitung ist nur dann unbedingt erforderlich, wenn für das Dokument während seiner Erstellung Patentrechte identifiziert wurden. Ansonsten handelt es sich bei einer Einleitung um ein rein optionales Element.

9.3 Der Anwendungsbereich

Im Anwendungsbereich sind das Thema des Dokuments und die behandelten Sachverhalte sowie die Grenzen der Anwendung festgelegt. Er hat demnach normativen Charakter und ist erforderlicher Bestandteil des Dokumentes. Es können zudem Verweise auf andere Regelwerke enthalten sein, die ergänzend bei Anwendung bestimmter Sachverhalte zum Einsatz kommen. Der Anwender hat im ersten Schritt aus dem Anwendungsbereich die Verwendbarkeit der Norm auf seinen Anwendungsfall zu prüfen.

9.4 Normative Verweisungen

Die normativen Verweise enthalten zu Informationszwecken Aufzählungen der Dokumente, auf die im Text in normativer Art verwiesen wird. Damit haben sie einen rein informativen Charakter, sind jedoch zwingender Bestandteil des Dokuments. Sie dienen dem Anwender als Erleichterung beim Nachschlagen der Anforderungen. Die inhaltlichen Informationen zur Anwendbarkeit der normativen Verweisungen sind an den zutreffenden Stellen im Dokument zitiert.

9.5 Begriffe

Der Abschnitt „Begriffe" enthält Definitionen, die zum Verstehen bestimmter Sachverhalte in dem Dokument erforderlich sind. Der Abschnitt ist normativ und zwingender Bestandteil eines Dokuments. Im Abschnitt „Begriffe" kann jedoch auch lediglich auf vorhandene Begrifflichkeiten aus anderen Normen verwiesen werden. Im Rahmen des Anwendungsbereichs für elektrische Anlagen bis 1 kV Wechselspannung und 1,5 kV Gleichspannung sind die grundlegenden Begriffe in der DIN VDE 0100-200 festgelegt. Begriffe für Anlagen der besonderen Art sind in der zutreffenden Norm, z. B. der 700er-Gruppe, enthalten.

9.6 Inhalt von Normen

9.6.1 Kennzeichnung von Inhalten

Meist werden nationale Normen aus Europäischen Harmonisierungsdokumenten übernommen. Das nationale Vorwort enthält Informationen über den Ursprung und die Nummerierung des Harmonisierungsdokuments. Zudem werden die Kennzeichnungen der Texte erläutert:

- Die gemeinsamen CENELEC-Abänderungen zu der internationalen Norm sind durch eine senkrechte Linie am linken Seitenrand gekennzeichnet,
- nationale Zusätze sind grau schattiert.

Anmerkungen werden in Normen verwendet, um zusätzliche Informationen zur Erleichterung des Verstehens oder der Anwendbarkeit des Textes zur Verfügung zu stellen. Das Normendokument muss jedoch ohne Anmerkungen anwendbar sein (vgl. DIN 820-2 Abs. 24; 2020-03). Damit haben die Anmerkungen einen rein informativen Charakter.

9.6.2 Normenausdrücke und deren Bedeutung

Einer der häufigsten Streitpunkte beim Errichten und Betreiben elektrischer Anlagen ist die Auslegung der Normentexte. Hierfür sind die Regeln für Ausdrücke in der Normung nach DIN 820-2: 2018-09 festgelegt. Besonderer Ausgenmerk bei der Auslegung des Normentextes liegt auf den Verbformen zur Formulierung von Festlegungen. Hierdurch soll der Anwender in die Lage versetzt werden, Anforderungen im Dokument von Elementen mit informativen Charakter und anderen Festlegungen zu unterscheiden (**Tabelle 9.2**).

Normenausdrücke	**Verbform**	**gleichbedeutende Wendungen bzw. Ausdrücke für die Anwendung in bestimmten Fällen**
Anforderungen	muss	– ist zu – ist erforderlich – es ist erforderlich, dass – hat zu – lediglich … ist zulässig – es ist notwendig – ist notwendig
	darf nicht	– es ist nicht zulässig (erlaubt, gestattet) – es ist unzulässig – es ist nicht zu – es hat nicht zu – ist nicht
Empfehlung	sollte	– es wird empfohlen, dass – ist in der Regel
	sollte nicht	– es wird nicht empfohlen, dass – sollte vermieden werden
Zulässigkeit	darf	– ist zugelassen – ist erlaubt – ist auch … zulässig
	braucht nicht	– es ist nicht erforderlich, dass – ist keine … nötig
Möglichkeit und Fähigkeit	kann	– fähig sein – es ist möglich, dass … – lässt sich …; ist in der Lage zu …
	kann nicht	– nicht fähig sein – es ist nicht möglich, dass … – … lässt sich nicht …; ist nicht in der Lage zu …
von außen auferlegte Beschränkungen	muss	

Tabelle 9.2 Verbformen und Normenausdrücke nach DIN 820-2

In einer formulierten Anforderung im Inhalt eines Dokuments sind keine Abweichungen zulässig. Die Anforderung bringt objektiv belegbare Kriterien zum Ausdruck, die bei Anwendung des Dokuments einzuhalten sind. Eine „Empfehlung" bzw. der Wortlaut „es wird empfohlen" ist gemäß DIN 820-2 anzuwenden, wenn von mehreren Möglichkeiten eine besonders empfohlen wird, ohne andere Möglichkeiten zu erwähnen oder auszuschließen, oder wenn eine bestimmte Handlungsempfehlung vorzuziehen ist, aber nicht unbedingt gefordert wird.

Zulässigkeiten bringen eine Erlaubnis oder Freiheit zum Ausdruck. Beispielsweise können Anforderungen unter bestimmten Umständen dadurch gelockert werden.

Eine formulierte Möglichkeit im Inhalt des Dokuments bringt dies die zu erwartende oder denkbare Auswirkung sowohl im physischem als auch im physikalischem oder kausalen Zusammenhang zum Ausdruck.

Als Beispiel kann hier die Abschaltung des akustischen Signals bei IT-Systemen genannt werden. Nach DIN VDE 0100-410 Abs. 411.6.3.1 ist die Abschaltung des hörbaren Signals zulässig, wenn auch sichtbare Signale, z. B. in Form einer Leuchte, vorhanden sind.

Bei einer außen auferlegten Beschränkung handelt es sich in der Regel um Beschränkungen oder Verpflichtungen, die aus einer oder mehreren gesetzlichen Anforderungen oder Naturgesetzen zurückzuführen sind und keine Normen darstellen. Sie können erleichternd auf normative Anforderungen wirken. Typisches Beispiel hierfür stellt die nationale Anmerkung in der DIN VDE 0100-410 Abs. 411.3.3 dar. Nach DIN VDE 0100-410 Abs. 411.3.3 sind Fehlerstrom-Schutzeinrichtungen (RCDs) mit einem Bemessungsdifferenzstrom von höchstens 30mA in Steckdosen in Endstromkreisen für Wechselstrom mit einem Bemessungsstrom bis zu 32 A vorzusehen, die für die Benutzung durch Laien und zur allgemeinen Verwendung bestimmt sind.

In der nationalen Anmerkung zur normativen Anforderung wird auf die Durchführung einer Gefährdungsbeurteilung nach Betriebssicherheitsverordnung (BetrSichV) und somit auf die vom Arbeitgeber festzulegenden Maßnahmen nach dem TOP-Prinzip verwiesen.

9.6.3 Anhänge

Anhänge erhalten ergänzende optionale Informationen zum Hauptteil des Dokuments. Sie werden aus unterschiedlichen Gründen erstellt, wenn Informationen oder Tabellen sehr umfangreich sind und die Aufnahme dieser Elemente im Hauptteil den Anwender ablenken würde, oder um bestimmte Informationsarten von anderen abzugrenzen, z. B. Formblätter, Tabellen, Daten, Aufzählungen etc., oder um Informationen zu einer bestimmten Anwendung des Dokuments zu präsentieren.

Normative Anhänge enthalten zusätzlichen normativen Text zum Hauptteil des Dokuments. Informative Anhänge enthalten zusätzliche Informationen zur Erleichterung des Verstehens oder der Anwendbarkeit eines Dokuments.

9.6.4 Literaturhinweise

Literaturhinweise sind rein informative optionale Elemente. In den Literaturhinweisen werden Dokumente, auf die informativ verwiesen wird, sowie andere Informationsquellen aufgeführt. Enthält das Dokument informative Verweisungen auf externe Regeln und Anforderungen außerhalb der VDE-Bestimmungen, sind diese nicht im Abschnitt „normative Verweisung“, sondern unter „Literaturhinweise“ zu listen.

9.7 Aufbau und Zuordnung der DIN-VDE-Normen-Gruppen

Die DIN-VDE-Normen sind in neun Gruppen eingeteilt. Jedes Normendokument ist mit einer vierstelligen Nummer versehen. Die ersten zwei Ziffern beschreiben die Gruppe (**Tabelle 9.3**).

Gruppe	Normenreihe	Themengebiet
0	DIN VDE 00XX	Allgemeine Grundsätze
1	DIN VDE 01XX	Energieanlagen
2	DIN VDE 02XX	Energieleiter
3	DIN VDE 03XX	Isolierstoffe
4	DIN VDE 04XX	Messen, Steuern, Prüfen
5	DIN VDE 05XX	Maschinen, Umformer
6	DIN VDE 06XX	Installationsmaterial, Schaltgeräte
7	DIN VDE 07XX	Gebrauchsgeräte, Arbeitsgeräte
8	DIN VDE 08XX	Informationstechnik

Tabelle 9.3 Zuordnung der DIN-VDE-Normen-Gruppen

9.7.1 Gruppe 0

Der Gruppe 0 sind die Satzungen für das Vorschriftenwerk des VDE Verband der Elektrotechnik Elektronik Informationentechnik e.V. (VDE 0022), Anforderungen an die Kennzeichnung und Dokumentation (VDE 0040 und VDE 0042) sowie Anforderungen an das Risikomanagement (VDE 0050) zugeordnet (**Tabelle 9.4**).

Normenreihe in der Gruppe 0	Anwendung
VDE 0022	Satzung für das Vorschriftenwerk des VDE Verband der Elektrotechnik Elektronik Informationstechnik e. V.
VDE 0050-1	Risikomanagement – Verfahren zur Risikobeurteilung
VDE 0050-2	Leitlinien zu den menschlichen Aspekten der Zuverlässigkeit

Tabelle 9.4 Auswahl relevanter Normen der Gruppe 0 – allgemeine Grundsätze – des VDE-Vorschriftenwerkes (Auswahl nicht vollständig)

9.7.2 Gruppe 1

Der Gruppe 1 sind die Energieanlagen und die Normenreihe für elektrische Anlagen bis und über 1 kV Wechselspannung und 1,5 kV Gleichspannung (Reihe DIN VDE 0100 und Reihe DIN VDE 0101) zugeordnet. Ebenso gehören zu dieser Gruppe Anforderungen an die Sicherheit von Maschinen (Reihe VDE 0113) und Anforderungen an elektrische Anlagen für Bahnanlagen (Reihe VDE 0115) (**Tabelle 9.5**).

Normenreihe in der Gruppe 1	Anwendung
VDE 1000-10	Anforderungen an die im Bereich der Elektrotechnik tätigen Personen
VDE 0100	Errichten von Niederspannungsanlagen
VDE 0101	Starkstromanlagen mit Nennwechselspannungen über 1 kV
VDE 0102/VDE 0103	Kurzschlussströme in Drehstromnetzen – Berechnung und Wirkung der Ströme
VDE 0104	Errichten und Betreiben elektrischer Prüfanlagen
VDE 0105	Betrieb von elektrischen Anlagen
VDE 0108	Sicherheitsbeleuchtungsanlagen
VDE 0113	Sicherheit von Maschinen
VDE 0115	Bahnanwendungen
VDE 0117	Sicherheit von Flurförderzeugen – Elektrische Anforderungen
VDE 0119	Zustand der Eisenbahnfahrzeuge –Elektro- und Traktionsanlagen, Zugelektrik
VDE 0122	Elektrische Ausrüstung von Elektro-Straßenfahrzeugen
VDE V 0124	Netzintegration von Erzeugungsanlagen – Niederspannung
VDE 0126	Photovoltaik-Systeme und Komponenten
VDE 0127	Windenergieanlagen
VDE 0129	Elektrische Anlagen auf Schiffen
VDE 0130	Brennstoffzellentechnologien
VDE 0131	Errichtung und Betrieb von Elektrozaunanlagen
VDE 0140	Schutz gegen elektrischen Schlag und Wirkung des Stromes auf Menschen und Nutztiere
VDE 0160	Antriebe
VDE 0165/0170	Explosionsgefährdete Bereiche
VDE 0175	Normspannungen, Normströme, Normfrequenzen
VDE 0185	Blitzschutz und Blitzschutzsystembauteile
VDE 0196/VDE0197/VDE 0199	Grund- und Sicherheitsregeln für die Mensch-Maschine-Schnittstelle – Kennzeichnungen
VDE 0198	Grund- und Sicherheitsregeln für die Mensch-Maschine-Schnittstelle – Kennzeichnung von Leitern durch Farben oder alphanumerische Zeichen

Tabelle 9.5 Auswahl relevanter Normen der Gruppe 1 – Energieanlagen – des VDEVorschriftenwerkes (Auswahl nicht vollständig)

9.7.3 Gruppe 2

Der Gruppe 2 sind Normen mit Anforderungen an Energieleiter sowie Anforderungen an Kabel und Leitungen zugeordnet. Die Normen erstrecken sich von der Kennzeichnung von Kabeln und Leitungen sowie Leitern bis zu den Anforderungen an die Verlegebedingungen und die Strombelastbarkeit (**Tabelle 9.6**).

Normenreihe in der Gruppe 2	Anwendung
VDE 0283-618	Kabel und Leitungen – Leitungen für Photovoltaik Systeme
VDE 0285-620	Kabel und Leitungen – Ladeleitung für Elektrofahrzeuge
VDE 0298-3	Verwendung von Kabeln und isolierten Leitungen für Starkstromanlagen – Teil 3: Leitfaden für die Verwendung nicht harmonisierter Starkstromleitungen
VDE 0298-4	Verwendung von Kabeln und isolierten Leitungen für Starkstromanlagen – Teil 4: Empfohlene Werte für die Strombelastbarkeit von Kabeln und Leitungen für feste Verlegung in und an Gebäuden und von flexiblen Leitungen
VDE 0298-300	Leitfaden für die Verwendung harmonisierter Niederspannungs-Starkstromleitungen

Tabelle 9.6 Auswahl relevanter Normen der Gruppe 2 – Energieleiter – des VDE-Vorschriftenwerkes (Auswahl nicht vollständig)

9.7.4 Gruppe 3

Der Gruppe 3 sind Normen, die Anforderungen an Isolierstoffe enthalten, sowie Normen mit Anforderungen an die Elektrostatik und an elektrische Isoliermaterialien zugeordnet.

9.7.5 Gruppe 4

Die Gruppe 4 behandelt die Themengebiete: Messen, Steuern und Prüfen. In dieser Gruppe sind Normen für Gasmessgeräte, elektrische Geräte zur Detektion und Messung von Sauerstoff oder zur Messung von brennbaren Gasen, Kohlenmonoxid, toxische Dämpfe und Gase, Prüf- und Messeinrichtungen, z.B. Alkoholtestgeräte, Messsysteme der industriellen Prozessleittechnik, Sicherheitsbestimmungen für elektrische Mess-, Steuer-, Regel- und Laborgeräte, Strahlenschutzmessgeräte, Messwandler, Elektrizitätszähler usw.

Dieser Gruppe sind u.a. die Messgeräte zum Prüfen der Schutzmaßnahmen der Normenreihe VDE 413 zugeordnet (**Tabelle 9.7**).

Normenreihe in der Gruppe 4	Anwendung
DIN EN 61010-1 (VDE 0411-1) DIN EN 61010-2-032 (VDE 0411-2-032)	Spannungs- und Strommessung
DIN EN 61557-2 (VDE 0413-2)	Isolationswiderstand
DIN EN 61557-3 (VDE 0413-3)	Schleifenimpedanz/Schleifenwiderstand
DIN EN 61557-4 (VDE 0413-4)	Widerstand von Erdungsleitern und Schutzleitern einschließlich Schutzpotentialausgleichsleitern
DIN EN 61557-5 (VDE 0413-5)	Erdungswiderstand
DIN EN 61557-6 (VDE 0413-6)	Wirksamkeit der Schutzmaßnahme mit Fehlerstrom-Schutzeinrichtungen (RCDs)
DIN EN 61557-7 (VDE 0413-7)	Drehfeldrichtung
DIN EN 61557-8 (VDE 0413-8)	Isolationsüberwachungsgeräte für IT-Systeme
DIN EN 61557-9 (VDE 0413-9)	Einrichtungen zur Isolationsfehlersuche in IT-Systemen
DIN EN 61557-10 (VDE 0413-10)	Kombinierte Messgeräte zum Prüfen, Messen oder Überwachen von Schutzmaßnahmen

Tabelle 9.7 Auswahl relevanter Normen der Gruppe 4 – Messen, Steuern, Prüfen – des VDE-Vorschriftenwerkes (Auswahl nicht vollständig)

9.7.6 Gruppe 5

Der Gruppe 5 sind Maschinen und Umformer zugeordnet. Hierunter fallen Normen mit Anforderungen an Primärbatterien, stationäre elektrische Energiespeichersysteme zum Anschluss am Niederspannungsnetz, Akkumulatoren und Batterien, Sekundärbatterien, drehende elektrische Maschinen, Transformatoren und Umrichter (Wechselrichter) (**Tabelle 9.8**).

Normenreihe in der Gruppe 5	Anwendung
VDE 0510	Sicherheitsanforderungen an Batterien und Batterieanlagen
VDE 0530-1	Drehende elektrische Maschinen – Teil 1: Bemessung und Betriebsverhalten
VDE 0530-2-1/-2	Drehende elektrische Maschinen – Teil 2-1: Standardverfahren zur Bestimmung der Verluste und des Wirkungsgrades aus Prüfungen/Teil 2-2: Besondere Verfahren zur Bestimmung der Einzelverluste großer elektrischer Maschinen aus Prüfungen
VDE 0530-4	Drehende elektrische Maschinen – Teil 4: Verfahren zur Ermittlung der Kenngrößen von Synchronmaschinen durch Messungen
VDE 0530-5	Drehende elektrische Maschinen – Teil 5: Schutzarten aufgrund der Gesamtkonstruktion von drehenden elektrischen Maschinen (IP-Code) – Einteilung
VDE 0530-6	Drehende elektrische Maschinen – Einteilung der Kühlverfahren (IC-Code)
VDE 0530-7	Drehende elektrische Maschinen – Klassifizierung der Bauarten, der Aufstellungsarten und der Klemmkasten-Lage (IM-Code)
VDE 0530-8	Drehende elektrische Maschinen – Teil 8: Anschlussbezeichnungen und Drehsinn

Tabelle 9.8 Auswahl relevanter Normen der Gruppe 5 – Maschinen und Umformer – des VDE-Vorschriftenwerkes (Auswahl nicht vollständig), (Teil 1/2)

Normenreihe in der Gruppe 5	Anwendung
VDE 0530-11	Drehende elektrische Maschinen – Teil 11: Thermischer Schutz
VDE 0532	Transformatoren
VDE 0560/VDE 0565	Bestimmungen für Kondensatoren
VDE 0570-1	Sicherheit von Transformatoren, Netzgeräten, Drosseln und dergleichen

Tabelle 9.8 Auswahl relevanter Normen der Gruppe 5 – Maschinen und Umformer – des VDE-Vorschriftenwerkes (Auswahl nicht vollständig), (Teil 2/2)

9.7.7 Gruppe 6

Der Gruppe 6 sind Installationsmaterial und Schaltgeräte zugeordnet. In dieser Gruppe sind Normen für die Herstellung und Errichtung von Installationsverteilern und Zählerplätze, Niederspannungs-Schaltgerätekombinationen, Stromschienensysteme, Dosen und Gehäuse für Installationsgeräte, Verbindungsmaterialien wie Steckverbinder, Steckdosen und Steckvorrichtungen, Niederspannungssicherungen, Leitungsschutzschalter, Fehlerstrom-Schutzeinrichtungen, Leistungsschalter, Niederspannungs-Schaltgeräte und Überspannungsschutzgeräte. Die Herstellernorm für Spannungsprüfer zum Feststellen der Spannungsfreiheit ist ebenso dieser Gruppe zugeordnet (**Tabelle 9.9**).

Normenreihe in der Gruppe 6	Anwendung
VDE 0682-401	Zweipolige Spannungsprüfer zum Feststellen der Spannungsfreiheit
VDE 0660-600	Niederspannungs-Schaltgerätekombinationen
DIN EN 61439-1 (VDE 0660-600-1)	Niederspannungs-Schaltgerätekombinationen – Teil 1: Allgemeine Festlegungen
DIN EN 61439-1 Beiblatt 1 (VDE 0660-600-1 Beiblatt 1)	Niederspannungs-Schaltgerätekombinationen – Teil 1: Allgemeine Festlegungen; Beiblatt 1: Leitfaden für die Spezifikation von Schaltgerätekombinationen
DIN EN 61439-2 (VDE 0660-600-2)	Niederspannungs-Schaltgerätekombinationen – Teil 2: Energie-Schaltgerätekombinationen
DIN EN 61439-3 (VDE 0660-600-3)	Niederspannungs-Schaltgerätekombinationen – Teil 3: Installationsverteiler für die Bedienung durch Laien
DIN EN 61439-4 (VDE 0660-600-4)	Niederspannungs-Schaltgerätekombinationen – Teil 4: Besondere Anforderungen für Baustromverteiler (BV)
DIN EN 61439-5 (VDE 0660-600-5)	Niederspannungs-Schaltgerätekombinationen – Teil 5: Niederspannungs-Schaltgerätekombinationen – Teil 5: Schaltgerätekombinationen in öffentlichen Energieverteilungsnetzen
DIN EN 61439-6 (VDE 0660-600-6)	Niederspannungs-Schaltgerätekombinationen – Teil 6: Schienenverteilersysteme
DIN IEC/TS 61439-7 (VDE V 0660-600-7)	Niederspannungs-Schaltgerätekombinationen – Teil 7: Schaltgerätekombinationen für bestimmte Anwendungen wie Marinas, Campingplätze, Marktplätze, Ladestationen für Elektrofahrzeuge

Tabelle 9.9 Auswahl relevanter Normen der Gruppe 6 – Schaltgeräte – des VDEVorschriftenwerkes (Auswahl nicht vollständig)

9.7.8 Gruppe 7

Der Gruppe 7 sind die klassischen Geräte- und Betriebsmittelnormen zugeordnet. Hier sind Normen für Gebrauchsgeräte wie ortsveränderliche Betriebsmittel, Haushaltsgeräte, Arbeitsgeräte sowie Leuchten und Geräte für medizinische Anwendungen zu finden (**Tabelle 9.10**).

Normenreihe in der Gruppe 7	Anwendung
VDE 0700-1	Sicherheit elektrischer Geräte für den Hausgebrauch und ähnliche Zwecke – Teil 1: Allgemeine Anforderungen
VDE 0701/0702	Prüfung nach Instandsetzung, Änderung elektrischer Geräte – Wiederholungsprüfung elektrischer Geräte – Allgemeine Anforderungen für die elektrische Sicherheit
VDE 0705	Elektro-Durchfluss-Wasserwärmer (Spülmaschine, Waschmaschine, Herd, Backofen etc.)
VDE 0710/VDE 0711	Leuchten
VDE 0712	Geräte für Lampen (Starter, Vorschaltgeräte)
VDE 0715	Glühlampen
VDE 0721	Sicherheit in Elektrowärmeanlagen
VDE 0740	handgeführte motorbetriebene Elektrowerkzeuge
VDE 0750	medizinische elektrische Geräte

Tabelle 9.10 Auswahl relevanter Normen der Gruppe 7 – Gebrauchsgeräte, Arbeitsgeräte – des VDE-Vorschriftenwerkes (Auswahl nicht vollständig)

9.7.9 Gruppe 8

Der Gruppe 8 ist das Themengebiet Informationstechnik zugeordnet. In dieser Gruppe sind Anforderungen an sämtliche informationstechnische Anlagen zu finden. Hierzu zählen u. a. Videoüberwachungsanlagen und Alarmanlagen (Reihe VDE 0830), Signalanlagen, Gefahrenmeldeanlagen für Brand, Einbruch und Überfall (Reihe VDE 0833) sowie Anforderungen an Anlagen zur Übertragung von Informationen (Funkanlagen), Kabel zur Informationsübertragung und überwiegend Produktnormen zur elektromagnetischen Verträglichkeit. In dieser Gruppe sind zudem die Grundnormen für die funktionale Sicherheit sicherheitsbezogener/programmierbarer elektronischer Systeme (DIN EN 61508/VDE 0803-1) und die Anforderung an die funktionale Sicherheit sicherheitstechnischer Systeme für die Prozessindustrie (DIN EN 61511/VDE 0810-1) enthalten.

Vgl. hierzu [7], [58], [66], [67], [68], [69], [85] .

10 Die Risikobeurteilung

10.1 Risiko und Gefährdung

Zuerst sind die Begrifflichkeiten näher zu erläutern. Mit einer Risiko- und Sicherheitsbewertung sind die Begriffe Risiko, Sicherheit, vertretbares Restrisiko und Gefährdung verbunden. Gerade die Begriffe Risiko und Gefährdung werden umgangssprachlich häufig fälschlicherweise synonym verwendet.

Der Begriff Risiko findet in der Produktherstellung bzw. dem Inverkehrbringen von Produkten im europäischen Wirtschaftsraum Anwendung. Typisches Beispiel ist die Herstellung von Maschinen im Anwendungsbereich der Maschinenrichtlinie (2006/42/EG) und die Herstellung von Niederspannungsprodukten nach der Niederspannungsrichtlinie (2014/35/EU).

Mit dem Begriff Risiko ist der Begriff Gefährdung verbunden. Ein Risiko ist im Allgemeinen als eine Kombination der Wahrscheinlichkeit des Eintritts eines Schadens und seines Schadensausmaßes definiert (vgl. DIN EN ISO 12100, CENELEC Guide 32).

Eine Gefährdung ist eine potenzielle Schadensquelle, die z. B. bei bestimmungsgemäßer Verwendung einer Maschine oder einer Anlage dauerhaft vorhanden ist oder unerwartet auftreten kann. Sie resultiert sozusagen aus einem vorhandenen Risiko und der Verwendung. Demnach geht einem Schadenseintritt immer eine Gefährdungssituation voraus, die aus einem erwarteten oder unerwarteten Risiko bei der Verwendung einer Anlage oder einer Maschine resultiert.

Risiken gehen von Maschinen, anderen Arbeitsmitteln und Anlagen aus.

Dem Risiko steht die Sicherheit entgegen. Je geringer das Risiko, desto höher die Sicherheit und umgekehrt, wobei hundertprozentige Sicherheit nicht erreicht werden kann. Risiko und Sicherheit ergeben in Summe deshalb immer eine Wahrscheinlichkeit von 100 %, wodurch immer ein Restrisiko bestehen bleibt. Ein hinreichendes Maß an Sicherheit ist erreicht, wenn das Restrisiko unterhalb des vertretbaren Restrisikos liegt. Das vertretbare Restrisiko ist das Restrisiko, das in einem bestimmten Zusammenhang nach den gültigen Wertvorstellungen und Normen der Gesellschaft akzeptiert wird. Technische Normen bilden diese Messlatte bei technischen Anwendungen ab.

Beispiel

Eines der in der Gesellschaft am meisten verbreiteten Beispiele ist die Fragestellung, welche der Fortbewegungsmöglichkeiten, Fliegen oder über die Straße gehen, das höhere Risiko birgt.

Wir sind zu Fuß in der Stadt von A nach B unterwegs. Dabei müssen wir mehrere Straßen im Berufsverkehr überqueren, wodurch wir der Gefährdungssituation, von einem Auto beim Überqueren der Straße erfasst zu werden, häufig ausgesetzt sind. Die Wahrscheinlichkeit, dass in diesem Moment ein Auto kommt, kann aufgrund der Verkehrsdichte im Berufsverkehr ebenso als „hoch" angesehen werden. Als Fußgänger haben wir weder eine Knautschzone noch einen Airbag o.Ä., womit wir uns schützen und damit unseren Schaden begrenzen können. Damit ergibt sich eine hohe Wahrscheinlichkeit. Der zweite Faktor ist das Schadensausmaß. Werden wir von einem Auto erfasst, haben wir in der Regel wenig Chancen, den Unfall unbeschadet zu überstehen. Aus der hohen Eintrittswahrscheinlichkeit und dem hohen Schadensausmaß ergibt sich ein hohes Risiko im Straßenverkehr.

Nun schauen wir das Flugzeug an. Die Wahrscheinlichkeit, einen Absturz zu überleben, liegt nahezu bei null. Zudem ist im Vergleich zum Fußgänger im Straßenverkehr nicht nur eine Person betroffen, sondern alle Insassen. Damit ist das Schadensausmaß sehr hoch. Schauen wir uns nun die Eintrittswahrscheinlichkeit eines Gefährdungsereignisses an:

Computergestützte Systeme, redundante Sicherheitseinrichtungen und Backup-Systeme reduzieren die Wahrscheinlichkeit eines Absturzes enorm. Dadurch ist das Risiko im Straßenverkehr höher als im Flugzeug. Die Anzahl der Flugpassagiere ist jedoch im Verhältnis zu den Verkehrsteilnehmern geringer, sodass die Expositionsdauer im Flugzeug und damit die Eintrittswahrscheinlichkeit eines Schadenseintritts geringer ist.

10.2 Praktische Anwendung

Bei der praktischen Anwendung werden die Faktoren Schadensausmaß und Eintrittswahrscheinlichkeit auch miteinander multipliziert. Damit kann bildlich und vereinfacht gesehen das Risiko als eine Fläche aus den Seiten Schadensausmaß und Eintrittswahrscheinlichkeit in Kombination der genannten Faktoren betrachtet werden.

Zentrales Element des Konformitätsverfahrens der Hersteller ist die Risikobeurteilung. Sie besteht aus den folgenden Schritten (**Bild 10.1**):

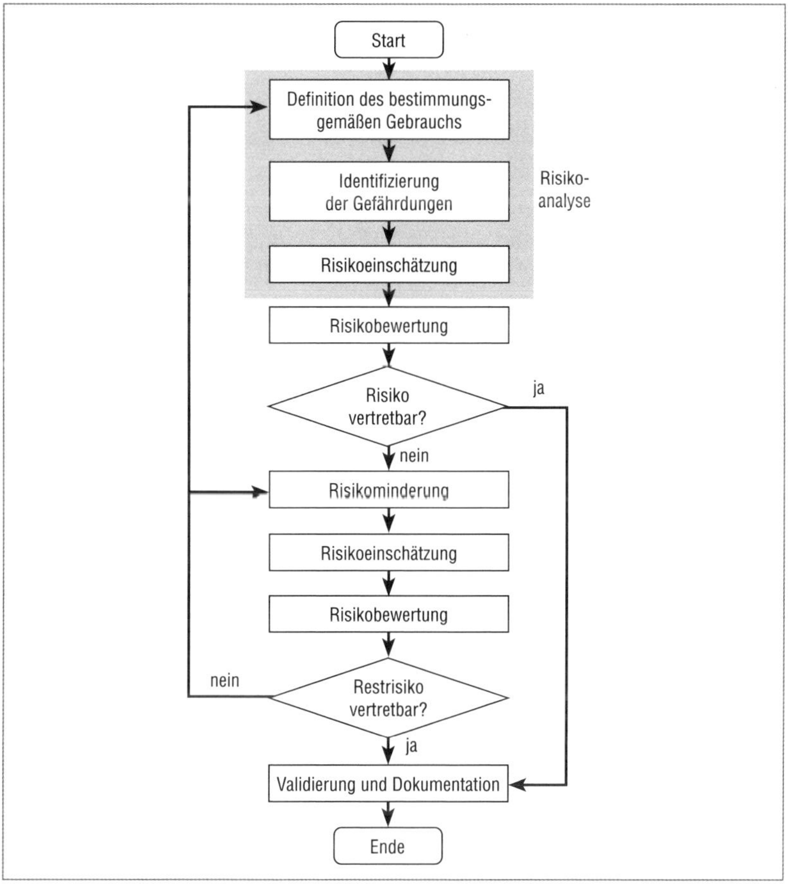

Bild 10.1 Risikograph nach CENELEC GUIDE 32

- Risikoanalyse,
- Risikobewertung,
- Entscheidung, ob ein Risiko bzw. Restrisiko vertretbar ist,
- Festlegung, Einschätzung und Bewertung von Risikominderungsmaßnahmen, falls erforderlich,
- Validierung und Dokumentation.

10.2.1 Schritt 1: Die Risikoanalyse

Im ersten Schritt sind die Risiken zu analysieren. Hierzu sind die bestimmungsgemäße Verwendung und die Systemgrenzen für den gesamten Lebenszyklus festzulegen. Der Lebenszyklus umfasst den Herstellungsprozess, den Transport, die Montage und Aufstellung, die Inbetriebnahme, die Verwendungsphase bis hin zu den sicherheitstechnischen Aspekten der Außerbetriebnahme, Demontage und Entsorgung. Hinsichtlich der Verwendungsphase ist der Verwendungs- und Aufstellort mit den Umgebungsbedingungen, die Art der Stromversorgung und der Anwendungszweck festzulegen. Danach sind die Gefährdungen bei bestimmungsgemäßer Verwendung während des Lebenszyklus zu identifizieren.

Im Rahmen der Analyse sind Grenzen innerhalb der bestimmungsgemäßen Verwendung der Betriebsmittel festzulegen. Hierzu sind folgende Aspekte zu betrachten:

- Verwendungsgrenzen einschließlich vorhersehbarer Fehlanwendung,
- Betriebsarten einschließlich Eingriffe bei Fehlfunktion,
- Kenntnisstand (Ausbildungsniveau) des Benutzers,
- räumliche Grenzen (Bewegungsbereich, Interaktion, Schnittstellen, Stromversorgung),
- zeitliche Grenzen (Lebensdauer, Verschleißteile, Instandhaltungsintervalle),
- Umgebungsbedingungen,
- Beanspruchung.

10.2.2 Schritt 2: Die Risikobewertung

Die identifizierten Risiken sind im nächsten Schritt zu bewerten. Bewertungen unterliegen jedoch dem subjektiven Empfinden jeder Person. Deshalb ist eine möglichst objektive Bewertung durch mehrere Personen unterschiedlicher (Teil)-Fachgebiete erforderlich. Die Risikobewertung erfolgt für alle Lebensphasen sowie die damit verbundenen Aufgaben:

Lebensphasen:

1. Transport,
2. Montage und Aufstellung,
3. Inbetriebnahme,
4. Verwendung,
5. Außerbetriebnahme, Demontage und Entsorgung, soweit es die Sicherheit betrifft.

Aufgabenidentifizierung:

- Einstellung, Prüfung, Programmierung, Anfahren,
- alle Betriebsarten, Herausnahme des Produktes aus den Niederspannungsbetriebsmitteln, normaler Halt,
- Nothalt, unerwarteter Anlauf,
- Fehlersuche/Troubleshooting (Bedienereingriff),
- Reinigung und Raumpflege,
- geplante und ungeplante Instandhaltung und Reparatur,
- vernünftigerweise vorhersehbare Fehlanwendung,
- Systemsicherheitsbedrohungen (Kommunikation, Zugangswege).

Da jeder ein individuelles Verständnis von einem hohen Schadensausmaß etc. hat, müssen die qualitativen Bewertungen der Personen quantifiziert werden.

Die Quantifizierung erfolgt über einen Risikograph. Bezogen auf die drei Risikofaktoren sind jetzt die Schadensmaße (S1, S2, S3), die Häufigkeiten der Explorationsdauer (F1, F2) und die Vermeidung einer Gefährdungssituation (P1, P2) zur Verknüpfung zwischen Risikofaktoren und quantitativer Bewertung ähnlich wie bei einem Notenschlüssel in der Schule festzulegen. Das Ergebnis der Risikobeurteilung dient als Entscheidungsgrundlage über die Erfordernis risikoreduzierender Maßnahmen (Bild 10.1 und **Bild 10.2**).

Nebenbei erwähnt: Es gibt eine Vielzahl an Risikographen. Welcher zur Anwendung kommt, entscheiden die zutreffenden normativen Vorgaben oder, falls es keine Vorgabe gibt, die für die Durchführung verantwortlichen Personen. Wichtig sind die Nachvollziehbarkeit und konsequente Skalierung mit den oben genannten drei Faktoren (Exposition einer Gefährdungssituation, Eintreten eines Gefährdungsereignisses, die Möglichkeit, den Schaden zu begrenzen).

10.2.3 Schritt 3: Restrisiko und Risikominderung

Nach Niederspannungsrichtlinie 2014/35/EU Art. 12, 13, 14 besteht die Vermutung der Konformität für Hersteller und damit die Einhaltung der Schutz- und Sicherheitsziele gemäß Art. 3 und Anhang I auf der Grundlage harmonisierter Normen oder Teilen davon (Abschnitt 8.3.8 *Harmonisierte Normen*).

Die endgültige Entscheidung, ob ein Risiko bzw. ein Restrisiko vertretbar ist, trifft der Hersteller bzw. die natürliche oder juristische Person, die das

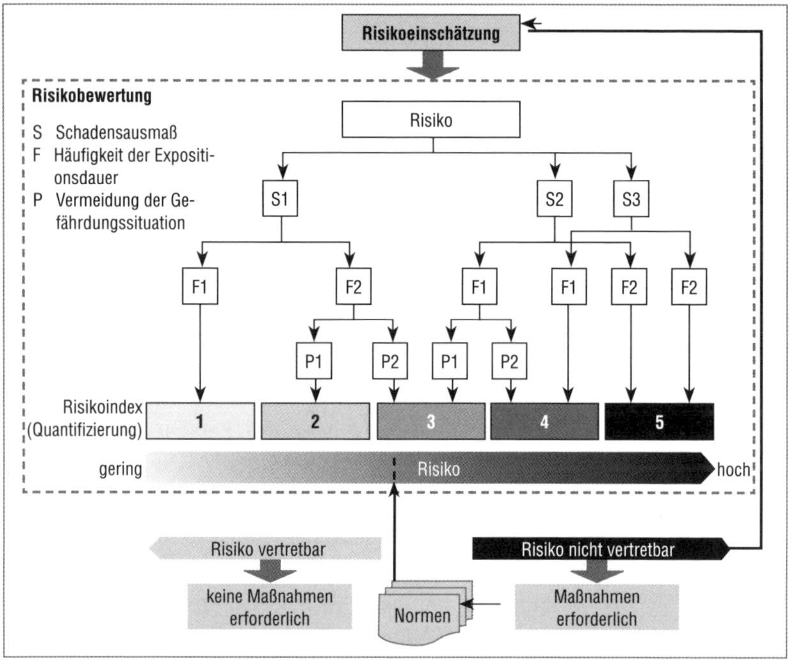

Bild 10.2 Zusammenhang zwischen qualitativer und quantitativer Risikobewertung über einen Risikograph und der Zusammenhang zu Normen in Anlehnung nach CENELEC Guide 32

Betriebsmittel am Markt bereitstellt. Die Integration der Sicherheit und die Festlegung der risikoreduzierenden Maßnahmen erfolgt anhand eines dreistufigen Verfahrens:

1. Eigensicherheitsmaßnahmen,
2. technische Sicherheitsmaßnahmen,
3. Benutzerinformationen.

Eigensicherheitsmaßnahmen reduzieren im Ursprung das Risiko, sodass vom Betriebsmittel bzw. dem Teil der Risikoquelle keine Gefährdung entstehen kann. Typisches Beispiel ist die Verwendung von Schutzkleinspannung (SELV) anstatt 230V/50Hz oder bezogen auf mechanische Gefährdung eine Reduzierung der Antriebskraft oder Antriebsgeschwindigkeit. Kann das Produkt nicht eigensicher konstruiert werden oder lassen sich Gefahrenquellen nicht durch andere Maßnahmen substituieren, sind technische Schutzmaßnahmen erforderlich. Besteht dennoch ein Restrisiko, ist der Benutzer in geeigneter Weise durch Informationen (z. B. Betriebsanleitung oder Warnhinweise) in die Lage zu versetzen, diese zu erkennen.

Sind ein Risiko bzw. ein Restrisiko nicht vertretbar, sind entsprechende Maßnahmen zur Minderung festzulegen. Das Restrisiko ist dann neu einzuschätzen und zu bewerten. Dadurch wird das Restrisiko in einem iterativen Prozess der Risikobeurteilung auf ein Maß unterhalb des gesellschaftlichen tolerierbaren Risikos begrenzt. Sind technische Maßnahmen gemäß den zutreffenden harmonisierten Normen festgelegt, wird die Einhaltung der Schutzziele nach 2014/35/EU Art. 3 und Anhang I vermutet, und das Betriebsmittel gilt als sicher.

Ähnliches gilt beim Betrieb elektrischer Anlagen und Arbeitsmittel (Arbeitsmittel sind Werkzeuge, handgeführte Geräte und Maschinen). Zentraler Baustein im Betrieb ist die Durchführung einer Gefährdungsbeurteilung des Arbeitsplatzes. Analog zur Risikobeurteilung gilt bei der Festlegung von Schutzmaßnahmen für den Arbeitsschutz das sogenannte (S)TOP-Prinzip.

10.2.4 Verschiedene Gefahrenfelder

Für Betriebsmittel im Anwendungsbereich der Niederspannungsrichtlinie beschreibt der Leitfaden Nr. 32 des CENELEC (CENELEC-LEITFADEN 32) ein geeignetes Verfahren zur Durchführung. Da es allein mit dem Gefahrenfeld „Elektrische Gefährdungen“ in der Regel nicht getan ist, hat sich in der Praxis ein Gefährdungskatalog nach DIN EN ISO 12100 bewährt (**Tabelle 10.1**). Dieser kann hinsichtlich der mechanischen, elektrischen und thermischen Gefährdungen sinngemäß auf alle technischen Anlagen, Betriebsmittel und Maschinen angewendet werden.

Gefährdungen	mögliche Ursachen	mögliche Folgen
mechanische Gefährdungen	– Beschleunigen, – Abbremsen, – spitze Teile, – Annäherung eines sich bewegenden Teils an ein feststehendes Teil, – schneidende Teile, – elastische Elemente, – herabfallende Gegenstände, – Schwerkraft, – Höhe gegenüber dem Boden, – Hochdruck, – fehlende Standfestigkeit/-sicherheit, – kinetische Energie, – Beweglichkeit der Maschine, – sich bewegende Teile,	– Überfahren werden, – Weggeschleudert werden, – Quetschen, – Schneiden oder Abschneiden, – Einziehen oder Fangen, – Erfassen, – Reiben oder Abschürfen, – Stoß, – Eindringen von unter Druck stehenden Medien, – Scheren, – Ausrutschen, Stolpern und Stürzen, – Durchstich oder Einstich, – Ersticken.

Tabelle 10.1 Gefährdungskatalog nach DIN EN ISO 12100 (Telil 1/2)

Gefährdungen	mögliche Ursachen	mögliche Folgen
mechanische Gefährdungen	– rotierende Teile, – raue, rutschige Oberfläche, – scharfe Kanten, – gespeicherte Energie, – Vakuum.	
elektrische Gefährdungen	– Lichtbogen, – elektromagnetische Vorgänge, – elektrostatische Vorgänge, – spannungsführende Teile, – unzureichender Abstand zu unter Hochspannung stehenden Teilen, – Überlast, – Teile, die im Fehlerzustand spannungsführend geworden sind, – Kurzschluss, – Wärmestrahlung.	– Verbrennung, – chemische Reaktionen, – Auswirkungen auf medizinische Implantate, – tödlicher Stromschlag, – Stürzen, Weggeschleudert werden, – Feuer, – Herausschleudern von geschmolzenen Teilen, – (elektrischer) Schlag.
thermische Gefährdungen	– Explosion, – Flamme, – Objekte oder Materialien hoher oder niedriger Temperatur, – Strahlung von Wärmequellen.	– Verbrennung, – Dehydrierung, – Unbehagen, – Erfrierung, – Verletzungen durch Strahlung von Wärmequellen, – Verbrühung.
Gefährdungen durch Lärm	– Kavitationsvorgänge, – Abluftsystem, – mit hoher Geschwindigkeit austretendes Gas, – Herstellungsprozess (Stanzen, Schneiden usw.), – bewegliche Teile, – reibende Flächen, – mit Unwucht rotierende Teile, – pfeifende Pneumatik-Einrichtungen, – verschlissene Teile.	– Unbehagen, – Bewusstseinsverlust, – Gleichgewichtsstörung, – bleibender Gehörverlust, – Stress, – Tinnitus (Ohrensausen), – Ermüdung, – alle weiteren (z. B. mechanischen, elektrischen) Probleme als Folge einer Störung der Sprachkommunikation oder einer Störung akustischer Signale.

Tabelle 10.1 Gefährdungskatalog nach DIN EN ISO 12100 (Telil 2/2)

Vgl. hierzu [2], [20], [71], [77].

11 Das Produktsicherheitsgesetz

Auf nationaler Ebene findet für die Bereitstellung von Produkten auf dem Markt das Produktsicherheitsgesetz, kurz ProdSG, Anwendung. Das ProdSG gilt, wenn im Rahmen einer Geschäftstätigkeit Produkte auf dem Markt bereitgestellt, ausgestellt oder erstmals verwendet werden.

Das ProdSG gilt ebenso für die Errichtung und den Betrieb überwachungsbedürftiger Anlagen, die gewerblichen oder wirtschaftlichen Zwecken dienen, oder Anlagen, durch die Beschäftigte gefährdet werden. Unter Bereitstellung auf dem Markt wird nach ProdSG § 2 jede entgeltliche und unentgeltliche Abgabe eines Produktes zum Vertrieb, Verbrauch oder zur Verwendung verstanden. Auf Grundlage von ProdSG § 8 (1) sind die Bundesministerien für Arbeit und Soziales, für Wirtschaft und Energie, für Ernährung und Landwirtschaft, für Umwelt, Naturschutz und nukleare Sicherheit, des Innern, für Bau und Heimat, für Verkehr und digitale Infrastruktur und der Verteidigung ermächtigt, nach Anhörung des Ausschusses für Produktsicherheit und mit Zustimmung des Bundesrates jeweils für ihren Zuständigkeitsbereich Rechtsverordnungen für Produkte zu erlassen. Die Erlassung hat durch das zuständige Ministerium im Einvernehmen der anderen Ministerien zu erfolgen.

Die Rechtsverordnungen dienen folgenden Zielen:

- Schutz der Sicherheit und Gesundheit von Personen,
- Schutz der Umwelt,
- Schutz vor Risiken, ausgehend von sonstigen Rechtsgütern, die von Produkten ausgehen.

Der Erlass von Rechtsverordnungen dient auch der Erfüllung, Umsetzung und Durchführung von Verpflichtungen aus staatlichen Vereinbarungen der von der EU erlassenen Rechtsvorschriften. Diese Rechtsverordnungen können folgende Regelungen und Anforderungen enthalten:

- Beschaffenheit von Produkten,
- Bereitstellung von Produkten auf dem Markt,
- Ausstellen von Produkten,
- erstmalige Verwendung von Produkten,
- die Kennzeichnung von Produkten,
- Konformitätsbewertungsstellen,
- produktbezogene Aufbewahrungs- und Mitteilungspflichten,
- Handlungspflichten von Konformitätsbewertungsstellen.

Die zutreffenden europäischen Verordnungen sowie die Umsetzung der zutreffenden EU-Richtlinien finden auf nationaler Ebene auf Grundlage der neuen Verordnungen zum Produktsicherheitsgesetz Anwendung:

- Verordnung über die Bereitstellung von einfachen Druckbehältern auf dem Markt,
- Gasverbrauchseinrichtungen,
- Maschinenverordnung,
- Verordnung über die Bereitstellung von Sportbooten und den Verkehr von Sportbooten,
- Explosionsschutzverordnung (11. ProdSG),
- Aerosolpackverordnung,
- Druckgeräteverordnung.

Die Verordnung zum ProdSG enthält im Kopf und in der Eingangsformel den Gegenstand der zutreffenden Produkte, das Ausfertigungsdatum der Verordnung und einen Verweis auf die Veröffentlichung im Bundesgesetzblatt. Die Eingangsformel enthält auch das zuständige Ministerium, welches die Verordnung erlassen hat (**Bild 11.1**).

Eine Verordnung zum Produktsicherheitsgesetz ist in vier Abschnitte unterteilt.

Der erste Abschnitt enthält allgemeine Vorschriften. Dort ist der Anwendungsbereich, die Begriffsbestimmungen, die Definition der Bereitstellung auf dem Markt sowie die Konformitätsvermutung auf Grundlage harmonisierter, internationaler und nationaler Normen enthalten.

Grundsätzlich dürfen nur sichere Produkte auf dem Markt bereitgestellt werden. Auf Grundlage der Verordnungen zum ProdSG gelten die Produkte als sicher, wenn sie

> **Erste Verordnung zum Produktsicherheitsgesetz (Verordnung über elektrische Betriebsmittel – 1. ProdSV)**
>
> 1. ProdSV
>
> Ausfertigungsdatum: 17.03.2016
>
> Vollzitat:
>
> „Verordnung über elektrische Betriebsmittel vom 17. März 2016 (BGBl. I S. 502)“
>
> Ersetzt V 8053-4-1 v. 11.6.1979 I 629 (TechArbmGV 1)
>
> 1 Diese Verordnung dient der Umsetzung der Richtlinie 2014/35/EU des Europäischen Parlaments und des Rates vom 26. Februar 2014 zur Harmonisierung der Rechtsvorschriften der Mitgliedstaaten über die Bereitstellung elektrischer Betriebsmittel zur Verwendung innerhalb bestimmter Spannungsgrenzen auf dem Markt (ABl. L 96 vom 29.3.2014, S. 357).

Quelle: www.gesetze-im-internet.de/prodsg2011v_1/1._ProdSV.pdf

Bild 11.1 Aufbau von Verordnungen zum ProdSG am Beispiel der ersten Verordnung zum Produktsicherheitsgesetz (Verordnung über elektrische Betriebsmittel – 1. ProdSG)

- die Sicherheitsziele gemäß Anhang 1 der zutreffenden EU-Richtlinie erfüllen,
- dem in der europäischen Union geltenden Stand der Sicherheitstechnik entsprechen,
- bei ordnungsgemäßer Installation und Instandhaltung und bei bestimmungsgemäßer Verwendung die Gesundheit von Menschen, Haus- und Nutztieren sowie Sachgütern nicht gefährden.

Bei Betriebsmitteln, die den harmonisierten Normen oder Teilen entsprechen, deren Fundstellen im Amtsblatt der EU zur betreffenden EU-Richtlinie veröffentlicht worden sind, wird vermutet, dass die in der Richtlinie formulierten Schutzziele erfüllt sind. Sie lösen damit eine Vermutungswirkung zu Gunsten des Herstellers bzw. der natürlichen oder juristischen Person aus, die ein Betriebsmittel am Markt bereitstellt. Gleiches gilt bei internationalen Normen. Sofern keine harmonisierten und internationalen Normen veröffentlicht wurden, wird bei bereitgestellten Produkten am Markt, die entsprechend den Sicherheitsbestimmungen der im herstellenden Mitgliedstaat geltenden Normen hergestellt worden sind, vermutet, dass die Anforderungen erfüllt sind, wenn die im herstellenden Mitgliedstaat geltenden Normen dem deutschen Sicherheitsniveau entsprechen.

In Abschnitt 2 sind die allgemeinen Pflichten der Wirtschaftsakteure festgelegt. Darunter fallen die allgemeinen Pflichten des Herstellers, die Kennzeichnungs- und Informationspflicht des Herstellers, Pflichten der Bevollmächtigten des Herstellers, allgemeine Pflichten des Einführers, Pflichten des Händlers, Plichten des Einführers oder Händlers als Hersteller sowie Angaben der Wirtschaftsakteure.

In Abschnitt 3 sind die Befugnisse der Marktüberwachung festgelegt. Darunter fällt der Umgang mit konformen Produkten, die ein Risiko darstellen, sowie der Umgang mit Produkten bei formaler Nichtkonformität. Abschnitt 4 legt Ordnungswidrigkeiten, Straftatbestände und Schlussabstimmungen im Rahmen der Verordnung fest.

Vgl. hierzu [57], [59] sowie die Abschnitte 8.3.8 *Harmonisierte Normen* und 12.6 *Formale Nichtkonformität.*

12 Die Niederspannungsrichtlinie

Die Niederspannungsrichtlinie 2014/35/EU ist in Deutschland über die Erste Verordnung zum Produktsicherheitsgesetz (Verordnung über elektrische Betriebsmittel – 1. ProdSG) auf Grundlage § 8 Abs. 1 ProdSG in nationales Recht übernommen worden. Zweck der Niederspannungsrichtlinie ist es, sicherzustellen, dass auf dem Markt befindliche elektronische Betriebsmittel ein hohes Schutzniveau in Bezug auf die Gesundheit von Menschen, Haus- und Nutztieren sowie in Bezug auf Güter sicherstellen und gleichzeitig das Funktionieren des Binnenmarktes garantieren.

Unter die Niederspannungsrichtlinie fallen elektrische Betriebsmittel mit einer Nennspannung zwischen 50 V und 1.000 V Wechselspannung und zwischen 75 V und 1.500 V Gleichspannung, die auf dem Markt bereitgestellt werden. Nach DIN VDE 0100-200 sind elektrische Betriebsmittel Produkte, die zum Zweck der Erzeugung, Umwandlung, Übertragung, Verteilung oder Anwendung von elektrischer Energie benutzt werden. Darunter fallen Kabel und Leitungen, Steckvorrichtungen, Elektroinstallationskanalsysteme, Niederspannungs-Schaltgeräte wie Leistungsschalter, Schütze etc., Transformatoren, Drosseln, Netzgeräte und Niederspannungs-Schaltgerätekombinationen.

Allerdings fallen nicht alle elektrischen Betriebsmittel in den Anwendungsbereich. Elektrische Betriebsmittel zur Verwendung in explosionsfähiger Atmosphäre, elektro-radiologische und elektro-medizinische Betriebsmittel, elektrische Teile von Personen- und Lastenaufzügen, Elektrizitätszähler, Haushaltssteckvorrichtungen, Vorrichtungen zur Stromversorgung von elektrischen Weidezäunen, elektrische Betriebsmittel unter dem Aspekt der Funkentstörung, spezielle elektrische Betriebsmittel, die zur Verwendung auf Schiffen, in Flugzeugen oder in Eisenbahnen bestimmt sind und den Sicherheitsbestimmungen internationaler Einrichtungen entsprechen, denen die Mitgliedstaaten angehören, kunden und anwendungsspezifisch angefertigte Erprobungsmodule, die von Fachleuten ausschließlich in Forschungs- und Entwicklungseinrichtungen für Forschungs- und Entwicklungszwecke verwendet werden sind von dieser Verordnung ausgenommen und fallen in den Anwendungsbereich anderer EU-Richtlinien und -Verordnungen.

12.1 Inverkehrbringen von Produkten im europäischen Wirtschaftsraum

Unter „Inverkehrbringen“ wird die erstmalige Bereitstellung eines Produktes auf dem Unionsmarkt verstanden. Wer im europäischen Wirtschaftsraum ein elektrisches Betriebsmittel auf dem Markt zum Vertrieb, Verbrauch oder zur Verwendung entgeltlich oder unentgeltlich im Rahmen einer Geschäftstätigkeit bereitstellt oder unter seiner eigenen Handelsmarke vermarktet, gilt als Hersteller. Dem Hersteller elektrischer Betriebsmittel obliegt im Rahmen des Produktenwicklungsprozesses die Durchführung einer Risikoanalyse und -bewertung zur Identifikation und Bewertung der Risiken für Menschen, Nutztiere und Sachgüter. Nach Art. 3 der Niederspannungsrichtlinie 2014/35/EU dürfen elektrische Betriebsmittel nur auf dem Unionsmarkt bereitgestellt werden, wenn sie entsprechend dem in der Union geltenden Stand der Sicherheitstechnik hergestellt sind und bei einer ordnungsgemäßen Installation, Wartung und bestimmungsgemäßer Verwendung die Gesundheit und Sicherheit von Menschen, Haus- und Nutztieren sowie Gütern nicht gefährden.

12.2 Die Schutzziele

Für die Einhaltung der Schutz- und Sicherheitsziele nach Art. 6 der Niederspannungsrichtlinie 2014/35/EU hat der Hersteller die Einhaltung der Sicherheitsziele gemäß Art. 3 und Anhang III beim Inverkehrbringen sicherzustellen. Demnach sind elektrische Betriebsmittel so zu konstruieren, dass Schutzziele für eine sichere und bestimmungsgemäße Verwendung erfüllt sind.

12.2.1 Allgemeine Bedingungen

Die Betriebsmittel müssen unter der vorhersehbaren Fehlanwendung ordnungsgemäß verwendet, installiert und gewartet werden können. Hierfür sind die wesentlichen Merkmale, von deren Kenntnis und Beachtung eine bestimmungsgemäße und gefahrlose Verwendung abhängt, in Form eines Begleitdokumentes beizufügen. Die elektrischen Betriebsmittel sowie ihre Bestandteile müssen so beschaffen sein, dass sie sicher und ordnungsgemäß verbunden oder angeschlossen und bestimmungsgemäß und angemessen gewartet werden können. Hierfür ist in der Montage und Bedienungsanleitung der bestimmungsgemäße Anschluss zu beschreiben und auf die Gefahren in jeder Verwendungsphase hinzuweisen.

12.2.2 Schutz vor Gefahren ausgehend von elektrischen Betriebsmitteln, Maschinen und Anlagen

Elektrische Betriebsmittel dürfen für Menschen, Haus- und Nutztiere keine unzulässigen Gefahren in Form einer Verletzung oder anderen Schädigung verursachen. Hierzu sind die Betriebsmittel so zu konstruieren, dass der Schutz gegen direktes Berühren und der Schutz bei indirektem Berühren si chergestellt ist sowie keine Temperaturen, Lichtbögen oder Strahlungen entstehen, aus denen sich Gefahren ergeben können. Die Isolierung muss entsprechend für die vorgegebenen Beanspruchungen ausgelegt sein. Darüber hinaus sind auch mögliche Gefährdungen durch nicht elektrische Ursachen zu betrachten.

12.2.3 Schutz vor äußeren Einwirkungen auf die elektrischen Betriebsmittel

Äußere Einwirkungen dürfen den sicheren und bestimmungsgemäßen Betrieb des elektrischen Betriebsmittels nicht unzulässig beeinträchtigen. Hierzu muss das Betriebsmittel die vorgesehenen mechanischen Beanspruchungen so weit aushalten, dass Menschen, Haus- und Nutztiere z. B. durch Zerstörung der Umhüllung und damit des Schutzes gegen direktes Berühren, nicht gefährdet werden.

12.3 Kennzeichnungspflicht der Hersteller

Der Hersteller hat gemäß der 1. ProdSV § 8 dafür zu sorgen, dass seine elektrischen Betriebsmittel beim Inverkehrbringen eine Kennzeichnung in Form einer Typen-, Chargen-, oder Seriennummer zur Identifikation tragen. Ist eine Kennzeichnung am Produkt aufgrund der Größe oder der Form nicht möglich, darf die Kennzeichnung auch auf der Verpackung oder in den den Betriebsmitteln beigefügten Unterlagen angebracht werden. Zudem hat der Hersteller beim Inverkehrbringen seinen Namen, seine eingetragene Handelsmarke sowie seine Postanschrift anzubringen. Bei der Postanschrift handelt es sich um die Anschrift einer zentralen Stelle, unter der der Hersteller kontaktiert werden kann.

Die Unterlagen, wie die Montage- und Bedienungsanleitung sowie die Sicherheitsinformationen, sind in nationaler Sprache zu verfassen. Auf Verlangen der Marktaufsichtsbehörde ist der Hersteller verpflichtet, der Marktaufsichtsbehörde alle Informationen zum Nachweis im Sinne der 1. ProdSV sowie Unterlagen aus Papier oder elektrisch zur Verfügung zu stellen.

12.4 Technische Unterlagen

Anhand der technischen Unterlagen muss eine Übereinstimmung eines elektrischen Betriebsmittels mit den betreffenden Anforderungen bewertbar sein. Der Hersteller darf elektrische Betriebsmittel nur in den Verkehr bringen, wenn die technischen Unterlagen nach Anhang III der Niederspannungsrichtlinie 2014/35/EU erstellt wurden. Zum Nachweis hat der Hersteller ein Konformitätsbewertungsverfahren nach Artikel 6 (1) und (2) der Niederspannungsrichtlinie 2014/35/EU durchzuführen, die erforderlichen technischen Unterlagen zu erstellen und eine Risikobeurteilung durchzuführen.

In den technischen Unterlagen sind die anwendbaren Anforderungen aufzuführen und der Entwurf, die Herstellung und der Betrieb des elektrischen Betriebsmittels zu erfassen, soweit sie für die Bewertung von Belang sind. Sie müssen mindestens folgende Informationen enthalten:

- eine allgemeine Beschreibung des elektrischen Betriebsmittels,
- die Beschreibungen und Erläuterungen, die zum Verständnis der genannten Zeichnungen und Pläne sowie der Funktionsweise des elektrischen Betriebsmittels erforderlich sind,
- eine Aufstellung der nach Art. 13 und 14 angewendeten harmonisierten und internationalen Normen bzw. deren auszugsweise angewandten Stellen,
- die Ergebnisse der Konstruktionsberechnungen, Prüfungen usw.,
- die Prüfberichte.

12.5 Die Konformitätserklärung

Nach Durchführung des Konformitätsbewertungsverfahrens erstellt der Hersteller eine Konformitätserklärung und bringt gemäß § 7 ProdSG eine CE-Kennzeichnung an jedem einzelnen Betriebsmittel an. Mit der Konformitätserklärung erklärt der Hersteller, dass das Produkt den Beschaffenheitsanforderungen entspricht und die Schutz- und Sicherheitsziele erfüllt. Die EU-Konformitätserklärung muss folgende Informationen enthalten:

- Produktmodell/Produkt mit einer eindeutigen Identifikation (Produkt-, Chargen-, Typen- oder Seriennummer),
- Name und Anschrift des Herstellers oder seines Bevollmächtigten,
- Gegenstand der Erklärung (Bezeichnung des elektrischen Betriebsmittels zwecks Rückverfolgbarkeit),
- den Wortlaut „Der oben beschriebene Gegenstand der Erklärung erfüllt die einschlägigen Harmonisierungsvorschriften der Union" mit Aufzählung der betreffenden Vorschriften und Richtlinien,
- Angabe der einschlägigen harmonisierten Normen, die zugrunde gelegt wurden, oder anderer technischer Spezifikationen, in der auf die Konformität Bezug genommen wird,
- Zusatzangaben,
- Ort, Datum Unterschrift des Ausstellers der EG-Konformitätserklärung.

12.6 Formelle Nichtkonformität

Erfüllt ein Produkt nicht die formellen Anforderungen, liegt formal eine Nichtkonformität vor. Eine formale Nichtkonformität liegt vor, wenn

- die CE-Kennzeichnung nicht oder unter Verletzung von § 7 ProdSG angebracht wurde,
- die EU-Konformitätserklärung nicht oder nicht ordnungsgemäß ausgestellt wurde,
- die technischen Unterlagen nicht verfügbar oder unvollständig sind,
- die Angaben des Herstellers oder Einführers fehlen, falsch oder unvollständig sind,
- eine oder mehrere andere formale Anforderungen nicht erfüllt sind (ProdSV V1 §§ 7, 8, 10, 11)

In diesem Fall fordert die Marktüberwachungsbehörde den betreffenden Wirtschaftsakteur dazu auf, die Nichtkonformität zu korrigieren. Besteht die

Nichtkonformität weiter, trifft die Marktüberwachungsbehörde alle geeigneten Maßnahmen, um die Bereitstellung des elektrischen Betriebsmittels auf dem Markt einzuschränken; oder sie untersagt die Bereitstellung auf dem Markt ganz und sorgt dafür, dass das elektrische Betriebsmittel zurückgerufen oder zurückgenommen wird.

12.7 Konformitätsvermutung

Bei elektrischen Betriebsmitteln, die harmonisierten Normen oder Teilen dieser Normen entsprechen und deren Fundstellen im Amtsblatt der EU veröffentlich worden sind, wird vermutet, dass sie die genannten Anforderungen an die Bereitstellung auf dem Markt erfüllen, sofern die betreffenden Normen oder Teile der Normen diese abdecken oder die elektrischen Betriebsmittel bzgl. den Sicherheitsbestimmungen den internationalen Normen (IEC) entsprechen. Sofern keine harmonisierten Normen und keine internationalen Normen veröffentlicht sind, dürfen nationale Normen, sofern sie dem nationalen Sicherheitsniveau entsprechen, als Maßstab hinzugezogen werden. Bei Anwendung der Normen liegt eine sogenannte Konformitätsvermutung vor.

Vgl. hierzu [25], [57], [59].

13 EMV-Richtlinie

Elektrische Betriebsmittel und ortsfeste elektrische Anlagen sind u. a. nach den gesetzlichen Bestimmungen des EMV-Gesetzes in den Verkehr zu bringen. Verteiler und ortsfeste elektrische Betriebsmittel, die im europäischen Wirtschaftsraum in den Verkehr gebracht werden, sind vom Hersteller u. a. in Übereinstimmung der Schutzziele der EMV-Richtlinie 2014/30/EU zu konstruieren, zu errichten und zu betreiben. Die EMV-Richtlinie 2014/30/EU wurde aufgrund des europäischen EMV-Gesetzes erlassen und findet durch das EMV-Gesetz vom Dezember 2016 auf nationaler Ebene Anwendung.

Das EMV-Gesetz legt mit der EMV-Richtlinie die Schutzziele elektrischer Betriebsmittel (ortsfest und ortsveränderlich) an den Betrieb durch elektromagnetische Störungen fest. Betriebsmittel und elektrische Anlagen dürfen weder eine Störquelle darstellen, noch dürfen diese durch elektromagnetische Störungen hinsichtlich ihrer Funktion und Sicherheit unzulässig beeinträchtigt werden.

Eine in elektrischen Anlagen allgegenwärtige Störquelle stellen Überspannungen dar. Aus Sicht der EMV sind bisher keine Normen bzgl. der Blitzentladung unter dem Aspekt der elektromagnetischen Verträglichkeit harmonisiert. Grund hierfür ist, dass elektrische Betriebsmittel und Geräte i.d.R. nicht in unmittelbarer Nähe zu möglichen Einschlagstellen (direkter Blitzeinschlag) liegen. Einen weiteren Aspekt stellen transiente Überspannungen dar; die sogenannten indirekten Blitzeinschläge. Hierfür gibt es bereits anerkannte Regeln der Technik zur Errichtung elektrischer Anlagen.

13.1 EMV-Dokumentation gemäß EMVG § 4 Abs. 2 Satz 2

Elektrische Betriebsmittel und Kabel und Leitungen werden zur ortsfesten elektrischen Anlage zusammengebaut. Nach EMVG § 3 sind ortsfeste elektrische Anlagen eine Verbindung von Geräten (Betriebsmittel) oder anderen Einrichtungen, die fest installiert sind. Damit ist die ortsfeste elektrische Anlage aus Sicht der elektromagnetischen Verträglichkeit insgesamt zu betrachten. Die Richtlinie richtet sich an den Betreiber.

Der Betreiber hat gemäß EMVG § 4 Abs. 2 Satz 2 notwendige Dokumentationen auf dem aktuellen Stand für Kontrollen der Bundesnetzagentur bereitzuhalten. Diese sollte jedoch mit Unterstützung des Planers/Errichters erstellt werden. Grundsätzlich geht es um die Nachvollziehbarkeit der technischen Dokumentation. Im Rahmen der EMV-Dokumentation ist eine Liste der zu erwartenden elektromagnetischen Beeinträchtigungen zu erstellen. Diese sollte eine Aufstellung der Geräte und Anlagenteile enthalten sowie der damit verbundenen Störungen und Koppelmechanismen. Hierfür würde sich zum Beispiel ein paarweiser Vergleich der Komponenten und Anlagenteile eignen. Es sollten zudem, wenn erforderlich, Berechnungen von Sicherheitsabständen bei möglichen Störeinkopplungen, eine Beschreibung der angewendeten Schirmmaßnahmen sowie eine zeichnerische Darstellung der Anordnung (Übersichtsplan) der Betriebsmittel und Leitungsverlegungswege.

Die Konformitätserklärungen von elektrischen Betriebsmitteln beinhalten die Einhaltung der Schutz- und Sicherheitszeile aus der Niederspannungsrichtlinie und EMV-Richtlinie. Sind die Betriebsmittel entsprechend den Herstellervorgaben installiert, und ist die Kabel- und Leitungsanlage unter Berücksichtigung der Anforderungen nach DIN VDE 0100-444 errichtet, sind elektromagnetische Beeinträchtigungen bei bestimmungsgemäßer Verwendung nicht zu erwarten. In diesem Fall ist eine ordentliche Anlagendokumentation, aus der die Anordnung der Betriebsmittel hervorgeht, sowie der Prüfbericht über die Erstprüfung nach DIN VDE 0100-600 ausreichend.

13.2 Elektrische Betriebsmittel

Elektrische Betriebsmittel, die für die Verwendung von Endnutzern in den Verkehr gebracht werden, sind in Übereinstimmung der im Amtsblatt veröffentlichten harmonisierten Normen sowie den damit verbundenen zutreffenden europäischen Richtlinien in den Verkehr zu bringen. Die Geräte sind fertige Produkte mit einer eigenständigen Funktion. Diese sind mit einer CE-Kennzeichnung zu versehen. Der Hersteller hat zudem die notwendigen Nutzerinformationen zur Ermöglichung einer bestimmungsgemäßen Verwendung mitzuliefern.

13.2.1 Niederspannungs-Schaltgerätekombinationen

Nach dem Zusammenbau der Niederspannungs-Schaltgerätekombinationen werden diese Teil der ortsfesten elektrischen Anlage. Nach EMVG § 3 sind ortsfeste elektrische Anlagen eine Verbindung von Geräten (Betriebsmittel) oder anderen Einrichtungen, die fest installiert sind. Damit ist die ortsfeste elektrische Anlage aus Sicht der elektromagnetischen Verträglichkeit insgesamt zu betrachten. Die Anforderungen nach § 5 EMVG werden bei Einhaltung der harmonisierten Normen vermutet. Im Gegensatz zur Niederspannungsrichtlinie richtet sich die EMV-Richtlinie bei ortsfesten elektrischen Anlagen an den Betreiber.

Nach EMVG § 12 (1) müssen elektrische Anlagen so betrieben werden, dass sie gemäß den Schutzzielen nach EMV-Richtlinie Anhang 1 den Betrieb von Funk- und Telekommunikationsanlagen sowie die Funktion anderer Anlagen und Betriebsmittel nicht beeinträchtigen. Wesentliche Anforderungen an elektrische Betriebsmittel hinsichtlich der Schutzziele der EMV-Richtlinie sind:

- Die Betriebsmittel dürfen keine unzulässig hohen Störungspegel verursachen und den Betrieb anderer Betriebsmittel, insbesondere Funk- und Telekommunikationsgeräte, nicht unzulässig beeinträchtigen.
- Die Betriebsmittel dürfen durch die zu erwartenden elektromagnetischen Störungen nicht in ihrer bestimmungsgemäßen Funktion beeinträchtigt werden.
- Ortsfeste Anlagen sind gemäß den anerkannten Regeln der Technik zu errichten. Hierzu sind insbesondere die Anforderungen nach DIN VDE 0100-444 zu beachten.

Die Herstellernorm DIN EN 61439-1 für Niederspannungs-Schaltgerätekombinationen ist sowohl im Amtsblatt der EU für die Niederspannungsrichtlinie als auch im Amtsblatt zur EMV-Richtlinie gelistet. Sofern diese in Übereinstimmung der DIN EN 61439-1 konstruiert und geprüft sind, kann die Einhaltung der Schutzziele nach EMV-Richtlinie 2014/30/EU Anhang 1 bzgl. der Niederspannungs-Schaltgerätekombination vermutet werden.

13.2.2 Ortsfeste elektrische Anlagen

Ortsfeste elektrische Anlagen sind gemäß EMVG § 3 eine Verbindung von Geräten oder anderen Einrichtungen, die fest installiert sind. Damit sind elektrische Anlagen aus Sicht der elektromagnetischen Verträglichkeit ein

Sonderfall. Die Geräte, die zu einer ortsfesten elektrischen Anlage sozusagen komplettiert werden, sind von den Herstellern gemäß den zutreffenden Richtlinien in den Verkehr gebracht worden. Hierzu sei neben der Niederspannungsrichtlinie 2014/35/EU noch die Maschinenrichtlinie 2006/42/EG genannt. Allerdings werden diese Betriebsmittel mit Kabeln und Leitungen zu einer elektrischen Anlage oder einer Maschine o.Ä. komplettiert. Gerätehersteller, die ihre Betriebsmittel nach den zutreffenden Richtlinien in den Verkehr bringen, müssen ein Konformitätsbewertungsverfahren durchführen. Ortsfeste elektrische Anlagen und Maschinen, die nach den harmonisierten Normen in den Verkehr gebracht wurden, erfüllen normalerweise die Aspekte der elektromagnetischen Verträglichkeit. Es gilt nach § 5 EMVG die sogenannte Vermutungswirkung. Errichter von ortsfesten elektrischen Anlagen müssen kein CE-Kennzeichen nach EMV-Richtlinie anbringen, da das EMVG hinsichtlich einer Kennzeichnung in § 8 ausschließlich von Geräten spricht.

Durch geeignete Verlegung der Kabel und Leitungen und Anordnung der Betriebsmittel gemäß den Anforderungen nach DIN VDE 0100-444 sind Kopplungswege zu minimieren. Damit liegt die Verantwortung bereits für die Errichtung beim Betreiber. Der Betreiber ist hier in der Pflicht, die notwendige auf dem aktuellen Stand gehaltene Dokumentation nach EMVG § 4 Abs. 2 Satz 2 für Kontrollen der Bundesnetzagentur zur Einsicht bereitzuhalten.

Die nach EMV-Gesetz vorgeschriebenen Schutz- und Sicherheitsziele sind in der EMV-Richtlinie 2014/30/EU geregelt. Die EMV-Richtlinie regelt die Anforderungen für Betriebsmittel. Betriebsmittel sind im Sinne der EMV-Richtlinie Geräte, die als eine fertige funktionsfähige Einheit in den Verkehr gebracht werden oder ortsfeste elektrische Anlagen. Ortsfeste elektrische Anlagen sind eine besondere Kombination von Geräten unterschiedlicher Art, die miteinander verbunden sind und dazu bestimmt sind, dauerhaft an einem Ort betrieben zu werden. Darunter fallen demnach ortsfeste elektrische Anlagen.

Vgl. hierzu [25], [57], [59], [62], [75], [110].

14 Maschine oder Anlage

Schaltschränke werden sowohl in Anlagen der Gebäude- und Versorgungstechnik als auch für die Komplettierung und Versorgung von Maschinen eingesetzt. Dadurch stellt sich in der Praxis neben der Frage des Herstellers auch die Frage nach den zutreffenden Richtlinien oder schlicht die Frage: Handelt es sich um eine Maschine oder um eine Anlage?

14.1 Begriffe

14.1.1 Maschine

Eine Maschine ist nach Maschinenrichtlinie 2006/42/EG Art. 1 eine mit einem Antriebssystem ausgestattete oder dafür vorgesehene Gesamtheit miteinander verbundener Teile oder Vorrichtungen, von denen mindestens ein Teil beweglich ist und für eine bestimmte Anwendung zusammengefügt ist. Als Gesamtheit wird eine Maschine bezeichnet, die lediglich mit ihrem Einsatzort oder mit ihren Energie- und Antriebsquellen zu verbinden ist. Als Maschine wird auch eine einbaufertige Gesamtheit bezeichnet, die erst nach Anbringung auf einem Beförderungsmittel oder Installation in einem Gebäude oder Bauwerk funktionsfähig ist. Damit kann eine Maschine entweder vom Hersteller als eine komplette funktionsfähige Einheit am Markt bereitgestellt werden („ein Stück Maschine“) oder als eine nicht funktionsfähige Gesamtheit in Einzelteilen ausgeliefert werden und am Einsatzort vom Hersteller zu einer Maschine im Sinne der Maschinenrichtlinie zusammengesetzt werden.

14.1.2 Unvollständige Maschinen

Die Maschinenrichtlinie 2006/42/EG definiert auch den Begriff der „unvollständigen Maschine“. Eine unvollständige Maschine ist eine Gesamtheit, die fast eine Maschine bildet, für sich genommen aber keine bestimmte Funktion erfüllen kann. Eine unvollständige Maschine ist nur dazu bestimmt, in eine andere Maschine oder eine andere unvollständige Maschine oder Ausrüstung eingebaut oder mit ihnen zusammengesetzt zu werden, um zusammen mit ihnen eine Maschine im Sinne der Maschinenrichtlinie 2006/42/EG zu bilden.

14.1.3 Sicherheitsbauteil

Ein Sicherheitsbauteil ist ein Bauteil in der Maschine, welches zur Gewährleistung einer Sicherheitsfunktion dient, gesondert in Verkehr gebracht wird, dessen Ausfall und/oder Fehlfunktion die Sicherheit von Personen gefährdet und das für das Funktionieren der Maschine nicht erforderlich ist oder durch das für das Funktionieren der Maschine übliche Bauteil ersetzt werden kann. Typische Sicherheitsbauteile, die im Rahmen der Planung und Herstellung der elektrischen Ausrüstung zur Anwendung kommen, sind:

- Schutzeinrichtungen zur Personendetektion,
- kraftbetriebene bewegliche trennende Schutzeinrichtungen mit Verriegelung,
- Logikeinheiten zur Gewährleistung der Sicherheitsfunktionen,
- Not-Halt-Befehlsgeräte,
- Ableitungssysteme, die eine potenziell gefährliche elektrostatische Aufladung verhindern,
- Zweihandschaltungen.

(Listen nach 2006/42/EG Anhang IV nicht vollständig.)

14.1.4 Gesamtheit von Maschinen

Des Weiteren definiert die Maschinenrichtlinie 2006/42/EG die Begriffe der „Gesamtheit von Maschinen". Eine Gesamtheit von Maschinen sind mehrere vollständige und unvollständige Maschinen, die so angeordnet sind und betätigt werden, dass sie als Gesamtheit funktionieren.

Bei einer verketteten Anlage (Begriff aus der alten Maschinenrichtlinie 98/37/EG) – in der neuen Maschinenrichtlinie als „Gesamtheit von Maschinen" bezeichnet –, bestehend aus den Schaltschränken, den Antrieben etc., liegt die Vermutung nahe, dass jede Anlage eine verkettete Maschine sind könnte. Würde diese Vermutung grundsätzlich zutreffen, müsste jede versorgungstechnische Anlage bestehend aus Schaltschränken, Pumpen und Messsensoren etc. automatisch in den Anwendungsbereich der Maschinenrichtlinie fallen, und der Errichter müsste eine Konformitätserklärung nach Maschinenrichtlinie erstellen und eine CE-Kennzeichnung für die gesamte Anlage anbringen.

Eine Gesamtheit von Maschinen liegt jedoch nur vor, wenn die einzelnen Anlagen-/Maschinenteile funktional, steuerungstechnisch und sicherheitstechnisch miteinander verknüpft sind. Die Sicherheitsfunktion nach

DIN EN 61511 Abs. 3.2.72 ist ein System zur Ausführung einer oder mehrerer sicherheitstechnischen Funktionen bestehend aus Sensor, Logiksystem und Aktoren, die einen gefahrbringenden Zustand verhindern oder das Risiko reduzieren. Die Notwendigkeit und die Ausführung einer sicherheitsgerichteten Steuerung ist mit der „Höhe“ der erforderlichen Risikoreduzierung verbunden. Der damit verbundene Performance Level (PL) bzw. SIL ist zuvor im Rahmen der Risikobeurteilung festzulegen.

Eine funktionelle und steuerungstechnische Verbindung der Schaltschränke mit den dazugehörigen Sensoren und Aktoren ist aufgrund von Regel- und Steuerkreisen offensichtlich. Allerdings sind die Aktoren sicherheitstechnisch von der Steuerung unabhängig, wodurch keine Maschine bzw. eine verkettete Maschine im Sinne der Maschinenrichtlinie vorliegt. Damit ist die Frage nach der sicherheitstechnischen Verknüpfung bei gebäudetechnischen Anlagen mit „nein“ zu beantworten. Demnach handelt es sich bei den Anlagenteilen nicht um eine „Gesamtheit von Maschinen“ im Sinne der Maschinenrichtlinie, wodurch eine CE-Konformität aller einzelnen Betriebsmittel nach Niederspannungsrichtlinie und EMV-Richtlinie ausreicht (**Bild 14.1**).

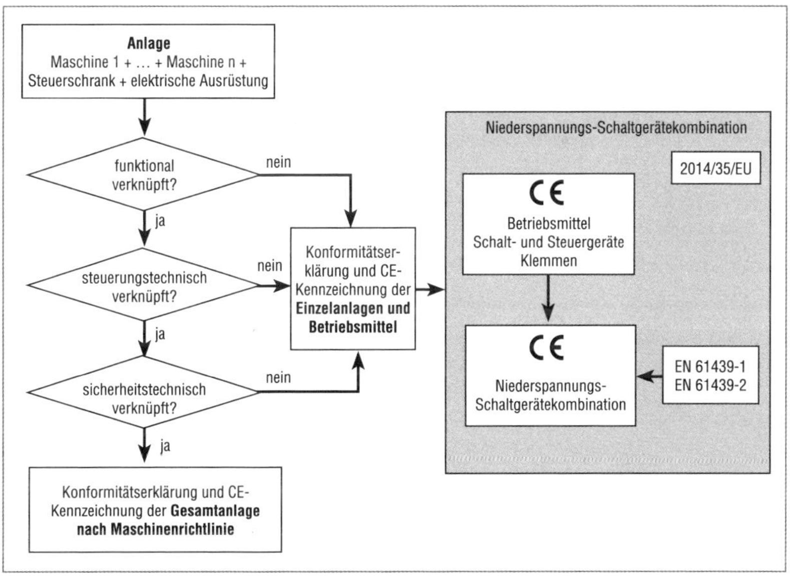

Bild 14.1 Entscheidungsbaum: Maschine oder Anlage

14.2 Hersteller oder Errichter

Bei Projekten, in denen mehrere Gewerke und Unternehmen beteiligt sind, stellt sich die Frage nach dem Hersteller. Hier stehen Lieferanten und Hersteller von Niederspannungs-Schaltgerätekombinationen vor der Frage nach der korrekten formalen Erstellung von Unterlagen. Bei Niederspannungs-Schaltgerätekombinationen ist somit der Verwendungszweck und die Beteiligung an der Planung für Maschinenhersteller, Anlagenerrichter und Zulieferer entscheidend für die formale Erstellung der Unterlagen und ihre Rolle.

Im ersten Schritt ist zu klären, ob es sich bei der Niederspannungsschaltgerätekombination um einen Teil einer Maschine im Sinne der Maschinenrichtlinie oder um einen Anlagenteil einer Elektroinstallation, z. B. von der Gebäudetechnik, handelt. Handelt es sich um keine Maschine, ist die Niederspanungs-Schaltgerätekombination als Teil bzw. als Betriebsmittel einer elektrischen Anlage nach der Reihe DIN VDE 0100 zu behandeln. Handelt es sich um eine Maschine, gelten für den Teil der elektrischen Ausrüstung die Anforderungen nach DIN EN 60204-1 (VDE 0113-1). In diesem Fall sind folgende Unterscheidungen in der Vorgehensweise zu beachten **(Bild 14.2)**.

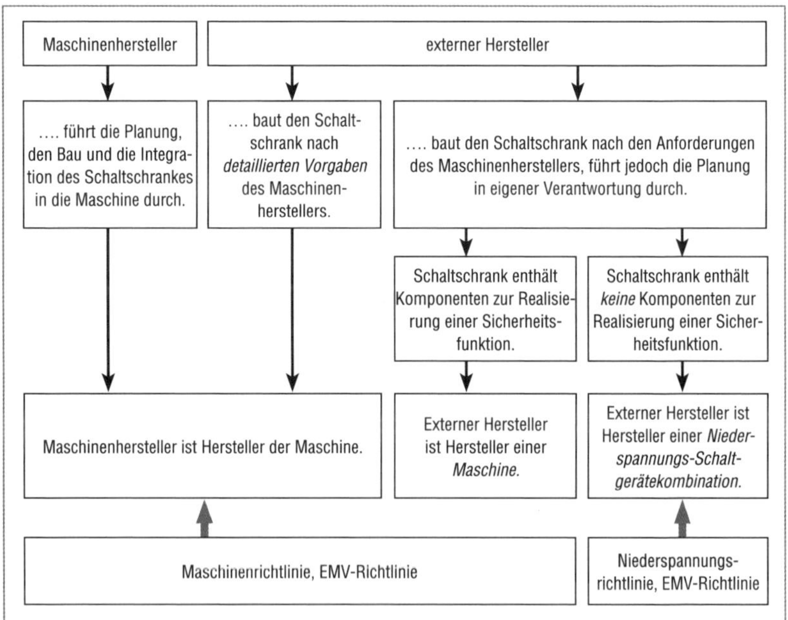

Bild 14.2 Entscheidungshilfe: Maschine oder Schaltschrank

14.2.1 Planung und Bau durch Maschinenhersteller

Führt der Maschinenhersteller die Planung, den Bau und die Integration der Niederspannungs-Schaltgerätekombination (Maschinenschaltschrank) selbst durch (Bild 14.2), ist dieser als Hersteller im Sinne der Maschinenrichtlinie zu betrachten. Der Maschinenhersteller ist demnach sowohl Zulieferer der einzelnen Ausrüstungsteile als auch Hersteller. Die elektrische Ausrüstung der Niederspannungs-Schaltgerätekombination (Maschinenschaltschrank) ist demnach Teil der Maschine. Der Maschinenhersteller hat dann die Konformitätserklärung für die Maschine nach Maschinenrichtlinie (2006/42/EG) und EMV-Richtlinie (2014/30/EU) zu erstellen. Gleiches gilt, wenn sich der Maschinenhersteller eines externen Herstellers bedient, dieser allerdings die Niederspannungs-Schaltgerätekombination nach klaren und festen Vorgaben des Maschinenherstellers herstellt. In diesem Fall gilt der externe Hersteller als verlängerte Werkbank. Auch hier tritt der Maschinenhersteller im Außenverhältnis als alleiniger Hersteller der Maschine mit den vom externen Hersteller gelieferten Niederspannungs-Schaltgerätekombinationen auf. Eine Konformitätserklärung der Niederspannungs-Schaltgerätekombinationen ist nicht erforderlich.

14.2.2 Verlängerte Werkbank

Führt ein externer Hersteller die Planungen der Niederspannungs-Schaltgerätekombinationen und der Steuerungen anhand von Spezifikationen des Maschinenherstellers in eigener Verantwortung durch (Bild 14.2), gilt der externe Hersteller als Hersteller und hat demnach die erforderlichen Konformitätserklärungen zu erstellen. Enthält der Schaltschrank Komponenten zur Realisierung einer Sicherheitsfunktion, z. B. Sicherheitsrelais, sicherheitsgerichtete Steuerungen (SPS) etc., die für den Einbau bzw. die Komplettierung einer Maschine im Sinne der Maschinenrichtlinie vorgesehen sind, gilt der externe Hersteller als Maschinenhersteller. Demnach ist vom Schaltschrankhersteller eine Konformitätserklärung für den Schaltschrank nach Maschinenrichtlinie (2006/42/EG) und EMV-Richtlinie (2014/30/EU) zu erstellen.

14.2.3 Planung und Bau durch Zulieferer

Enthält hingegen der Schaltschrank keine sicherheitstechnischen Komponenten (Bild 14.2), gilt der externe Hersteller als Hersteller einer Niederspannungs-Schaltgerätekombination. Demnach ist vom Schaltschrankhersteller eine Konformitätserklärung für den Schaltschrank nach Niederspanungs-Richtlinie (2014/30/EU) und EMV-Richtlinie (2014/30/EU) zu erstellen.

Vgl. hierzu [11], [16], [17], [20], [71], [75], [77], [78].

15 Das Energiewirtschaftsgesetz

15.1 Ziele und Zweck

Das Energiewirtschaftsgesetz (kurz EnWG) setzt die Inhalte der Richtlinie 2003/54/EG des Europäischen Parlaments und des Rates vom 26. Juni 2003 über gemeinsame Vorschriften für den Elektrizitätsbinnenmarkt und zur Aufhebung um. In seiner ursprünglichen Fassung vom 13. Dezember 1935 trat das Energiewirtschaftsgesetz im Geltungsbereich der Bundesrepublik Deutschland ab dem 16. Dezember 1935 in Kraft. Das Energiewirtschaftsgesetzt enthält grundlegende gesetzliche Regelungen zum Recht der leitungsgebundenen Energie der Elektrizitäts- und Gasversorgung.

Das Energiewirtschaftsgesetz dient gemäß § 1 den folgenden Zwecken:

- Sicherstellung einer sicheren, effizienten, verbraucherfreundlichen und umweltverträglichen leitungsgebundenen Versorgung mit Elektrizität und Gas, die zunehmend auf erneuerbaren Energien beruht;
- Sicherstellung des wirksamen und unverfälschten Wettbewerbs der Energieversorger sowie eines langfristigen Betriebs von Energieversorgungsnetzen durch Regulierung;
- Umsetzung der Europäischen Gemeinschaft auf dem Gebiet der leitungsgebundenen Energieversorgung.

Die Umsetzung des gesetzlichen Rahmens des Energiewirtschaftsgesetzes ist in folgenden Verordnungen auch für die Versorgung von Elektrizität konkretisiert:

- Stromnetzzugangsverordnung (StromNZV),
- Stromnetzentgeltverordnung (StromNEV),
- Gasnetzzugangsverordnung (GasNZV),
- Gasnetzentgeltverordnung (GasNEV),
- Anreizregulierungsverordnung (ARegV),
- Konzessionsabgabenverordnung (KAV),
- Kraftwerks Netzanschlussverordnung (KraftNAV),
- Verordnung zu abschaltbaren Lasten (AbLaV),
- Reservekraftwerksverordnung (ResKVAbLaV),
- Systemstabilitätsverordnung (SysStabV),
- Verordnung zum Schutz von Übertragungsnetzen (ÜNSchutzV),
- Gashochdruckleitungsverordnung (GasHDrLtgV),
- Ladesäulenverordnung (LSV).

In folgenden Verordnungen werden die Anforderungen für den Anschluss elektrischer Anlagen am Niederspannungsnetz konkretisiert:

- Niederspannungsanschlussverordnung (NAV) und
- Niederdruckanschlussverordnung (NDAV).

Die Versorgungssicherheit wird in folgenden Verordnungen umgesetzt:

- Stromgrundversorgungsverordnung (StromGVV),
- Gasgrundversorgungsverordnung (GasGVV),
- Messzugangsverordnung (MessZV) – 2016 durch das Gesetz zur Digitalisierung der Energiewende aufgehoben und durch das Messstellenbetriebsgesetz ersetzt.

15.2 Einhaltung der anerkannten Regeln der Technik

Für Planer und Errichter stellt sich im Grundsatz die Frage, ob die im Anwendungsfall zutreffenden VDE-Normen verbindlich einzuhalten sind. Normen haben allerdings von sich aus keinen verbindlichen und gesetzlichen Charakter. Ihre Anwendung beruht auf dem Prinzip der Freiwilligkeit. Andererseits sind Gesetze und Verordnungen einzuhalten. Über einen Verweis im Gesetzes- oder Verordnungstext wird die Brücke zwischen Gesetz auf der einen Seite und VDE-Bestimmung auf der anderen Seite geschlagen und die Art der Anwendung festgelegt.

Nach § 49 (1) EnWG sind Energieanlagen so zu errichten und zu betreiben, dass die technische Sicherheit gewährleistet ist. Dabei sind vorbehaltlich sonstiger Rechtsvorschriften die allgemein anerkannten Regeln der Technik zu beachten.

Das Energiewirtschaftsgesetz legt damit den undefinierten Oberbergriff der „technischen Sicherheit“ als oberstes Schutzziel fest. Interessanterweise bezieht sich die Gewährleistung der technischen Sicherheit sowohl auf die Errichtung als auch auf die Betriebsphase einer elektrischen Anlage. Das Energiewirtschaftsgesetz bezieht sich im Gegensatz zur Betriebssicherheitsverordnung, die sich auf den „Stand der Technik“ bezieht, auf die allgemein „anerkannten Regeln der Technik“.

Die Einhaltung der allgemein anerkannten Regeln der Technik wird nach EnWG § 49 (2) vermutet, wenn bei Anlagen zu Erzeugung, Fortleitung und Abgabe von Elektrizität die technischen Regeln des Verbandes der Elektrotechnik Elektronik Informationstechnik e.V. (kurz VDE) eingehalten worden sind.

Damit schlägt das Energiewirtschaftsgesetz für Errichter die Brücke zur Einhaltung der VDE-Bestimmungen. Daher besteht bei Einhaltung der zutreffenden VDE-Bestimmungen eine Vermutungswirkung zu Gunsten des Errichters.

Bei Anwendung der VDE-Bestimmungen und allgemein anerkannten Regeln der Technik liegt somit im Falle strafrechtlicher Konsequenzen die Beweislast bei der Staatsanwaltschaft. Erfüllt der Errichter nicht mindestens die Anforderungen der zutreffenden VDE-Bestimmungen dreht sich im Falle strafrechtlicher Konsequenzen die Beweislast um. Wodurch der Errichter den Beweis seines Nichtverschuldens führen muss. Das Nichteinhalten der VDE-Bestimmungen durch den Errichter führt somit nicht zwangsläufig zu einer strafrechtlichen Konsequenz. Allerdings könnte je nach Schadensausmaß die Beweisführung für den Errichter schwierig werden, sodass grundsätzlich von einer Abweichung von den allgemein anerkannten Regeln der Technik abzuraten ist. Das Energiewirtschaftsgesetz bezieht sich hier zum Schutz des Errichters immer auf den Errichtungszeitpunkt. Wären nicht explizit die zum Zeitpunkt der Errichtung gültigen anerkannten Regeln der Technik genannt, wäre der Errichter auch bei Nutzungsänderungen oder Änderungen in den VDE-Bestimmungen im Betrieb verantwortlich.

Die technischen Regelwerke verfügten über einen wesentlich geringeren Umfang und waren einfacher zu handhaben. Eine komplexe und schwer interpretierbare Normensprache (Kapitel 8 *Normen und VDE-Bestimmungen*) führt zu zusätzlicher Verunsicherung und verschafft dem Anwender ohne fachliche Hilfe selten Rechtssicherheit. Typisches Beispiel ist der Umgang mit Empfehlungen im Normentext und die Durchführung einer Risikobeurteilung durch Planer und Errichter. Damit stehen diese Akteure selber vor der Entscheidung, ob und welche technische Maßnahme das betrachtete Schutzziel erreicht. Hier sei noch auf ein weiteres schönes Regelwerk unseres deutschen Rechtssystems genannt: das Strafgesetzbuch. In § 13 des Strafgesetzbuchs ist der Bestand „Begehen durch Unterlassen" enthalten. Wer es demnach unterlässt, einen Erfolg herbeizuführen, der zum Tatbestand eines Strafgesetzes gehört, ist nach dem Gesetz dann strafbar, wenn er rechtlich dafür einzustehen hat, dass der Erfolg nicht eintritt, und wenn das Unterlassen der Verwirklichung des gesetzlichen Tatbestands durch sein Tun erfolgt. Jeder Planer und Errichter hat sich an den anerkannten Regeln der Technik zu orientieren und den Erfolg der Errichtung einer betriebsbereiten und sicheren elektrischen Anlage herbeizuführen. Weglassen von Schutzvorkehrungen und Maßnahmen könnte als Unterlassen des Herbeiführens eines Erfolges im Sinne von § 13 StGB ausgelegt werden. Ebenso problematisch ist die rechtssichere Dokumentation von Risiko- und Sicherheitsbewertungen durch den Errichter. Eine wissentliche und in der Risiko- und Sicherheitsbeurteilung dokumentierte Entscheidung, auf Schutzvorkehrungen und Maßnahmen zu verzichten bzw. von den anerkannten Regeln der Technik abzuweichen, könnte im Schadensfall bei strafrechtlicher Konsequenz als wissentlicher Vorsatz ausgelegt werden. In welcher Form ein Schaden eintritt und wie im Einzelfall entschieden wird, bleibt bei der individuellen Einzelfallbetrachtung offen. In jedem Fall darf der Errichter in solchen beschriebenen Fällen seine Argumente vortragen, warum von den anerkannten Regeln der Technik, Empfehlungen und Normen abgewichen wurde. Es ist eigentlich unnötig zu erwähnen, dass sich die Argumente Kostenersparnis und Wettbewerbsdruck bei Personenschäden höchst wahrscheinlich wenig in einer Argumentationskette vor Gericht eignen werden.

15.3 Weitere Regelungen

Anlagen oder Bestandteile von Anlagen gelten nach § 49 (3) EnWG ebenfalls als sicher in Übereinstimmung der Anforderungen nach § 49 Abs. 1, wenn diese nach den in einem anderen Mitgliedsstaat der Europäischen Union oder einem Vertragsstaat des Abkommens über den Europäischen Wirtschaftsraum geltenden Regelungen und Anforderungen rechtmäßig hergestellt und in den Verkehr gebracht wurden. Damit gelten gemäß den europäischen Richtlinien in den Verkehr gebrachte Betriebsmittel, Anlagen und Anlagenteile unter der Voraussetzung des bestimmungsgemäßen Anschlusses sowie des bestimmungsgemäßen Betriebs in Übereinstimmung der geltenden Vorschritten als sicher.

Nach § 49 (4) EnWG ist das Bundesministerium für Wirtschaft ermächtigt, zur Gewährleistung der technischen Sicherheit, der technischen und betrieblichen Flexibilität von Erzeugungsanlagen sowie der Interoperabilität von öffentlich zugänglichen Ladeeinrichtungen für Elektromobile durch Rechtsvorschriften mit Zustimmung des Bundesrates u. a.

- Anforderungen an die technische Sicherheit dieser Anlagen, ihre Errichtung und ihren Betrieb festzulegen,
- behördliche Anordnungsbefugnisse festzulegen, insbesondere die Befugnis, den Bau und den Betrieb von Energieanlagen zu untersagen, wenn Anlagen nicht den in der Rechtsverordnung geregelten Anforderungen entsprechen,

- Anforderungen an die technische und betriebliche Flexibilität neuer Anlagen zur Erzeugung von Energie zu erlassen.

15.4 Pflicht der Netzbetreiber

Betreiber von Elektrizitätsversorgungsnetzen sind nach EnWG § 17 verpflichtet, die Bedingungen für den Netzanschluss von Erzeugungsanlagen, Anlagen mit Speicherung sowie Anlagen, die direkt an der Kundenanlage zur Stromentnahme vorgesehen sind, festzulegen. Hierfür hat der Netzbetreiber die von ihm festgelegten Mindestanforderungen in Form der TAB (Technischen Anschlussbedingungen) öffentlich zugänglich zu machen. Diese umfassen auf Grundlage § 18 (3) EnWG Anforderungen an die Interoperabilität, die Netzverträglichkeit sowie an die technische Sicherheit. Für die Gewährleistung der technischen Sicherheit findet darüber hinaus EnWG § 49 Abs. 2 bis 4 Anwendung.

Elektrische Anlagen sind demnach so zu errichten und zu betreiben, dass die technische Sicherheit gewährleistet ist. Nach § 49 EnWG (2) wird die Einhaltung der allgemeinen anerkannten Regeln der Technik vermutet, wenn Anlagen zur Erzeugung, Fortleitung und Abgabe von Elektrizität gemäß den technischen Regeln des Verbandes der Elektrotechnik Elektronik Informationstechnik e. V. (kurz VDE) errichtet sind. Bei Anlagen oder Bestandteilen von Anlagen, die nach den in einem anderen Mitgliedstaat der Europäischen Union oder einem Vertragsstaat des Abkommens über den europäischen Wirtschaftsraum geltenden Regelungen oder Anforderungen rechtmäßig hergestellt und in den Verkehr gebracht wurden und die die gleiche Sicherheit gewährleisten, ist davon auszugehen, dass die Anforderungen nach Absatz 1 (§ 49 EnWG) an die Beschaffenheit der Anlagen erfüllt sind.

Vgl. hierzu [61].

16 Die Niederspannungsanschlussverordnung

Die Niederspannungsanschlussverordnung (NAV) regelt die Rechte und Pflichten zwischen Netzanschlussnehmer (Betreiber) und Netzbetreiber. Sie richtet sich an Tarifkunden. Die NAV wurde aufgrund §18 Abs. 3, §21b Abs. 1 Satz 1 sowie §24 Satz 1 Nr. 1, 2 und 4 in Verbindung mit Satz 2 Nr. 2 und Satz 3 in Verbindung mit §11 Abs. 2 und §115 Abs. 1 Satz 2 des Energiewirtschaftsgesetzes erlassen. Die Niederspannungsanschlussverordnung konkretisiert die Anforderungen des Energiewirtschaftsgesetzes über den leistungsgerechten Anschluss im Hinblick auf

- die gleichzeitig benötigte Leistung der Kundenanlage am Netzverknüpfungspunkt und
- die Sicherstellung der Netzstabilität und damit der Versorgungssicherheit.

16.1 Anschlussverhältnisse

Die NAV kennt folgende Anschlussverhältnisse:

- Netzanschlussverhältnis,
- Anschlussnutzungsverhältnis.

16.1.1 Netzanschlussverhältnis

Das Netzanschlussverhältnis ist in §2 der NAV geregelt. Es beschreibt die Beziehung zwischen Netzbetreiber und Tarifkunden. Und es umfasst den Anschluss der elektrischen Anlage über den Netzanschluss und dessen weiteren Betrieb. Damit besteht eine vertragliche Beziehung zwischen Anschlussnehmer mit der Kundenanlage [86] und dem Netzbetreiber am Netzverknüpfungspunkt.

Das Netzanschlussverhältnis entsteht vertraglich erstmals zwischen Anschlussnehmer, der die Herstellung des Netzanschlusses bei neuen Anschlüssen in Auftrag gibt, und Netzbetreiber in Form eines schriftlichen Vertrages. Bei bereits angeschlossenen Grundstücken oder Gebäuden entsteht das Netzanschlussverhältnis mit dem Eigentumserwerb. Handelt es sich bei dem Anschlussnehmer nicht um den Besitzer oder Erbbauberechtigten, kann dieser nur mit schriftlicher Zustimmung der Eigentümer das Netzanschlussverhältnis mit dem Netzbetreiber herstellen.

16.1.2 Anschlussnutzungsverhältnis

Das Anschlussnutzungsverhältnis räumt dem Anschlussnutzer das Recht zur Entnahme elektrischer Energie ein. Im Gegensatz zum Anschlussnehmer ist der Anschlussnutzer, wie der Name schon sagt, Nutzer einer elektrischen Anlage in Form einer Wohn- oder Nutzungseinheit. Es kann sich dabei sowohl um den Eigentümer als auch um den Mieter handeln.

Das Anschlussnutzerverhältnis kommt dadurch zustande, dass über den Netzanschluss Elektrizität aus dem Verteilnetz entnommen wird, wenn der Anschlussnutzer spätestens zum Zeitpunkt der erstmaligen Entnahme einen Vertrag über den Bezug hat oder die Voraussetzungen einer Ersatzversorgung nach §38 EnWG vorliegen und dem Anschlussnutzer oder dessen Lieferanten ein Recht auf Netzzugang nach §20 EnWG zusteht. Im klassischen Sinne handelt es sich beim Anschlussnutzer demnach um den Mieter der Wohn- oder Nutzungseinheit.

16.2 Elektrische Anlage im Sinne der NAV

In der NAV sind in § 13 (1) die Grenzen des Verantwortungsüberganges zwischen Netzbetreiber und Anschlussnehmer festgelegt. Damit liegt die Verantwortung für die ordnungsgemäße Errichtung, Erweiterung, Änderung und Instandhaltung der elektrischen Anlage beim Anschlussnehmer.

Die Messstellen fallen in das Messstellengesetz, wodurch der Betrieb der Messstelle in den Verantwortungsbereich des Messstellenbetreibers fällt. Demnach sind die Messstellen aus dem Verantwortungsbereich des Anschlussnehmers ausgenommen.

Nach NAV § 13 (2) sind unzulässige Rückwirkungen auszuschließen. Die Anforderung ist in der Sicherstellung der Netzqualität und Versorgungssicherheit des Netzbetreibers begründet. Diese beziehen sich deshalb auf den Netzverknüpfungspunkt.

Für die Gewährleistung des sicheren und störungsfreien Betriebes darf die Anlage nach NAV § 13(2) nur nach den allgemein anerkannten Regeln der Technik errichtet, erweitert, geändert und instandgehalten werden. Hierzu setzt die NAV, vorbehaltlich anderer Rechtsvorschriften, auf die Anforderungen des Energiewirtschaftsgesetzes § 49 Abs. 2 Nr. 1. In Bezug auf die Einhaltung der zum Errichtungszeitpunkt gültigen VDE-Bestimmungen greift demnach die Vermutungswirkung wie unter Kapitel 15 *Das Energiewirtschaftsgesetz* beschrieben.

Arbeiten am Netzanschlusspunkt, also die Herstellung des Netzanschlusses sowie das Abstellen des Netzanschlusses, dürfen ausschließlich durch den Netzbetreiber oder durch ein von ihm beauftragtes eingetragenes Unternehmen durchgeführt werden. Der Netzbetreiber darf die Arbeiten überwachen. Im Interesse des Anschlussnehmers (siehe auch Abschnitt 16.1 *Anschlussverhältnis*) ist abhängig von den Arbeiten ein Nachweis über die Qualifikation vom beauftragten Unternehmen zu erbringen.

16.3 Inbetriebsetzung und Überprüfung der elektrischen Anlage

Die Inbetriebsetzung des Netzanschlusses an das Verteilnetz ist durch den Netzbetreiber oder dessen Beauftragten durchzuführen. Dies umfasst die Inbetriebsetzung des Netzanschlusses bis zu der in den TAB definierten Trennvorrichtung. Die Anlage hinter der Trenneinrichtung ist ausschließlich durch das Installationsunternehmen in Betrieb zu setzen.

Der Netzbetreiber ist auf Grundlage von § 15 der NAV berechtigt, eine Überprüfung der elektrischen Anlage durchzuführen oder durch ein beauftragtes Unternehmen zu veranlassen. Von diesem Recht kann der Netzbetreiber auch während des Betriebes Gebrauch machen, sofern er damit das Ziel verfolgt, unzulässige Rückwirkungen auf Einrichtungen des Netzbetreibers oder Dritter auszuschließen.

Im Rahmen der Überprüfung hat nach NAV § 15 (2) und (3) der Netzbetreiber folgende Befugnisse und Verpflichtungen:

- Abschaltung einer Kundenanlage oder Verweigerung des Anschlusses, sofern Mängel festgestellt werden, die die Sicherheit gefährden oder erhebliche Störungen erwarten lassen;
- bei Gefahr für Leib und Leben ist der Netzbetreiber zur Abschaltung verpflichtet;
- bei Vornahme des Netzanschlusses haftet der Netzbetreiber nicht;
- von der Haftung ist der Netzbetreiber befreit, wenn der Anschlussnehmer die Überprüfung des Netzbetreibers unterlässt.

16.4 Anwendung der TAB

Auf Grundlage der NAV § 1 Abs. 1 gelten die Technischen Anschlussbedingungen des jeweils zuständigen Netzbetreibers. Die Anforderungen gelten für Anlagen, die neu an das Verteilnetz angeschlossen, erweitert oder verändert werden.

Hierzu ist der Netzbetreiber gemäß § 20 NAV berechtigt, weitere technische Anforderungen in Form von Technischen Anschlussbedingungen an den Netzanschluss und andere Anlagenteile sowie an den Betrieb der Anlage einschließlich der Eigenanlagen festzulegen, soweit dies im Hinblick auf die sichere und störungsfreie Versorgung erforderlich ist. Unter den genannten Bedingungen endet somit die Befugnis des Netzbetreibers nicht am Netzanschlusspunkt. Der Netzbetreiber ist berechtig, den Netzanschluss zu verweigern oder den Anschluss stillzulegen.

Zu den technischen Anschlussbedingungen der Netzbetreiber wurde im April 2019 die neue Ausgabe der VDE-AR-N 4100:2019-04 „Technische Regeln für den Anschluss von Kundenanlagen an das Niederspannungsnetz und deren Betrieb (TAR Niederspannung)" veröffentlicht. Diese gilt parallel mit der VDE-AR-N 4105:2018-11 „Erzeugungsanlagen am Niederspannungsnetz – Technische Mindestanforderungen für Anschluss und Parallelbetrieb von Erzeugungsanlagen am Niederspannungsnetz". Beide Anwendungsregeln sind bei Neuerrichtung, Erweiterung und wesentlicher Änderung ab 27.04.2019 auf Grundlage von § 19 EnWG verbindlich anzuwenden. Die folgenden Regelwerke wurden im Zuge dessen zurückgezogen und dürfen nicht mehr angewendet werden:

- VDN-Richtlinie „Überspannungs-Schutzeinrichtungen Typ 1",
- VDN-Richtlinie „Notstromaggregate", 2004,
- VDE-Anwendungsregel VDE-AR-N 4101,
- VDE-Anwendungsregel VDE-AR-N 4102 „Technische Anforderungen an den Zugang zu Niederspannungsnetzen des Distribution Code 2007",
- DIN VDE 0100-732:1995-07 „Hausanschlüsse in öffentlichen Kabelnetzen",
- VDEW „Anforderung an Plombenverschlüsse".

Mit den Anwendungsregeln VDE-AR-N 4100 und VDE-AR-N 4105 wurden zudem die technischen Mindestanforderungen für Anschluss und Betrieb von Erzeugungsanlagen am Nieder- und Mittelspannungsnetz der allgemeinen Versorgung in Deutschland entsprechend der folgenden EU-Verordnungen auf nationaler Ebene verbindlich als allgemein anerkannte Regeln der Technik umgesetzt:

- Richtlinie (EU) 2015/1535 des Europäischen Parlaments und des Rates vom 9. September 2015 über ein Informationsverfahren auf dem Gebiet der technischen Vorschriften und der Vorschriften für die Dienste der Informationsgesellschaft,
- Verordnung (EU) 2016/631 der Kommission vom 14. April 2016 zur Festlegung eines Netzkodex mit Netzanschlussbestimmungen für Stromerzeuger (NC RfG) und
- Verordnung (EU) 2016/1388 der Kommission vom 17. August 2016 zur Festlegung eines Netzkodex für den Lastanschluss (NC DCC).

Diese Verordnungen gelten als gesamteuropäisch harmonisierte Vorschriften für die am Stromnetz angeschlossenen Anlagen. Die nationale Umsetzung dieser Verordnungen erfolgt über die allgemein anerkannten Regeln der Technik (VDE/FNN).

Die VDE-AR-N 4100 fasst die technischen Mindestanforderungen an Kundenanlagen am Niederspannungsnetz für die Planung, Errichtung und den Betrieb zusammen. Sie ist für neu errichtete Anlagen sowie bei Änderung und Erweiterung anzuwenden.

Für Erzeugungsanlagen am Niederspannungsnetz finden ergänzend die Anforderungen nach VDE-AR-N 4105 Anwendung. Die Anwendungsregel VDE-AR-N 4105 gilt für Erzeugungsanlagen (PV-Anlage, BHKWs etc.) und Speicher sowie für rückspeisefähige Ladeeinrichtungen für Elektrofahrzeuge sowie für Erzeugungsanlagen mit einer maximalen Wirkleistung unter 0,8 kW.

Vgl. hierzu [61], [86], [87], [94].

17 Bestandsschutz und Anpassung

17.1 Bestandsschutz

Unter Bestandsschutz ist im Allgemeinen die Eigentumsgarantie nach Art. 14 (1) Grundgesetz (GG) zu verstehen. Demnach dient der Bestandsschutz dem *„Schutz eines bereits vorhandenen Bestandes oder einer bereits vorhandenen Position“*. Dadurch darf eine rechtmäßig geschaffene bauliche Anlage auch dann weiter bestehen bleiben und genutzt werden, wenn die Rechtslage und die damit verbundenen Bestimmungen geändert werden.

Der Begriff Bestandsschutz im Sinne des Baurechts beschreibt den Umstand, dass eine Anlage oder ein Bauwerk nach einer Genehmigung weiter betrieben werden darf, obwohl neuere Gesetze, Normen und andere nach der Errichtung gestellte Anforderungen verschärft werden. Damit bedeutet der Bestandsschutz im Baurecht, dass eine rechtmäßig errichtete bauliche Anlage bei nachträglicher Änderung des öffentlichen Rechts nicht durch die Rechtsänderung rechtswidrig wird. Der Bestandsschutz besteht für einen Baubestand erst, wenn das Vorhaben im Wesentlichen bzw. vollständig fertiggestellt ist und folgende Voraussetzungen erfüllt sind:

- Der Bestand muss funktionsgerecht nutzbar sein,
- der Bestand muss legal errichtet sein,
- die Fortdauer der Nutzung muss gegeben sein,
- es darf keine Gefahr für Leib und Leben bestehen,
- es darf keine Brandgefahr bestehen.

Der Begriff „Bestandsschutz“ ist nach DIN VDE 0100-200 nicht definiert. Die Definition des Bestandsschutzes gibt es demnach im Sinne der Errichtung elektrischer Anlagen nicht. Auch das Energiewirtschaftsgesetz kennt keinen Bestandsschutz. Hier wird gerne die sogenannte Vermutungswirkung fälschlicherweise als Bestandsschutz verstanden. Nach EnWG § 49 wird lediglich die Sicherheit einer elektrischen Anlage vermutet, wenn sie zum Errichtungszeitpunkt den gültigen VDE-Bestimmungen entspricht. Eine Vermutungswirkung ist jedoch weder als Bestandsschutz noch als Haftungsfreiheit für den Errichter zu verstehen. Es bedeutet nur, dass die Staatsanwaltschaft im Falle eines durch die elektrische Anlage verursachten

Personenschadens die Beweisführung für die Schuld des Errichters zu führen hat. Bei Nichteinhaltung der zum Errichtungszeitpunkt gültigen VDE-Bestimmungen läge so die Beweisführung, dass die elektrische Anlage nicht schadensursächlich ist, beim Errichter.

Für bestehende elektrische Anlagen und unveränderte Teile davon besteht keine grundsätzliche Anpassungspflicht, sofern der sichere und störungsfreie Betrieb einer Kundenanlage sichergestellt ist und diese nach den zum Errichtungszeitpunkt gültigen VDE-Bestimmungen errichtet wurde, diesen noch entspricht und weder privatrechtliche Regelungen (z. B. aus dem Versicherungsvertrag) noch Folgenormen oder andere Regelwerke eine Anpassung an den aktuellen Stand der Technik fordern.

17.2 Erweiterung

Von einer Erweiterung der elektrischen Anlage spricht man, wenn in einer bestehenden elektrischen Anlage Stromkreise und Betriebsmittel errichtet werden. Der bestehende Anlagenteil bleibt dadurch unverändert, während der erweiterte Teil den derzeit gültigen VDE-Bestimmungen entsprechend errichtet sein muss. Typische Erweiterungen in bestehenden elektrischen Anlagen sind:

- Erweiterung einer Anschlussnutzeranlage um einen Stromkreis, der zum Laden von Elektrofahrzeugen vorgesehen ist,
- Errichtung einer Erzeugungsanlage (PV-Anlage, BHKW, Speicher) in einer bestehenden elektrischen Anlage,
- Erweiterung von Unterverteilungen mit Endstromkreisen im Rahmen von Sanierungsarbeiten und Erweiterungen bestehender Gebäude,
- Installation weiterer Schukosteckdosen in einem bestehenden Endstromkreis.

17.3 Wesentliche Änderung und Anpassung

17.3.1 Änderung elektrischer Anlagen

Von der Änderung einer elektrischen Anlage kann dann gesprochen werden, wenn mehr oder weniger umfangreiche Maßnahmen umgesetzt werden, beispielsweise das Versetzen einer Steckdose im Zuge von baulichen Veränderungen. Die Änderung einer bestehenden elektrischen Anlage muss jedoch keine Modernisierung sein, insbesondere dann nicht, wenn eine Verbesserung des Zustandes nicht vorgenommen wird.

Eine „wesentliche Änderung“ in bestehenden Kundenanlagen liegt nach VDE AR-N 4100 Abs. 4.4 bei Erweiterungen, Nutzungsänderungen oder Änderung der Betriebsbedingungen vor. In diesen Fällen hat der Errichter die Notwendigkeit einer Anpassung der bestehenden Kundenanlage zu prüfen und diese erforderlichenfalls anzupassen. Nach VDE AR-N 4105 stellt eine gleichwertige Änderung oder ein Austausch von Komponenten der Erzeugungseinheit oder des Speichers und Anlagenteilen im Sinne der Instandsetzung keine wesentliche Änderung dar, wodurch keine Pflicht zur Anpassung abgeleitet werden kann.

17.3.2 Anpassung

Eine Anpassung elektrischer Anlagen umfasst Maßnahmen zur Modernisierung, die der Verbesserung ihres Zustandes dienen. Verbesserung bedeutet in diesem Zusammenhang die nachhaltige Erhöhung ihres Gebrauchswertes. Dieses ist beispielsweise gegeben, wenn durch diese Maßnahme ein höherer Komfort oder auch ein höheres Sicherheitsniveau, z. B. durch zusätzliche Stromkreise, erreicht wird. Eine Pflicht zur Anpassung bestehender elektrischer Anlagen besteht, wenn ein Weiterbetrieb unzumutbar oder gefährlich ist, z. B. bei Mängeln, durch die Gefahr für Leib und Leben besteht. Eine Anpassung ist zudem erforderlich bei:

- Erneuerung und Erweiterung,
- wesentlicher Änderung,
- wenn Folgenormen oder gesetzliche Auflagen eine Anpassung fordern,
- wenn sich die Nutzungsbedingungen ändern,
- wenn die elektrische Anlage die Nutzungszeit erreicht hat.

Im Rahmen der Anpassung sind immer die zum Zeitpunkt der Anpassung gültigen VDE-Bestimmungen und technischen Regeln zu beachten. Änderung der bestehenden Betriebs- und Umgebungsbedingungen erfordern eine Prüfung, ob die elektrische Anlage für den neuen Anwendungszweck den derzeit gültigen Regeln der Technik entspricht. Andernfalls ist die elektrische Anlage an den derzeit gültigen Stand der Technik anzupassen.

Eine Instandsetzung hingegen kann nach den zum Errichtungszeitpunkt gültigen Regeln erfolgen. Hier besteht keine Anpassungspflicht. Eine verbindliche Pflicht zu Anpassung an den „Stand der Technik“ kann ausschließlich von autorisierten Stellen, zum Beispiel von den Berufsgenossenschaften oder behördlichen Stellen, verbindlich gefordert werden. Privatrechtlich kann eine Notwendigkeit zur Anpassung auf Grundlage des Versicherungsvertrages erfolgen.

Die Pflicht zur Anpassung der Kundenanlage besteht u. a. bei

- Erhöhung der benötigten Leistung,
- Änderung des haushaltsüblichen Verbrauchsverhalten in Anwendungen mit Dauerstrom (z. B. Errichtung von Ladesystemen für Elektrofahrzeuge),
- Nachrüstung von steuerbaren Verbrauchseinrichtungen nach § 14a EnWG,
- Umwandlung der Bezugsanlage in eine Bezugsanlage mit Netzeinspeisung,
- Änderung der Raumnutzung,
- Änderung einer Anschlussnutzeranlage von einem einphasigen in einen dreiphasigen Anschluss und/oder
- Änderung der Netzform.

Bei Erzeugungsanlagen und Speichern liegt bei Änderung der vereinbarten Netzanschlussleistung S_{Amax} um > 10 % eine Verschlechterung der Netzrückwirkungen um die gültigen Grenzwerte vor. Ebenso sind eine Änderung des Schutzkonzeptes sowie eine Änderung der eingespeisten Leistung als eine wesentliche Änderung einzustufen, wodurch die Notwendigkeit einer Anpassung besteht.

Vgl. hierzu [61], [86], [87], [94], [96].

18 Die Betriebssicherheitsverordnung

Die Betriebssicherheitsverordnung legt die Schutzziele an Arbeitsmittel und überwachungsbedürftige Anlagen fest. Das Schutzziel geht einher mit der Sicherstellung des sicheren Betriebes, der sicheren und bestimmungsgemäßen Handhabung sowie weiterer Gefährdungen. Als Arbeitsmittel bezeichnet man im Kontext der Betriebssicherheitsverordnung Werkzeuge, Geräte, Maschinen oder Anlagen, die für die Arbeit verwendet werden. Besonderes Augenmerk gilt dabei den überwachungsbedürftigen Anlagen, wozu Druckbehälter, Aufzüge und explosionsgefährdete Anlagen zählen.

Nach BetrSichV §4 (1) 2. hat der Arbeitgeber als Grundpflicht für die Verwendung von Arbeitsmitteln im Rahmen der Gefährdungsbeurteilung Schutzmaßnahmen gemäß dem Stand der Technik festzulegen. Als Stand der Technik gilt gemäß BetrSichV §2 (10) der Entwicklungsstand fortschrittlicher Verfahren, Einrichtungen oder Betriebsweisen, welcher die praktische Eignung einer Maßnahme oder Vorgehensweise zum Schutz der Gesundheit und zur Sicherheit der Beschäftigten oder anderer Personen gesichert erscheinen lässt. Bei der Bestimmung des Stands der Technik sind insbesondere vergleichbare Verfahren, Einrichtungen oder Betriebsweisen heranzuziehen, die mit Erfolg in der Praxis erprobt worden sind. Dazu hat der Arbeitgeber in regelmäßigen Abständen festzustellen, dass die verwendeten Arbeitsmittel – entsprechend des Stands der Technik – sicher sind. Einen Bestandsschutz, wie man ihn aus dem Baurecht kennt, gibt es nach der Betriebssicherheitsverordnung demnach nicht.

18.1 Die Gefährdungsbeurteilung

Nach BetrSichV §3 (1) hat der Arbeitgeber vor der Verwendung von Arbeitsmitteln im Rahmen einer Gefährdungsbeurteilung die auftretenden Gefährdungen zu beurteilen und falls erforderlich geeignete Schutzmaßnahmen festzulegen. Grundsätzlich sind Arbeitsmittel zu verwenden, die im europäischen Wirtschaftsraum in Verkehr gebracht wurden und demnach über eine CE-Kennzeichnung verfügen. Allerdings entbindet das Vorhandensein einer CE-Kennzeichnung auf einem Arbeitsmittel den Arbeitgeber nicht von einer Durchführung der Gefährdungsbeurteilung. Hier hat der

Arbeitgeber die Gefährdungen bei der Verwendung des Arbeitsmittels unter Berücksichtigung der Montage- und Bedienungsanleitungen, der Arbeitsumgebung und des Nutzers zu beurteilen und erforderlichenfalls weitere Maßnahmen festzulegen. Die Arbeitsmittel müssen hierzu für den Einsatzzweck (bestimmungsgemäße Verwendung) geeignet sein. Dies umfasst u. a. die Arbeitsumgebung und die Art der Tätigkeit sowie die Qualifikation der Beschäftigten.

Die aus der Gefährdungsbeurteilung resultierenden Maßnahmen sind nach dem sogenannten TOP-Prinzip festzulegen. Das TOP-Prinzip beschreibt nach TRBS 1111 die Handlungsgrundsätze zur Festlegung der Schutzmaßnahmen. Es steht für

- T: technisch,
- O: organisatorisch,
- P: persönlich.

Diese Grundsätze besagen, dass eine technische Maßnahme zur Reduzierung der möglichen Gefährdungssituation vor einer organisatorischen Maßnahme oder einer persönlichen Maßnahme im Rahmen der Gefährdungsbeurteilung festzulegen und umzusetzen ist.

Der Arbeitgeber hat die Beschäftigten in die Lage zu versetzten, die Arbeitsmittel sicher und bestimmungsgemäß im Rahmen der Tätigkeiten zu verwenden. Hierzu hat der Arbeitgeber nach BetrSichV § 12 die Beschäftigten anhand der Gefährdungsbeurteilung über die Gefährdungen bei der Verwendung einschließlich der damit verbundenen Gefährdungen durch die Arbeitsumgebung und die sichere und bestimmungsgemäße Handhabung zu unterweisen und die erforderlichen Informationen zugänglich zu machen. Die Unterweisung sowie die bereitgestellten Informationen sind entsprechend dem Ausbildungs- und Kenntnisstand der Beschäftigten in verständlicher Form und Sprache zu verfassen. Die Unterweisung muss zudem erforderliche Schutzmaßnahmen und Verhaltensregeln wie die Verwendung von persönlicher Schutzausrüstung enthalten. Die Beschäftigten sind dazu auch über Maßnahmen bei Betriebsstörungen, Unfällen und zur Ersten Hilfe bei Notfällen zu unterweisen. Die Unterweisung hat vor der erstmaligen Arbeitsaufnahme und mindestens jährlich zu erfolgen. Die Unterweisung ist mit Namen der Unterwiesenen schriftlich zu dokumentieren.

Nicht jeder Beschäftigte ist befugt und ausgebildet, jedes Arbeitsmittel zu verwenden. Dies trifft insbesondere zu, wenn mit der Verwendung des Arbeitsmittels besondere Gefährdungen verbunden sind und diese ausschließlich nur von bestimmten Personen verwendet werden dürfen. Hier hat der

Arbeitgeber im Rahmen der Organisation, z. B. durch Arbeitsmittelbeauftragte, und der Unterbringung der Arbeitsmittel in abgeschlossenen Bereichen dafür zu sorgen, dass diese ausschließlich von den beauftragten Personen verwendet werden.

Bei der Zusammenarbeit verschiedener Arbeitgeber in einem Betrieb mit betriebsfremdem Personal obliegt dem Arbeitgeber des Betriebes die Organisationspflicht und der Austausch mit den Fremdunternehmen hinsichtlich der Gefährdungen und Verhaltensregeln im Betrieb. Können Gefährdungen nicht ausgeschlossen werden, haben alle Beteiligten – also alle betroffenen Arbeitgeber –bei der Gefährdungsbeurteilung zusammenzuwirken.

Beispiel
Ein Arbeitgeber betreibt mehrere Werkzeugmaschinen. Im Rahmen der Gefährdungsbeurteilung werden rotierenden Teile, die sich nicht im Arbeitsbereich der Maschine befinden, als Gefahrenort identifiziert. Es liegen Gefährdungen durch Einziehen aufgrund offener Getriebeteile und Quetschgefahren durch Zahnräder vor. Der Arbeitgeber möchte keine Maßnahmen durchführen und argumentiert, dass die Maschine CE-konform ist. Bei der jährlichen Überprüfung im Rahmen der Gefährdungsbeurteilung legt er fest, dass gut sichtbar an der Gefahrenstelle ein Warnhinweis anzubringen ist und die Beschäftigten auf die Gefahrenstelle hingewiesen werden sollen. Mit dieser Ausführung hat der Arbeitgeber gleich zweimal entgegen den Grundsätzen der Betriebssicherheitsverordnung argumentiert. Durch Anbringen einer mechanischen Umwehrung, also einer technischen Maßnahme, wäre die Gefahrenstelle mit wirtschaftlich vertretbarem Aufwand abgestellt. Durch Anbringen des Warnhinweises und den Hinweis an die Beschäftigten hat der Arbeitgeber jedoch eine organisatorische Lösung einer möglichen technischen vorgezogen, sodass hier die Maßnahme als unzureichend zu bewerten ist. Zudem ist zu diesem Beispiel nebenbei zu erwähnen, dass das Anbringen eines Warnhinweises im Falle eines Personenschadens (Arbeitsunfall) im Rahmen von zivilrechtlichen Verfahren als bewusste Handlung interpretiert wird und so ein Vorsatz abgeleitet werden könnte.

18.2 Aspekte der Gefährdungsbeurteilung

Die Gefährdungsbeurteilung ist nach TRBS 111 Abs. 5 durchzuführen. Die Festlegung der Schutzmaßnahmen umfasst grundsätzlich folgende Aspekte, die unter Beachtung der Grundsätze des TOP-Prinzips festzulegen sind:

- Grundlegende Schutzmaßnahmen (BetrSichV § 6),
- Schutzmaßnahmen bei Gefährdungen durch Energien durch An- und Abfahren von Arbeitsmitteln (BetrSichV § 8),
- weitere Schutzmaßnahmen (BetrSichV § 9),
- Schutzmaßnahmen bei Instandhaltung oder Änderung von Arbeitsmitteln (BetrSichV § 10),
- Schutzmaßnahmen für besondere Betriebszustände, bei Betriebsstörungen, Unfällen und Notfällen (BetrSichV § 11) und
- Schutzmaßnahmen zum Brand- und Explosionsschutz.

Bei der Gefährdungsbeurteilung sind nach TRBS 1111 Abs. 4.2 alle vorhersehbaren Tätigkeiten während der Verwendung zu berücksichtigen. Für die Durchführung eignet sich der Gefährdungskatalog nach DIN ISO 12100.

18.2.1 Grundlegende Schutzmaßnahmen

Die grundlegenden Aspekte umfassen nach BetrSichV § 6 die allgemeine Handhabung der Arbeitsmittel. Hierzu hat der Arbeitgeber die Verwendung und die Arbeitsumgebung entsprechend den ergonomischen Gestaltungsleitsätzen zu gestalten. Unter ergonomischen Zusammenhängen ist die Anpassung eines Arbeitsmittels und seiner Verwendung an den Menschen zu verstehen. Dabei ist insbesondere das Zusammenwirken von folgenden Aspekten zu berücksichtigen:

- Beschäftigte,
- Arbeitsmittel,
- Arbeitsgegenstände,
- Arbeitsplatz und Einsatzbedingungen,
- Arbeitsorganisation,
- Arbeitsabläufe sowie
- Arbeitsaufgabe.

Es sind darunter belastungsbedingte Fehlbeanspruchungen durch falsche Körperhaltung, Heben und Tragen von Lasten zu berücksichtigen. Die Arbeitsmittel einschließlich ihrer Schnittstelle müssen an die körperlichen Eigenschaften, die Kompetenz der Beschäftigten sowie deren Arbeitstempo angepasst sein. Bedien- und Überwachungstätigkeiten stellen eine organisatorische Maßnahme dar. Bedien- und Überwachungstätigkeiten, die eine uneingeschränkte und dauernde Aufmerksamkeit erfordern, sind möglichst zu vermeiden.

18.2.2 Schutzmaßnahmen bei Gefährdungen durch Energien durch An- und Abfahren von Arbeitsmitteln

Es sind Schutzmaßnahmen bei Gefährdungen durch Energien durch Ingangsetzen und Stillsetzen von Arbeitsmitteln festzulegen. Der Begriff Energie bezieht sich im Sinne der Anforderung nicht ausschließlich auf elektrische Energie, sondern umfasst alle damit auftretenden mechanischen Gefährdungen durch bewegliche Teile, Abbremsen, Stillsetzen, Herausfallen etc. Damit sind auch die typischen Schnittstellen zwischen der allgemeinen elektrischen Anlage im Anwendungsbereich der DIN VDE 0100 und den Schutzzielen aus der Maschinenrichtlinie, insbesondere den Anforderungen an die elektrische Ausrüstung von Maschinen nach DIN EN 60204-1 (VDE 0113-1), zu beachten.

Bei Schutz gegen elektrischen Schlag darf sowohl von handgeführten elektrischen Betriebsmitteln, elektrischen Anlagen und ortsfesten Betriebsmitteln sowie von ortsfesten Maschinen im Anwendungsbereich der Maschinenrichtlinie keine Gefahr ausgehen. Die Arbeitsmittel müssen demnach entsprechend den Schutzzielen wie folgt beschaffen sein:

- Der Schutz gegen direktes Berühren muss sichergestellt sein. Beschädigte oder fehlende Abdeckungen sind instand zu setzen und „alte" Betriebsmittel, z. B. Steuerschränke, sind nachzurüsten. Gefährdungen durch elektrostatische Aufladungen sind zu vermeiden.
- Der Schutz bei indirektem Berühren muss nach DIN VDE 0100-410 wirksam sein. Der Nachweis ist durch Prüfung der elektrischen Anlage nach DIN VDE 0105-100/A1 und für ortsveränderliche Arbeitsmittel nach DIN VDE 0701/0702 im Rahmen der wiederkehrenden Prüfung zu erbringen.
- Die Störung der Energieversorgung darf nicht zu Gefährdungssituationen in Form von unbeabsichtigter Bewegung oder Freigabe elektrischer Spannungen führen. Die Maschinen dürfen nicht unbeabsichtigt in Gang gesetzt werden können. Das heißt, dass u. a. bei Wegfall der Stromversorgung die Maschine bei Spannungswiederkehr nicht automatisch anlaufen darf.

- Das Bedienen, Steuern und Erkennen von Betriebszuständen muss jederzeit klar ersichtlich sein. Sicherheitstechnische Mess-, Steuer- und Regeleinrichtungen müssen demnach zuverlässig funktionieren. Bedienelemente müssen erkennbar sein und außerhalb von Gefahrenbereichen angeordnet sein. Befehle zum Stillsetzen müssen immer Vorrang haben. Fehlerhafte Bedienungen sind durch Verriegelungen, z. B. in Form einer vorgegebenen Schaltfolge, zu verhindern.
- Arbeitsmittel, Anlagen und Maschinen dürfen nur beabsichtigt und durch befugtes Personal in Gang gesetzt werden. Das Ingangsetzen ist, falls erforderlich, technisch durch Schlüsselschalter o. ä. zu verhindern.

Die Prüfung von Arbeitsmitteln umfasst zudem weitere vorhersehbare Aspekte der Sicherheit und mechanische Gefährdungen durch herausschleudernde Teile, Belastung innerer und äußerer Kräfte der Arbeitsmittel sowie weitere Gefährdungen durch das Arbeitsmittel bei der Verwendung während der Betriebsphasen. Im Einzelnen sind folgende Aspekte zu prüfen:

- Standsicherheit, Bruchgefahr und mechanische Stabilität des Arbeitsmittels,
- Vorhandensein der erforderlichen Schutzausrüstungen (Schutzgitter, Abdeckungen, trennende Schutzeinrichtungen),
- der sichere Zugang und Aufenthalt in den Bereichen des Arbeitsmittels in Verbindung mit der Arbeitsplatzumgebung, darunter auch Schutzvorkehrungen gegen Absturz,
- Maßnahmen gegen unbeabsichtigtes Einschließen im Arbeitsmittel, z. B. Totmannschalter etc.,
- Maßnahmen gegen äußere Einwirkungen, z. B. IP-/IK-Schutzart von elektrischen Betriebsmitteln, Anfahrschutz etc.,
- Gefährdungen durch die Leitungsverlegung, z. B. Stolpergefahren in Verkehrswegen, Beschädigungen durch Leitungsführungen über scharfe Kanten etc.,
- Maßnahmen zur Verhinderung von Gefährdungen aufgrund außer Betrieb genommener Arbeitsmittel, z. B. automatischer Anlauf,
- Gefährdungen durch heiße Oberflächen und heiße Teile,
- Vollständigkeit und Ausführung der Sicherheitskennzeichen.

Des Weiteren sind Schritte zu prüfen, bei denen Vorrichtungen und Maßnahmen unwirksam werden können. Hierzu zählen die Aspekte der Stabilität der trennenden Schutzeinrichtungen, mechanische Festigkeit der Abdeckungen, Maßnahmen gegen Manipulation der Schutzeinrichtungen und mögliche Einschränkungen des Arbeitszyklus.

Bei Arbeitsmitteln, die in explosionsgefährdeter Atmosphäre verwendet werden oder aufgrund des Arbeitsprozesses explosionsfähige Atmosphären verursachen, sind unter Beachtung der Gefahrstoffverordnung und den Aspekten des Explosionsschutzes im Betrieb Instandhaltungsmaßnahmen zu prüfen.

18.2.3 Schutzmaßnahmen bei Instandhaltung oder Änderung von Arbeitsmitteln

Im Rahmen der Prüfung von Arbeitsmitteln sind die geltenden Sicherheits- und Gesundheitsanforderungen bei Instandhaltung und möglichen Änderungen der Arbeitsmittel während der gesamten Lebensdauer zu berücksichtigen. Hierzu sind auch durch den Hersteller vorgegebene Maßnahmen zu berücksichtigen. Bei Schutzmaßnahmen bei Instandhaltungstätigkeiten handelt es sich vorwiegend um organisatorische Maßnahmen, die ausschließlich von entsprechend unterwiesenen Personen durchzuführen sind. Das Personal muss über sämtliche Gefährdungen unterrichtet werden und falls erforderlich im Umgang mit persönlicher Schutzausrüstung unterwiesen werden. Diese ist vom Arbeitgeber zur Verfügung zu stellen. Organisatorisch sind bei Instandhaltungsarbeiten an Arbeitsmitteln, darunter Anlagen und Maschinen, erforderliche Maßnahmen festzulegen. Hierzu zählt u. a.:

- Organisation der Zuständigkeiten für die Instandhaltungsmaßnahmen,
- Absicherung von Gefahrenbereichen mit Abgrenzungen und Warnhinweisen,
- Herstellung sicherer Zugänge zu den Arbeitsbereichen,
- Sicherstellung der Kommunikation zwischen Bedien- und Instandhaltungspersonal,
- Trennung des Arbeitsmittels von elektrischen Energiequellen mit Durchführung der 5 Sicherheitsregeln (falls keine vollständige Abschaltung erfolgt, sind Gefahrenbereiche abzuschranken),
- Vorhandensein der erforderlichen Dokumentation, darunter die Angaben der Hersteller, Betriebsanweisungen, technische Dokumentationen,
- Verwendung von geeignetem Werkzeug und, falls erforderlich, geeigneter persönlicher Schutzausrüstung (siehe auch Ex-Bereiche).

18.2.4 Schutzmaßnahmen zum Brand- und Explosionsschutz

Der Explosionsschutz basiert auf einem dreistufigen System. Auf der ersten Stufe soll die Entstehung einer explosionsgefährlichen Atmosphäre vermieden werden (primärer Explosionsschutz). Damit ist das Verhältnis von Luft-Gas-Gemischen außerhalb des explosionsfähigen Bereiches zu halten. Beim sekundären Explosionsschutz ist die Zündquelle durch geeignete Auswahl von Betriebsmitteln und Vorkehrungen zu vermeiden. In der dritten Stufe, dem tertiären Explosionsschutz, wird die Explosion kontrolliert abgeleitet.

Seit der Novellierung der Betriebssicherheitsverordnung (BetrSichV) vom 01. Juni 2015 gibt es einige Änderungen für Arbeitgeber und Betreiber von Anlagen in explosionsgefährdeten Bereichen. Teile der BetrSichV wurden ausgegliedert und in die Gefahrstoffverordnung (GefStoffV) übernommen. Seitdem sind in der BetrSichV Anforderungen an den sicheren Betrieb von Arbeitsmitteln und überwachungsbedürftigen Anlagen enthalten, während in der GefStoffV neu gefasste Anforderungen zum Erstellen eines Explosionsschutzdokuments enthalten sind. Das Explosionsschutzdokument stellt eine Art Gefährdungsbeurteilung dar. Damit ist die Durchführung einer Gefährdungsbeurteilung in explosionsgefährdeten Bereichen auf Grundlage der BetrSichV und der GefStoffV zu erstellen:

- Gefährdungsbeurteilung für Arbeitsmittel gemäß BetrSichV § 3 mit Art und Umfang der durchzuführenden Prüfungen,
- Gefährdungsbeurteilung hinsichtlich der Festlegung von Schutzmaßnahmen des explosionsgefährdeten Bereichs nach GefStoffV §§ 6 und 11 und die Festlegung der Prüfungen nach GefStoffV § 7 (7).

18.3 Prüfen von Arbeitsmitteln

Die Betriebssicherheitsverordnung regelt in § 14 die Prüfung von Arbeitsmitteln. Demnach hat der Arbeitgeber die Arbeitsmittel, also Werkzeuge, Geräte, Maschinen und Anlagen, durch eine befähigte Person vor erstmaliger Inbetriebnahme, vor Wiederinbetriebnahme nach prüfpflichtigen Änderungen und wiederkehrend im Rahmen der in der Gefährdungsbeurteilung festgelegten Prüfintervalle zu überprüfen. Die Prüfung umfasst folgende Punkte:

- Die Kontrolle der vorschriftsgemäßen Montage, der sicheren Installation und der sicheren Funktion,

- rechtzeitige Feststellung der Schäden an Arbeitsmitteln oder einer Beeinträchtigung der sicheren Funktionen,
- Feststellung der Wirksamkeit der getroffenen sicherheitstechnischen Maßnahmen.

Die Anforderungen an die Prüfungen von Arbeitsmitteln und überwachungsbedürftigen Anlagen nach dem Stand der Technik sind in den TRBS 1201 konkretisiert. Im Einzelnen finden sich hier folgende Festlegungen:

- Ermittlung von Art, Umfang und Prüffristen,
- Festlegung der Verfahrensweise zur Bestimmung der prüfenden Personen,
- Festlegung der Durchführung,
- Anforderungen an die Erstellung der erforderlichen Prüfaufzeichnungen und Bescheinigungen.

18.3.1 Aufrechterhaltung der Sicherheit von Arbeitsmitteln

Während des Betriebes obliegt dem Arbeitgeber über die gesamte Lebensdauer, dass die Verwendung der Arbeitsmittel nach dem Stand der Technik sicher ist. Für die Bewertung ist zu unterscheiden zwischen

- dem Stand der Technik zum Zeitpunkt des Inverkehrbringens und
- dem Stand der Technik in Bezug auf die Verwendungsdauer.

Da sich der Stand der Technik durch neue sicherheitstechnische Erkenntnisse verändern kann, hat der Arbeitgeber in regelmäßigen Abständen (jährlich) die Gefährdungsbeurteilung zu überarbeiten und bei Bedarf ergänzende Schutzmaßnahmen nach dem TOP-Prinzip festzulegen. Hierzu muss der Arbeitgeber zuvor den Stand der Technik ermitteln. Stand der Technik im Sinne der Betriebssicherheitsverordnung sind die Festlegungen aus der Betriebssicherheitsverordnung, den TRBS (Technischen Regeln für Betriebssicherheit) und den EmpfBG (Empfehlungen zur Betriebssicherheit) vom Ausschuss für Arbeitssicherheit (ABS).

Zur Festlegung möglicher Anpassungen an den Stand der Technik bei der Verwendung von Arbeitsmitteln legt die EmpfBS 1114 die in **Bild 18.1** gezeigten Verfahren fest.

Legen die BetrSichV, die TRBS oder andere Empfehlungen des Ausschusses für Arbeitssicherheit auf Grundlage neuer Erkenntnisse Anforderungen fest, sind diese vorrangig anzuwenden (Bild 18.1). Hier hat der Arbeitgeber oder sein Bevollmächtigter zu bewerten, ob die verwendeten Arbeitsmittel den zum Bewertungszeitpunkt gültigen Anforderungen im Betrieb noch entsprechen. Gibt es andere neue Erkenntnisquellen, z.B. aus den Unfall-

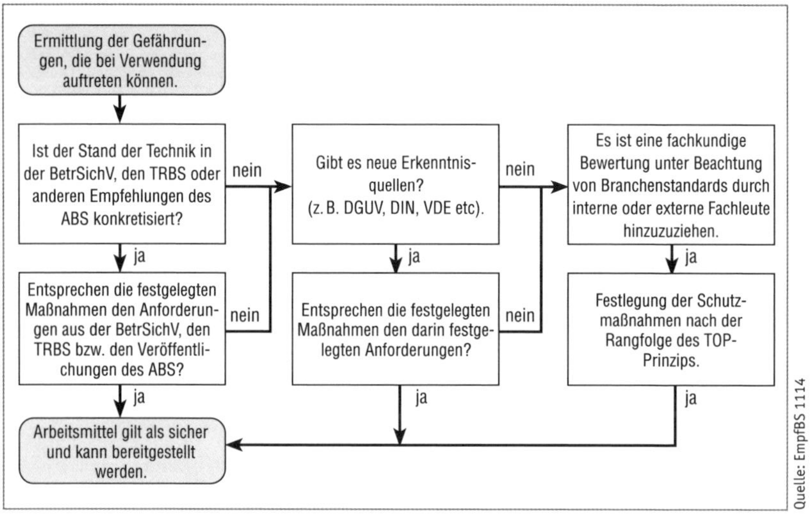

Bild 18.1: Anpassung von Arbeitsmitteln, Vorgehensweise nach EmpfBS 1114

verhütungsvorschriften, sind diese bei fehlenden Konkretisierungen aus BetrSichV und TRBS nachrangig anzuwenden. Liegen keine neuen Erkenntnisquellen vor, oder entspricht das Arbeitsmittel nicht den darin festgelegten Anforderungen, ist eine fachkundige Bewertung im Rahmen der Gefährdungsbeurteilung durchzuführen und erforderlichen Maßnahmen durch fachkundige Personen unter Beachtung der Branchenstandards festzulegen.

18.3.2 Bewertungskriterien

Eine Prüfung nach TRBS 1201 Abs. 2.1 dient der Feststellung des Istzustandes, dem Vergleich mit dem Sollzustand sowie der Bewertung der Abweichungen zwischen Ist- und Sollzustand. Der Sollzustand und damit die Festlegung der Bewertungskriterien stellt nach TRBS 1111 Abs. 4.6 der vom Arbeitgeber festgelegte sichere Zustand aus der Gefährdungsbeurteilung dar. Hierzu gelten die zutreffenden Rechtsvorschriften und technischen Regeln mit Anforderungen an Arbeitsmittel einschließlich überwachungsbedürftiger Anlagen. Der Arbeitgeber kann sich daher nicht durch die Erstellung einer Gefährdungsbeurteilung weiteren Anforderungen entziehen oder diesen aufweichen. Der Sollzustand orientiert sich an

- der Art der Arbeit,
- der Funktion des Arbeitsmittels,

- den Betriebsbedingungen sowie Herstellerspezifikationen und Schutzkonzepten,
- der bestimmungsgemäßen Verwendung, insbesondere den Angaben aus der Betriebsanleitung des Herstellers,
- den Angaben zu sicherheitstechnischen Sachverhalten wie Sicherheitsabstände, Gefahrenbereiche, Mess- Steuer- und Regelvorrichtungen, die Leistungsaufnahme der Schallleistungspegel, die zulässige Abnutzung,
- den erforderlichen Schutzeinrichtungen (Lichtschranken, Kontaktleisten oder Schutzgitter),
- Grenzbedingungen (Drehzahl, Geschwindigkeit, Lasten, etc.),
- Umgebungsbedingungen wie Klima und Beleuchtung,
- Betriebsabläufen,
- Zugangsmöglichkeiten sowie
- Erfahrungswerten der Prüfung vergleichbarer Arbeitsmittel.

18.3.3 Prüffristen

Die Prüffrist für Arbeitsmittel und überwachungsbedürftige Anlagen ist der festgelegte Zeitraum zwischen zwei Prüfungen. Bei der Betrachtung der Prüffristen ist die Art der Anlage bzw. des Arbeitsmittels zu berücksichtigen. Es ist zu unterscheiden zwischen:

- Festlegung der Prüffristen für Prüfungen von Arbeitsmitteln,
- Prüffristen bei Prüfungen bestimmter Arbeitsmittel nach BetrSichV Anhang 3 und
- Prüffristen für überwachungsbedürftige Anlagen.

Die Anforderungen an die Prüffristen von Arbeitsmitteln sind nach TRBS 1201 unter Berücksichtigung der folgenden Punkte festzulegen:

- Einsatzbedingungen,
- Herstellerhinweise,
- Schädigungen und Beeinträchtigungen durch retrospektive Betrachtung von deren Ausfallverhalten,
- Unfallgeschehen oder Häufung von Mängeln an vergleichbaren Arbeitsmitteln.

Die Prüffristen sind so festzulegen, dass Schäden und Mängel rechtzeitig erkannt werden und abgestellt werden können. Abhängig von den Prüfergebnissen können die Prüffristen unter Berücksichtigung vorbeugender Instandhaltungsmaßnahmen verlängert oder verkürzt werden. Gleiches gilt nach einem Schadensfall. Im Vergleich zur Vorgängerausgabe der derzeit gültigen TRBS 1201 sind in der aktuellen Ausgabe keine Prüffristen für Arbeitsmittel nach BetrSichV § 4 enthalten. In der früheren Ausgabe der TRBS 1201 durfte das Prüfintervall bei ortsfesten Arbeitsmitteln, darunter elektrische Anlagen und ortsfeste Maschinen, auf höchstens 4 Jahre, und bei handgeführten Arbeitsmittel auf höchstens 1 Jahr festgelegt werden. Damit stimmten die empfohlenen Prüffristen mit den Empfehlungen entsprechend der Durchführungsanweisung nach DGUV Vorschrift 3 Tabelle 1A überein.

Die Prüffristen für bestimmte Arbeitsmittel sind in der BetrSichV in Anhang 3 vorgegeben. Während die Prüfung von Arbeitsmitteln von Befähigten Personen nach TRBS 1201 durchzuführen ist, bedarf es bei der Prüfung von Arbeitsmitteln, die in Anhang 3 der BetrSichV gelistet sind, teilweise eines Prüfsachverständigen für Krane nach Abschnitt 1. Für Ex- und Druckanlagen gibt es darüber hinausgehende Anforderungen, z. B. für die Durchführung von Instandsetzungsarbeiten an Geräten und Schutzsystemen nach 2014/34/EU oder die Prüfungen an der gesamten Anlage (Anhang 2, Abschnitt 3 und 4 der BetrSichV).

18.4 Zusammenfassung: Prüfen von Arbeitsmitteln nach BetrSichV

Tabelle 18.1 zeigt einen Überblick über das Prüfen von Arbeitsmitteln nach BetrSichV für Arbeitsmittel.

Vgl. hierzu [59], [60], [82], [83], [84], [96].

<table>
<tr><th>Prüfgrundlage</th><th colspan="3">BetrSichV §14</th></tr>
<tr><td>Schutzziel</td><td colspan="3">– Schutz der Beschäftigten
– sicherer Betrieb und bestimmungsgemäße Handhabung von Arbeitsmitteln unter Berücksichtigung der Arbeitsumgebung</td></tr>
<tr><td>Vermutungswirkung</td><td colspan="3">– Orientierung am Stand der Technik, daher kein Bestandsschutz
– Durchführung der Gefährdungsbeurteilung und jährliche Überarbeitung
– Unterweisung der Beschäftigten vor Arbeitsaufnahme und jährlich</td></tr>
<tr><td>Aspekte</td><td colspan="3">– Schutz gegen elektrischen Schlag der Arbeitsmittel
– sichere Bedienung, Wartung und Instandhaltung der Arbeitsmittel
– weitere Gefährdungen (mechanische Gefährdungen, ergonomische Aspekte, etc.)
– alle Betriebszustände (Normalbetrieb, Instandhaltung etc.)</td></tr>
<tr><td rowspan="3">Gegenstand der Prüfung</td><td colspan="3">Arbeitsmittel</td></tr>
<tr><td colspan="3">BetrSichV §2 (1) Arbeitsmittel sind Werkzeuge, Geräte, Maschinen oder Anlagen, die für die Arbeit verwendet werden, sowie überwachungsbedürftige Anlagen.</td></tr>
<tr><td>elektrische Anlagen</td><td>ortsfeste Maschinen</td><td>handgeführte Geräte</td></tr>
<tr><td>Bewertungskriterien</td><td colspan="3">– TRBS 1201
– Gefährdungsbeurteilung
– Montage- und Bedienungsanleitungen (Herstellerangaben)</td></tr>
<tr><td rowspan="2">Bewertungskriterien elektrische Ausrüstung</td><td colspan="2">– DIN VDE 0105-100
– DIN VDE 0105-100/A1</td><td rowspan="2">– DIN VDE 0701
– DIN VDE 0702</td></tr>
<tr><td>– Reihe DIN VDE 0100</td><td>– DIN EN 60204-1 (VDE 0113-1)</td></tr>
<tr><td>weitere Bewertungskriterien</td><td>zutreffende VDE-Normen aus anderen Gruppen des VDE-Regelwerkes</td><td>zutreffende Maschinennormen
B-Normen
C-Normen</td><td>zutreffende Produktnormen</td></tr>
<tr><td>Prüfpersonal</td><td colspan="3">Befähigte Person nach TRBS 1203</td></tr>
<tr><td rowspan="3">Prüffristen</td><td colspan="3">– Festlegung durch den Arbeitgeber im Rahmen der Gefährdungsbeurteilung
– Erleichterung entsprechend Gefährdungsbeurteilung und vorbeugender Instandhaltungsmaßnahmen möglich
– jährliche Überprüfung der Gefährdungsbeurteilung und damit Überprüfung der festgelegten Prüffristen</td></tr>
<tr><td colspan="3">– keine Festlegung nach BetrSichV und TRBS 1201 im Vergleich zur Vorgängerausgabe
– Festlegung unter Berücksichtigung weiterer anzuwendender gesetzlicher Grundlagen</td></tr>
<tr><td colspan="2">– alle 4 Jahre bzw.
– jährlich für Anlagen in Räumen und Orten besonderer Art</td><td>– jährlich</td></tr>
</table>

Tabelle 18.1: Zusammenfassung der Prüfgrundlagen für Arbeitsmittel nach BetrSichV

19 Die Unfallverhütungsvorschriften (DGUV)

Das Sozialgesetzbuch (SGB) VII regelt die Stellung und Aufgaben der Unfallversicherungen. Diese haben mit geeigneten Mitteln Arbeitsunfälle und Berufskrankheiten sowie arbeitsbedingte Gesundheitsgefahren zu verhüten. Treten Arbeitsunfälle oder Berufskrankheiten auf, spricht man von einem Versicherungsfall. Treten diese auf, sind die Unfallversicherungen in der Pflicht, die Gesundheit und die Leistungsfähigkeit der Versicherten mit allen geeigneten Mitteln wiederherzustellen und sie oder ihre Hinterbliebenen durch Geldleistungen zu entschädigen.

Arbeitsunfälle im Sinne des VII. SGB sind Unfälle von Versicherten infolge einer der den Versicherungsschutz begründeten Tätigkeit. Die Versicherten sind nach §§2 und 3 SGB VII Versicherte kraft Gesetz und/oder Versicherte kraft Satzung. Zu den Versicherten kraft Gesetz zählen die folgenden Personengruppen:

- Beschäftigte, Lernende während der beruflichen Aus- und Fortbildung, in Betriebsstätten, Lehrwerkstätten, Schulungskursen und ähnlichen Einrichtungen sowie Beschäftigte und Personen, die sich Untersuchungen, Prüfungen oder Maßnahmen unterziehen, die aufgrund von Rechtsvorschriften zur Aufnahme einer versicherten Tätigkeit oder infolge einer abgeschlossenen versicherten Tätigkeit erforderlich sind. Damit fallen auch Auszubildende, die sich in solchen Einrichtungen zu Ausbildungszwecken aufhalten, unter dieses Gesetz,
- Personen in landwirtschaftlichen Unternehmen, sofern für das Unternehmen die landwirtschaftliche Berufsgenossenschaft zuständig ist. Die versicherte Tätigkeit umfasst sowohl die Unternehmer, deren Angehörige und Ehegatten als auch nicht nur vorübergehend mitarbeitende Familienangehörige. Ebenso umfasst sie ehrenamtliche Mitarbeiter, die unmittelbar überwiegend der Sicherung, Überwachung oder Förderung von Landwirtschaft dienen,
- behinderte Menschen, die in anerkannten Werkstätten für behinderte Menschen, bei anderen Leistungsanbietern nach §60 SGB IX, in Blindenwerkstätten nach §226 SGB IX oder für diese Einrichtungen in Heimarbeit tätig sind,
- Kinder in Tageseinrichtungen, deren Träger für den Betrieb der Einrichtung eine Erlaubnis nach §45 SGB VIII oder eine Erlaubnis aufgrund

einer entsprechenden landesrechtlichen Regelung bedarf, sowie während der Betreuung durch Tagespflegepersonen im Sinne von § 8 SGB VIII,
- Schüler während des Besuchs von allgemeinen und berufsbildenden Schulen sowie der im Zusammenwirken mit den Schulen durchgeführten Betreuungsmaßnahmen und
- Studierende während der Aus- und Fortbildung an Hochschulen.

Versicherte per Satzung sind:
- Unternehmer und ihre im Unternehmen mitarbeitenden Ehegatten,
- Personen, die im Ausland bei einer staatlichen deutschen Einrichtung beschäftigt werden,
- ehrenamtlich Tätige und bürgerschaftlich Engagierte sowie
- Kinder und Jugendliche während der Teilnahme an Sprachförderungskursen, wenn die Teilnahme aufgrund landesrechtlicher Regelungen erfolgt.

Damit fallen unter eine versicherte Tätigkeit neben den entgeltlichen Tätigkeiten und Schulungs-, Betreuungs- und Ausbildungsmaßnahmen auch unentgeltliche Tätigkeiten.

Das SGB VII verfolgt den Grundsatz, Arbeitsunfälle sowie Berufskrankheiten und arbeitsbedingte Gesundheitsgefahren mit allen geeigneten Mitteln zu verhüten und eine wirksame Erste-Hilfe sicherzustellen. Hier sind die Unfallversicherungsträger angehalten, mit den Krankenkassen zusammenzuarbeiten. Unfallversicherungsträger der gesetzlichen Unfallversicherungen sind gemäß § 114 SGB VII:
- die gewerblichen Berufsgenossenschaften, darunter:
  - Berufsgenossenschaft Rohstoffe und chemische Industrie,
  - Berufsgenossenschaft Holz und Metall,
  - Berufsgenossenschaft Energie Textil Elektro Medienerzeugnisse,
  - Berufsgenossenschaft Nahrungsmittel und Gastgewerbe,
  - Berufsgenossenschaft der Bauwirtschaft,
  - Berufsgenossenschaft Handel und Warenlogistik,
  - Verwaltungs-Berufsgenossenschaft,
  - Berufsgenossenschaft Verkehrswirtschaft Post-Logistik Telekommunikation,
  - Berufsgenossenschaft für Gesundheitsdienst und Wohlfahrtspflege,
- die Sozialversicherung für Landwirtschaft, Forsten und Gartenbau,
- die Unfallversicherung Bund und Bahn,
- die Unfallkassen der Länder,
- die Gemeindeunfallversicherungsverbände und Unfallkassen der Gemeinden,

- die Feuerwehr-Unfallkassen,
- die gemeinsamen Unfallkassen für den Landes- und den kommunalen Bereich.

19.1 Grundsatz der Prävention

Die Unfallversicherungsträger haben an der Entwicklung, Umsetzung und Fortschreibung der gemeinsamen deutschen Arbeitsschutzstrategie gemäß des 5. Abschnittes des Arbeitsschutzgesetzes und der nationalen Präventionsstrategien nach den §§ 20d bis 20f des V. Buches mitzuwirken.

Die Unfallversicherungsträger können gemäß § 15 (1) SGB VII unter Mitwirkung der Deutschen Gesetzlichen Unfallversicherungen e.V. als autonomes Recht Vorschriften über Maßnahmen zur Verhütung von Arbeitsunfällen, Berufskrankheiten und arbeitsbedingten Gesundheitsgefahren oder Erste-Hilfe erlassen, soweit diese Maßnahmen zur Prävention geeignet und erforderlich sind und staatliche Arbeitsschutzvorschriften hierfür keine Regelungen treffen. Unfallverhütungsvorschriften können erlassen werden über:

- Maßnahmen zur Verhütung von Arbeitsunfällen,
- die Form der Übertragung von Pflichten dieser Aufgaben auf andere Personen, u. a. Anforderungen an Sicherheitsingenieure, Betriebsärzte, andere Fachkräfte für Arbeitssicherheit, Zahl der Sicherheitsbeauftragten,
- Regeln für das Verhalten der Versicherten,
- erforderliche arbeitsmedizinische Untersuchungen und deren Voraussetzungen zur Durchführung,
- Sicherstellung einer wirksamen Ersten-Hilfe durch den Unternehmer.

19.2 Einheitliche Regelwerke

Nach § 118 SGB VII dürfen sich die Berufsgenossenschaften zusammenschließen. Im Juni 2017 haben sich die gewerblichen Berufsgenossenschaften mit dem Bundesverband der Unfallkassen zur deutschen gesetzlichen Unfallversicherung, kurz DGUV, zusammengeschlossen. Hierfür wurde ein neues Regelwerk erarbeitet. Dieses trat am 1. Mai 2014 in Kraft.

Um Überschneidungen mit den bisherigen Regelwerken, wie BGV, BGR, BGI und BGG, zu vermeiden, traten diese mit Wirkung zum 01. Mai 2014 außer Kraft. Die neuen vereinheitlichen Bezeichnungen wurden in die vier Kategorien Vorschriften, Regeln, Informationen und Grundsätze eingeteilt (**Tabelle 19.1**). Alle Regeln, Informationen und Grundsätze haben zwei dreistellige Nummern, die mit einem Bindestrich verbunden sind, anhand derer sie sich eindeutig zuordnen lassen.

Regelwerk	Nummerierung	Inhalt	Vermutungswirkung
DGUV-Vorschriften	ab 1	Anforderungen	Ja
DGUV-Regeln	ab 100	Empfehlungen	Nein
DGUV-Informationen	ab 200	Handlungsanleitungen Checklisten	Nein
DGUV-Grundsätze	ab 300	Informationen zu Verfahrensweisen	Nein
Durchführungsanweisungen		Empfehlungen	Ja

Tabelle 19.1 Zusammenfassung der DGUV-Regelwerke

19.2.1 DGUV-Vorschriften

Die Vorschriften der Berufsgenossenschaften legen die Anforderungen an sichere Arbeitsplätze und den Schutz der Beschäftigten fest. Diese umfassen neben der sicheren Handhabung und Benutzung von Arbeitsmitteln die Gestaltung der Arbeitsplatzumgebungen, wie z. B. die Beschaffenheit der Beleuchtung, den betrieblichen Brandschutz sowie die im Rahmen der Beschäftigten festzulegenden technischen, organisatorischen und persönlichen Maßnahmen zum sicheren Arbeiten. Sie sind verbindlich einzuhalten.

19.2.2 Durchführungsanweisungen zu DGUV-Vorschriften

Die Durchführungsanweisungen zu DGUV-Vorschriften dienen dem Anwender als eine Art Leitfaden zur Erfüllung der Schutzziele, wodurch deren Umsetzung durchaus anzuraten sind. Sie haben jedoch lediglich den Charakter einer Empfehlung, wodurch andere Maßnahmen zur Erfüllung der Schutzziele nicht ausgeschlossen sind. Die Einhaltung von Durchführungsanweisungen löst eine Vermutungswirkung aus. Sie erhalten darüber hinaus weitere Erläuterungen zu Unfallverhütungsvorschriften.

19.2.3 DGUV-Regeln

DGUV-Regeln sind zusammengestellte bereichs-, arbeitsverfahrens- oder arbeitsplatzbezogene Inhalte. DGUV-Regeln erläutern die möglichen Präventionsmaßnahmen, Pflichten zur Verhütung von Arbeitsunfällen, Berufskrankheiten und arbeitsbedingten Gesundheitsgefahren. Über DGUV-Regeln erhält der Anwender ein gebündeltes Fachwissen aus der Präventionsarbeit der Unfallversicherungsträger. Aufgrund ihres besonderen Entstehungsverfahrens und ihrer inhaltlichen Ausrichtung auf konkrete betriebliche Abläufe oder Einsatzbereiche (Branchen-/Betriebsarten-/Bereichsorientierung) sind die Regeln fachliche Empfehlungen zur Gewährleistung von Sicherheit und Gesundheit. Sie haben einen hohen Praxisbezug und Erkenntniswert, werden von den beteiligten Kreisen mehrheitlich für erforderlich gehalten und können deshalb als geeignete Richtschnur für das betriebliche Präventionshandeln herangezogen werden. Eine Vermutungswirkung entsteht bei Einhaltung von DGUV-Regeln nicht.

19.2.4 DGUV-Grundsätze

Grundsätze zählen neben Regeln und Informationen zum Regelwerk der DGUV. Sie enthalten Maßstäbe für bestimmte Verfahrensfragen, z. B. zur einheitlichen Durchführung von Prüfungen.

19.2.5 DGUV-Informationen

In DGUV-Informationen sind Hinweise und Empfehlungen zur praktischen Anwendung von Regelungen zu einem bestimmten Sachgebiet oder Sachverhalt enthalten. Sie dienen der Erleichterung für bestimmte Branchen, Tätigkeiten, Zielgruppen und schlagen konkrete praxisnahe Maßnahmen im Bereich Sicherheit und Gesundheit vor.

19.3 Elektrische Anlagen und Betriebsmittel im Sinne der Unfallverhütungsvorschriften (UVV)

Der Begriff „elektrische Betriebsmittel" umfasst nach DGUV Vorschrift 3 (1) alle Gegenstände, die als Ganzes oder in einzelnen Teilen dem Anwenden elektrischer Energie oder dem Übertragen, Verteilen und Verarbeiten von Informationen dienen. Damit fallen sämtliche Teile der elektrischen Anlagen, die dem Erzeugen, Fortleiten, Speichern, Messen, Umsetzen und Verbrauchen dienen, darunter.

Gemäß der Durchführungsanweisung zur DGUV Vorschrift 3 ist zwischen ortsveränderlichen Betriebsmitteln und ortsfesten Betriebsmitteln sowie zwischen stationären und nicht stationären Anlagen zu unterscheiden.

19.3.1 Stationäre Anlagen

Als stationäre Anlagen werden solche bezeichnet, die mit Ihrer Umgebung fest verbunden sind. Hierzu zählen sämtliche elektrische Installationen in Gebäuden, an Baustellenwagen, Containern und auf Fahrzeugen sowie an transportablen Einheiten. Diese Anlagen mit einer Bemessungsspannung bis 1 kV AC und 1,5 kV DC fallen in den Anwendungsbereich der Normenreihe DIN VDE 0100 (Abschnitt 22.1 *Der Anwendungsbereich*).

19.3.2 Nichtstationäre Anlagen

Nichtstationäre Anlagen sind dadurch gekennzeichnet, dass sie entsprechend ihrem bestimmungsgemäßen Gebrauch nach dem Einsatz wieder abgebaut werden und am neuen Einsatzort wieder aufgestellt werden. Hierzu gehören Anlagen auf Bau- und Montagestellen, Buden und fliegende Bauten und Wohnwägen, sofern diese einem gewerblichen Verwendungszweck zugeführt sind.

19.3.3 Ortsfeste elektrische Betriebsmittel

Ortsfeste elektrische Betriebsmittel umfassen alle Betriebsmittel, die fest angebracht sind, keine Tragevorrichtung haben und deren Masse so groß ist, dass sie nicht leicht bewegt werden können, während sie an den Versorgungsstromkreis angeschlossen sind. Nach DIN VDE 0100-200 sind Stromkreise, die elektrische Verbrauchsmittel versorgen, als Endstromkreise definiert. Endstromkreise sind dafür vorgesehen, elektrische Verbrauchsmittel oder Steckdosen unmittelbar mit Strom zu versorgen. Damit ist nach DGUV Vorschrift 3 ein ortsfestes Betriebsmittel nicht über die Form seines Anschlusses am Endstromkreis (fester Anschluss oder Steckvorrichtung) definiert, sondern ausschließlich über die Abmessungen und die Beweglichkeit während des bestimmungsgemäßen Betriebes.

19.3.4 Ortsveränderliche elektrische Betriebsmittel

Ortsveränderliche elektrische Betriebsmittel sind elektrische Betriebsmittel, die bei bestimmungsgemäßer Verwendung während des Betriebes bewegt werden können oder leicht zu einem anderen Platz gebracht werden können. Wie die ortsfesten elektrischen Betriebsmittel bestimmt die Definition nicht die Art des elektrischen Anschlusses an einem Endstromkreis, sondern die Beweglichkeit während des Betriebes.

Wird etwa eine Maschine, z. B. eine Ständerbohrmaschine oder eine Drehbank, an einem festen Platz aufgestellt, ist diese aufgrund der Masse als ortsfestes elektrisches Betriebsmittel zu definieren. Der Anschluss am Endstromkreis kann sowohl über eine Steckvorrichtung oder einen festen elektrischen Anschluss erfolgen. Ein Handhaartrockner, der über eine Steckvorrichtung (Schukostecker) am Stromkreis angeschlossen werden kann, ist als ortsveränderliches Betriebsmittel definiert. In Hotels werden jedoch auch Haartrockner über einen festen elektrischen Anschluss am Endstromkreis angeschlossen.

Neben dem Begriff des ortsveränderlichen Betriebsmittels gibt es noch die Begriffe des elektrischen Handgerätes und des fest angebrachten Betriebsmittels.

Ein elektrisches Handgerät ist ein Betriebsmittel, das während des üblichen Gebrauchs in der Hand gehalten wird. Elektrische Handgeräte können aufgrund der Verwendung/Benutzung in der Hand leicht zu einem anderen Platz gebracht werden. Sie sind demnach grundsätzlich als ortsveränderliche elektrische Betriebsmittel einzustufen. Typischerweise handelt es sich bei elektrischen Handgeräten im Hausgebrauch um Haartrockner, Bohrmaschinen o. Ä. Allerdings wird hier auch nicht zwischen Steckvorrichtung und festem elektrischen Anschluss unterschieden. Fest angebrachte Betriebsmittel sind mit einer Haltevorrichtung oder in einer anderen Weise fest an einer bestimmten Stelle angebracht. Damit lassen sich fest angebrachte Betriebsmittel während der Verwendung nicht an einen beliebigen Ort transportieren.

Typisches Bespiel sind Haartrockner. Sind diese zum Beispiel in Hotels mit einem festen Anschluss versehen, sind diese als handgeführte elektrische Betriebsmittel zu bezeichnen. In Umkleidebereichen von Schwimmbädern und Fitnessstudios o.Ä. befinden sich in der Regel an der Wand montierte Haartrockner, die entweder über einen festen Anschluss oder über eine Steckvorrichtung betrieben werden. Diese sind demnach gemäß der Definition als fest angebrachtes elektrisches Betriebsmittel zu bezeichnen.

19.4 Prüfungen nach DGUV Vorschrift 3

Nach DGUV Vorschrift 1 § 2 (2) hat der Unternehmer bei den erforderlichen Maßnahmen zur Verhütung von Unfällen von den allgemeinen Grundsätzen nach § 4 ArbSchG auszugehen und dabei insbesondere das staatliche und berufsgenossenschaftliche Regelwerk heranzuziehen. Gemäß DGUV Vorschrift 1 § 2 (3) hat der Arbeitgeber die Maßnahmen gemäß DGUV Vorschrift 1 § 2 zu organisieren, durchzuführen und erforderlichenfalls an veränderte Gegebenheiten anzupassen. Gemäß § 9 hat der Unternehmer dafür zu sorgen, dass unbefugte Betriebsbereiche nicht betreten werden können, wenn dadurch eine Gefahr für die Sicherheit und Gesundheit entsteht.

Die DGUV Vorschrift 3 § 3 (1) verpflichtet den Unternehmer, dafür zu sorgen, dass elektrische Anlagen und Betriebsmittel nur von einer Elektrofachkraft oder unter Leitung und Aufsicht einer Elektrofachkraft den elektrotechnischen Regeln entsprechend errichtet, geändert und instandgehalten werden. Die Prüfung ortsfester elektrischer Anlagen ist durch eine Elektrofachkraft nach DIN VDE 0105-100 Abs. 3.2.4 durchzuführen. Für die Prüfung ortsveränderlicher Betriebsmittel ist eine Elektrotechnisch unterwiesene Person nach DIN VDE 0105-100 Abs. 3.2.5 ausreichend.

Ferner obliegt dem Unternehmer nach DGUV Vorschrift 3 § 3 (1) die Sicherstellung des sicheren Betriebes der elektrischen Anlagen und Betriebsmittel sowie die Einhaltung der elektrotechnischen Regeln für den Betrieb. Beim Betreiben elektrischer Anlagen hat der Arbeitgeber Maßnahmen zur Unfallverhütung gemäß dem Stand der Technik durchzuführen. Im Gegensatz zu den TRBS, die sich aus der Obliegenheit der Betriebssicherheitsverordnung ergeben, stellen die DGUV-Vorschriften den Stand der Technik aus Sicht der Berufsgenossenschaften dar.

In den Geltungsbereich aus Sicht des Arbeitsschutzes der Beschäftigten fallen nach DGUV Vorschrift 3 § 1 elektrische Anlagen und Betriebsmittel sowie auch nichtelektrotechnische Arbeiten in der Nähe elektrischer Anlagen und Betriebsmittel. Elektrische Betriebsmittel im Sinne DGUV Vorschrift 3 § 2 sind alle Gegenstände, die als Ganzes oder in einzelnen Teilen dem Anwender, also den Beschäftigten (Arbeitnehmern), zum Erzeugen, Fortleiten, Verteilen, Speichern, Messen und Verbrauchen elektrischer Energie zur Verfügung gestellt werden. Eine elektrische Anlage wird durch Zusammenschluss elektrischer Betriebsmittel gebildet.

19.4.1 Prüffristen

Nach DGUV Vorschrift 3 § 5 Absatz 1 Nr. 2 sind elektrische Anlagen und Betriebsmittel zur Erhaltung des ordnungsgemäßen Zustands wiederholt zu prüfen. Die Durchführung bzw. die Veranlassung zur Durchführung solcher Prüfungen obliegt dem Betreiber. Unter ortsfesten elektrischen Betriebsmitteln werden fest angebrachte Betriebsmittel oder Betriebsmittel verstanden, die keine Tragevorrichtung haben und deren Masse so groß ist, dass sie nicht leicht bewegt werden können. Gemäß DGUV Vorschrift 3 (früher BGV A3 Anhang 3 – Elektrotechnische Regeln) sind für das Inverkehrbringen und für die erstmalige Bereitstellung von Arbeitsmitteln – das sind Maschinen, Geräte, Werkzeuge und Anlagen, die bei der Arbeit benutzt werden – die Rechtsvorschriften anzuwenden, durch die die einschlägigen Gemeinschaftsrichtlinien auf der Grundlage des Artikel 95 des EG-Vertrages in deutsches Recht umgesetzt werden. Demnach sind Maschinen gemäß DGUV Vorschrift 3 (früher BGV A3) als ortsfeste elektrische Arbeits- und Betriebsmittel einzustufen. Die Prüffristen für ortsfeste elektrische Anlagen sind nach DGUV Vorschrift 3 sowie unter Berücksichtigung der vorliegenden Betriebsverhältnisse festzulegen. Die empfohlenen Prüffristen sind in der Durchführungsanweisung zur DGUV Vorschrift 3 Tabelle 1A enthalten.

Elektrische Anlagen und Betriebsmittel sollten demnach alle vier Jahre durch eine Elektrofachkraft auf ihren ordnungsgemäßen Zustand geprüft werden. Räume und Anlagen besonderer Art, die in den Anwendungsbereich der Normengruppe 700 der DIN VDE 0100 fallen, sind zudem jährlich zu überprüfen. Der Erhalt des ordnungsgemäßen Zustandes ergibt sich nach VDE 0105-100 Abs. 5.3.3 aus dem Zweck des Nachweises der elektrischen Anlage gemäß den Sicherheitsvorschriften und den Errichtungsnormen. Weiter sind Prüffristen für ortsveränderliche Geräte sowie Schutz- und Hilfsmittel (z.B. Schutzbekleidung, Werkzeuge etc.) gemäß **Tabelle 19.2** empfohlen.

Anlage/Betriebsmittel	Prüffrist	Art der Prüfung	Prüfer
elektrische Anlagen und ortsfeste Betriebsmittel	4 Jahre	Prüfung auf ordnungsgemäßen Zustand gemäß DIN VDE 0105-100 Abs. 5.3 und DGUV Vorschrift 3	EFK
elektrische Anlagen und ortsfeste Betriebsmittel in „Betriebsstätten, Räumen und Anlagen besonderer Art" gemäß der Normengruppe VDE 0100-700	1 Jahr		
Schutzmaßnahmen mit Fehlerstrom-Schutzeinrichtungen in nichtstationären Anlagen	1 Monat	auf Wirksamkeit	EFK, EuP bei Verwendung geeigneter Messgeräte
Fehlerstrom-, Differenzstrom,- und Fehlerspannungs-Schutzschalter 1. in stationären Anlagen 2. in nichtstationären Anlage	1. 6 Monate 2. arbeitstäglich	auf einwandfreie Funktion durch Betätigung der Prüfeinrichtung	Benutzer

Tabelle 19.2 Empfohlene Prüffristen für elektrische Anlagen und Betriebsmittel nach der Durchführungsanweisung zur DGUV Vorschrift 3

19.4.2 Abgrenzung zwischen DGUV Vorschrift 3 und 4

Der Anwendungsbereich der DIN VDE 0100-718:2014-06 ist in Abschnitt 818.1 beschrieben. Dieser umfasst u. a. Arbeitsstätten, Fabriken sowie öffentlich zugängliche Gebäude. Eine Arbeitsstätte ist nach VDE 0100-718 Abs. 818.3.2 ein Standort, Gebäude oder Teil eines Gebäudes, an bzw. in welchem Beschäftigte Aktivitäten ausführen, die in Zusammenhang mit ihrer Arbeit stehen. Arbeitsstätten sind alle Räume, Gebäude oder Bereiche, in denen Arbeitnehmer sich im Rahmen ihrer Tätigkeit und ihres Arbeitsverhältnisses aufhalten. Die Gruppe 700 der DIN VDE 0100 enthält Anforderungen an Anlagen besonderer Art:

- Bäder und Nassräume,
- Saunabereiche,
- Ausstellungs- und Showstände,
- Photovoltaikanlagen,
- Ladestationen für Elektrofahrzeuge,
- landwirtschaftliche Betriebsstätten und
- elektrische Betriebsgänge sowie Wartungs- und Bediengänge.

Für solche Anlagen sind nach der Durchführungsanweisung der DGUV Vorschrift 3 die Prüffristen auf einmal pro Jahr festzulegen.

Neben der DGUV Vorschrift 3 existiert parallel die DGUV Vorschrift 4. Beide Vorschriften sind in der Vereinigung der Berufsgenossenschaften mit den öffentlichen Unfallversicherungsträgern begründet, die sich zum Verband der deutschen gesetzlichen Unfallversicherungen (DGUV) zusammengeschlossen haben. Demnach hat die DGUV Vorschrift 3 in der früher bekannten BGV A3 und die DGUV Vorschrift 4 in der alten GUV-V A3 ihren Ursprung. Allerdings haben die öffentlichen Unfallversicherungsträger für Erleichterungen bei den Betreibern gesorgt, indem in der DGUV-Durchführungsanweisung zur Vorschrift 4 die jährlichen Prüffristen bei Anlagen und Räumen besonderer Art (VDE 0100 Gruppe 700) aus Tabelle 1A entfallen. Dadurch sind ortsfeste elektrische Anlagen der öffentlichen Hand prinzipiell alle vier Jahre zu prüfen, während gewerblich betriebene ortsfeste elektrische Anlagen formell in die jährlichen Prüffristen fallen. Im Klartext heißt das, dass zum Beispiel ein von der Kommune betriebenes Schwimmbad in öffentlicher Hand vierjährlich zu prüfen ist. Bei einem Verkauf an einen privaten gewerblichen Betreiber wird die Prüfung nur aufgrund des Betreiberwechsels hingegen jährlich fällig. Ortsveränderliche Betriebsmittel sind in Übereinstimmung der Prüffristen nach DGUV Vorschrift 3 Durchführungsanweisung Tabelle 1B wiederkehrend zu prüfen. Die Prüfung ist von einer elektrotechnisch unterwiesenen Person auf den ordnungsgemäßen Zustand durchzuführen. Diese sind von einer Elektrofachkraft über die möglichen Gefahren bei unsachgemäßem Verhalten zu unterrichten und erforderlichenfalls anzulernen sowie über die notwendigen Schutzeinrichtungen und Schutzmaßnahmen vor Arbeitsbeginn zu unterweisen.

Die Prüffristen von sechs Monaten bzw. von drei Monaten auf Baustellen gelten bei einer Fehlerquote von höchstens 2 % als ausreichend. Der Prüfzyklus von einem Jahr auf Baustellen, Fertigungsstellen und Werkstätten sowie der zweijährige Prüfzyklus in Büros darf nicht überschritten werden.

19.4.3 Prüfung von Maschinen nach DGUV Vorschrift 3

Wie ist die elektrische Ausrüstung einer Maschine einzustufen? Mit dieser Fragestellung sind Betreiber im Rahmen des Arbeitsschutzes vermehrt konfrontiert. Dieser Beitrag gibt Ihnen einen Überblick, wie eine Maschine aus Sicht der elektrischen Sicherheit einzustufen ist und welche Normen als Bewertungskriterien zu beachten sind.

Nach DGUV Vorschrift 3 – Durchführungsanweisung (früher Durchführungsanweisung zur BGV A3) § 5 Absatz 1 Nr. 2 sind elektrische Anlagen und Betriebsmittel zur Erhaltung des ordnungsgemäßen Zustandes wiederholt zu prüfen. Die Durchführung bzw. die Veranlassung zur Durchführung solcher Prüfungen obliegt dem Betreiber. Unter ortsfesten elektrischen Betriebsmitteln werden fest angebrachte Betriebsmittel oder Betriebsmittel verstanden, die keine Tragevorrichtung haben und deren Masse so groß ist, dass sie nicht leicht bewegt werden können. Gemäß DGUV Vorschrift 3 – Durchführungsanweisung (früher Durchführungsanweisung zur BGV A3) Anhang 3 *„Elektrotechnische Regeln“* sind für das Inverkehrbringen und für die erstmalige Bereitstellung von Arbeitsmitteln – das sind Maschinen, Geräte, Werkzeuge und Anlagen die bei der Arbeit benutzt werden – Rechtsvorschriften anzuwenden, durch die die einschlägigen Gemeinschaftsrichtlinien auf Grundlage des Artikels 95 EG Vertrag in deutsches Recht umgesetzt werden. Demnach sind Maschinen im Sinne der DGUV Vorschrift 3 (früher BGV A3) als ortsfeste elektrische Arbeits- und Betriebsmittel einzustufen und gemäß DGUV Vorschrift 3 zu prüfen. Nach Anhang 3 der Durchführungsanweisung findet die Norm DIN VDE 0105-100 „Betrieb elektrischer Anlagen“ Anwendung. In Absatz 1 der DIN VDE 0105-100 werden die Anforderungen für ein sicheres Bedienen von Arbeiten an, mit oder in der Nähe von elektrischen Anlagen beschrieben. Die Anforderungen gelten für alle Bedienungs-, Arbeits- und Wartungsverfahren. Der Zweck der Prüfungen nach DIN VDE 0105-100 Absatz 5.3.3.1 besteht in dem Nachweis, dass eine elektrische Anlage den Sicherheitsvorschriften und den Errichtungsnormen entspricht.

Nach dem Vorwort der DIN VDE 0105-100 ist zudem die Betriebssicherheitsverordnung (BG Blatt Nr. 70 vom 27. September 2002) zu beachten. Nach Anhang 3 der Durchführungsanweisung zur DGUV Vorschrift 3 ist eine Maschine als eine ortsfeste elektrische Anlage zu betrachten. Aufgrund von DIN VDE 0105-100 Abs. 5.3.3.1 findet demnach die Errichtungsnorm DIN EN 60204-1 „Sicherheit von Maschinen – Elektrische Ausrüstung von Maschinen – Teil 1: Allgemeine Anforderungen (VDE 0113-1)“ als Bewertungskriterium Anwendung.

19.5 Zusammenfassung: Prüfungen nach DGUV Vorschrift 3 und 4

Die Prüfgrundlagen für elektrische Anlagen und Betriebsmittel sind in **Tabelle 19.3** zusammengefasst.

Prüfgrundlage	**DGUV Vorschrift 3 §5, DGUV Vorschrift 4 §5**		
Schutzziel	– Erhalt des ordnungsgemäßen Zustandes (sicherer Betrieb) – Schutz gegen elektrischen Schlag beim Bedienen		
Vermutungswirkung	– Einhaltung des Vorschriftenwerkes – Eine Durchführungsanweisung ist eine Möglichkeit, eine Vermutungswirkung herbeizuführen.		
Aspekte	– Schutz gegen elektrischen Schlag – sicheres Arbeiten der Beschäftigten mit dem Betriebsmittel		
Gegenstand der Prüfung	**ortsfeste Anlagen und Betriebsmittel**		
	Definition nach DGUV Vorschrift 3 (1)		
	elektrische Anlagen	**ortsfeste Maschinen**	**ortsveränderliche Betriebsmittel**
Bewertungskriterien	– DIN VDE 0105-100 – DIN VDE 0105-100/A1 – DIN VDE 0100-410		– DIN VDE 0701 – DIN VDE 0702
Bewertungskriterien	– Reihe DIN VDE 0100	– DIN EN 60204-1 (VDE 0113-1)	

Tabelle 19.3 Prüfgrundlagen für elektrische Anlagen und Betriebsmittel nach DGUV Vorschrift 3 und der Durchführungsanweisung zur DGUV Vorschrift 3 (Teil 1/2)

Prüfgrundlage	**DGUV Vorschrift 3 §5, DGUV Vorschrift 4 §5**		
weitere Bewertungs-kriterien	zutreffende VDE-Normen aus anderen Gruppen des VDE-Regelwerkes	zutreffende Maschinennormen B-Normen C-Normen	zutreffende Produktnormen
Prüfpersonal	**Elektrofachkraft nach DIN VDE 0105-100 3.2.4**		**Elektrotechnisch unterwiesene Person nach DIN VDE 0105-100 3.2.5**
Prüffristen	– Festlegung durch den Betreiber im Rahmen der Gefährdungsbeurteilung nach DGUV Vorschrift 1 und DGUV Vorschrift 3 §5 – Erleichterung entsprechend Gefährdungsbeurteilung und vorbeugender Instandhaltungsmaßnahmen möglich		
Prüffristen	– keine Festlegung – Empfehlungen sind in den Durchführungsanweisungen der DGUV V3 und V4 enthalten – Festlegung unter Berücksichtigung weiterer anzuwendender gesetzlicher Grundlagen		
	Empfohlene Prüffristen nach DGUV V3 – Durchführungsanweisung		
	– alle 4 Jahre bzw. – jährlich für Anlagen in Räumen und Orten besonderer Art (Gruppe VDE 0100-700)/entfällt bei DGUV V4		– jährlich

Tabelle 19.3 Prüfgrundlagen für elektrische Anlagen und Betriebsmittel nach DGUV Vorschrift 3 und der Durchführungsanweisung zur DGUV Vorschrift 3 (Teil 2/2)

Vgl. hierzu [3], [4], [5], [55], [79], [80].

20 Prüfung nach VdS 2871

In gewerblichen und öffentlichen Bereichen können sich für Betreiber Obliegenheiten aus dem Versicherungsvertrag ergeben. Der Betreiber ist mit seiner Anlage sowie den im Objekt vorhandenen Sachgütern auch Versicherungsnehmer. Die Prüfung nach Versicherungsklausel SK 3602 ist eine ergänzende Prüfung zur Prüfung nach DGUV-Vorschrift. Der Unterschied zur berufsgenossenschaftlichen Prüfung besteht in der besonderen Berücksichtigung des Sach- und Brandschutzes. Das Schutzziel der Prüfung bezieht sich auf den Brandschutz. Demnach darf von der elektrischen Anlage keine Brandgefahr ausgehen. Gleichzeitig darf die elektrische Kabel- und Leitungsanlage Brände nicht fortleiten. Der Versicherungsvertrag ist zwischen Versicherer und Versicherten privatrechtlich geschlossen. Auf Grundlage des Vertrags kann der Sachversicherer dem Versicherten bzw. den versicherten Sachgegenständen u. a. je nach Art, Nutzung und Wert der Sachgüter wiederkehrende Prüfungen der elektrischen Anlagen aus Sicht des Sachschutzes auferlegen. Voraussetzung ist die regelkonforme Errichtung und die bestimmungsgemäße Verwendung für den sicheren Betrieb der Anlagen. Zudem ist der Betreiber verpflichtet, sämtliche gesetzlichen und behördlichen Bestimmungen einzuhalten. Somit entbindet eine Prüfung der elektrischen Anlage nach VdS SK 3602 den Betreiber nicht von weiteren Prüfungen. Der Sachversicherer gibt den Prüfzyklus, den Umgang und die zur Bewertung hinzuzuziehenden Kriterien an. Dabei können zusätzlich zu VDE-Normen auch die Richtlinien des VdS greifen. Die Notwendigkeit, die Prüfung durch einen anerkannten Sachverständigen durchführen zu lassen, ergibt sich privatrechtlich aus dem Versicherungsvertrag zwischen Versicherungsnehmer und Versicherer.

Prüfungen nach VdS SK3602, entsprechend den Prüfrichtlinien nach VdS 2871, sind von anerkannten Sachverständigen nach VdS 2228 durchzuführen. Das Ergebnis der Prüfung wird im sogenannten Befundschein nach VdS 2229 dokumentiert. Der Sachverständige gibt als Ergebnis der Prüfung eine Gesamtbewertung nach VdS 2871 in den Bewertungsstufen a bis d ab. Dabei bedeutet die Bewertungsstufe a, dass keine bedenklichen Mängel festgestellt wurden, und d, dass die Anlage sich in schlechtem Zustand mit umgehend zu behebenden Mängeln befindet. Die Einstufung durch den Sachverständigen kann sich hier auf die Prüffristen und u. a. auf die Höhe der Versicherungsprämien auswirken. Die Prüffristen und der Umfang ergeben sich aus den vertraglichen Rechte und Pflichten zwischen Versicherer und Versicherungsnehmer.

Vgl. hierzu [90].

21 Prüfungen nach Sonderbauverordnungen

Personen, die sich in baulichen Anlagen des öffentlichen Verkehrs befinden, dürfen nicht gefährdet werden. Hierfür erlassen die Bundesländer länderspezifische Bauordnungen. Nach LBO (BW) § 1 gelten die gesetzlich festgelegten Bestimmungen für bauliche Anlagen und Bauprodukte. Nach LBO (BW) § 3 (1) sind bauliche Anlagen sowie Grundstücke so anzuordnen und zu errichten, dass die öffentliche Sicherheit oder Ordnung, insbesondere Leben, Gesundheit oder natürliche Lebensgrundlagen, nicht bedroht werden und dass sie ihrem Zweck entsprechend benutzbar sind. Hierfür sind die Grundanforderungen, die mit den zu erfüllenden Schutzzielen übereinstimmen, entsprechend der Verordnung EU Nr. 305/2011 Anhang 1 einzuhalten. Anhang 1 Abs. 2 legt die Schutzziele hinsichtlich des Brandschutzes an Bauwerken fest. Demnach sind Bauwerke so auszuführen, dass bei einem Brand die Entstehung und Ausbreitung von Feuer und Rauch innerhalb des Bauwerks sowie aus benachbarten Bauwerken begrenzt wird, die Bewohner des Bauwerkes bei einem Brand das Gebäude verlassen oder durch andere Maßnahmen gerettet werden können und die Rettungsmaßnahmen sicher durchgeführt werden können. Die Anforderungen decken sich mit der LBO § 15 (1). Demnach sind bauliche Anlagen so zu errichten, dass der Entstehung eines Brandes und der Ausbreitung von Feuer und Rauch vorgebeugt wird und bei einem Brand die Rettung von Menschen und Tieren sowie wirksame Löscharbeiten möglich sind. Nach § 38 LBO (1) können zur Verwirklichung der genannten allgemeinen Anforderungen hinsichtlich der Schutzziele sowie der Beschaffenheit von Bauwerken und Bauprodukten weitere Rechtsverordnungen erlassen werden.

Sonderbauverordnungen sind nationale landesgesetzliche Verordnungen, die Regelungen über Sonderbauten enthalten. Sie können ergänzende Anforderungen oder die allgemeinen Vorschriften der Bauordnungen der Länder enthalten. Während die Bauordnungen vorrangig für Wohnnutzungen ausgerichtet sind, legen Verordnungen vorrangig spezifische technische Anforderungen für Sonderbauten fest. Sonderbauten sind Anlagen und Räume besonderer Art oder Nutzung, die nach § 38 (2) LBO einen der nachfolgenden Tatbestände erfüllen:

- Hochhäuser ($h > 22\,\text{m}$),
- bauliche Anlagen > 30 m,

- Gebäude mit mehr als 1.600 m² Grundfläche des Geschosses mit der größten Ausdehnung, ausgenommen Wohngebäude,
- Verkaufsstätten, deren Verkaufsräume und Ladenstraßen eine Grundfläche von insgesamt mehr als 800 m² haben,
- Gebäude mit Räumen, die einer Büro- oder Verwaltungsnutzung dienen und einzeln eine Grundfläche von mehr als 400 m² haben,
- Gebäude mit Räumen, die einzeln für die Nutzung durch mehr als 100 Personen bestimmt sind,
- Versammlungsstätten mit Versammlungsräumen (> 200 Besucher, mit gemeinsamen Rettungswegen),
- Schank- und Speisegaststätten mit mehr als 40 Gastplätzen, Beherbergungsstätten mit mehr als 12 Betten und Spielhallen mit mehr als 150 m² Grundfläche,
- Krankenhäuser, Heime und sonstige Einrichtungen zur Unterbringung oder Pflege von Personen,
- Tageseinrichtungen für Kinder, behinderte und alte Menschen,
- Schulen, Hochschulen und ähnliche Einrichtungen,
- bauliche Anlagen, deren Nutzung durch Umgang oder Lagerung von Stoffen mit Explosions- oder erhöhter Brandgefahr verbunden ist.

Hochschulen verfügen in der Regel über Vorlesungsräume und Auditorien, die neben dem allgemeinen Hochschulbetrieb für öffentliche Veranstaltungen dienen.

Die Wirksamkeit und Betriebssicherheit technischer Anlagen in Sonderbauten ist durch einen anerkannten Sachverständigen nach § 1 Bausachverständigenverordnung (BauSVO) zu bestätigen. Hierfür sind die Verordnungen der Länder zu beachten.

Dem Betreiber eines öffentlich zugänglichen Bauwerks obliegt die Sicherstellung der Verkehrssicherheit. Hierzu zählen neben den organisatorischen und baulichen Maßnahmen der sichere Betrieb der technischen Anlagen und Einrichtungen. Die Qualifikation der Prüfer, Prüffristen, Umfang und Art der Prüfung ist in den jeweiligen Verordnungen festgelegt.

Vgl. hierzu [70].

III Grundlagen der Planung und sicheren Errichtung

22 Die Reihe DIN VDE 0100

22.1 Der Anwendungsbereich

Die DIN VDE 0100-100 legt für das allgemeine Schutzziel – die elektrische Anlage muss sicher sein – die allgemeinen Gestaltungsleitsätze für elektrische Anlagen mit Nennspannungen bis 1.000 V AC und 1.500 V DC fest. Im Rahmen der Normenreihe sind Frequenzen von 50 Hz, 60 Hz und 400 Hz bevorzugt berücksichtigt. Andere Frequenzen für besondere Anwendungszwecke sind jedoch nicht explizit ausgeschlossen.

Folgende elektrische Anlagen fallen in den Anwendungsbereich dieser Normenreihe:

- elektrische Anlagen in Wohnungsanwesen,
- elektrische Anlagen in Gewerbeanwesen,
- elektrische Anlagen in öffentlichen Anwesen,
- elektrische Anlagen in Industrieanwesen,
- elektrische Anlagen in landwirtschaftlichen und gartenbaulichen Anwesen,
- elektrische Anlagen in Fertighäusern,
- elektrische Anlagen in Caravans, auf Campingplätzen und ähnlichen Plätzen,
- elektrische Anlagen auf Baustellen, Ausstellungen, Messen und andere vorübergehend errichtete Anlagen,
- elektrische Anlagen auf Marinas,
- Beleuchtungsanlagen im Freien und ähnliche Anlagen (ausgenommen öffentliche Beleuchtungsanlagen),
- elektrische Anlagen in medizinisch genutzten Bereichen,
- bewegliche oder transportable elektrische Anlagen,
- Photovoltaikanlagen und
- Niederspannung-Stromerzeugungsanlagen.

Die Normenreihe DIN VDE 0100 gilt zudem für folgende Anlagen:

- alle Verdrahtungen sowie Kabel- und Leitungsanlagen innerhalb der Spannungsgrenzen, die nicht von Gerätenormen abgedeckt werden,
- Verbraucheranlagen außerhalb von Gebäuden,
- feste Kabel- und Leitungsanlagen für Informations- und Kommunikationstechnik, Meldung und Steuerung oder Ähnliches, die nicht zu internen Verdrahtung von Geräten gehören.

Nicht alle Anlagen fallen in den Anwendungsbereich der Normenreihe DIN VDE 0100:

- Sicherheitsbeleuchtungsanlagen (DIN EN 51072/VDE 0108-100),
- Sicherheit von Maschinen (DIN EN 60204-1/VDE 0113-1),
- Anlagen in gasexplosionsgefährdeten Bereichen (DIN EN 60079-14/ VDE 0165-1),
- Anlagen in öffentlichen Versorgungsnetzen,
- elektrische Anlagen in Flugzeugen,
- Anlagen im Bergbau, Tagebau und Steinbrüchen,
- Betriebsmittel zur Funkentstörung, ausgenommen solche, die die Sicherheit der elektrischen Anlage beeinflussen,
- Elektrozaunanlagen,
- äußerer Blitzschutz von Gebäuden,
- bestimmte Details von Aufzugsanlagen,
- ortsveränderliche Geräte und Betriebsmittel eines Herstellers.

22.2 Schutzziele der Reihe DIN VDE 0100

Bei den sicherheitstechnischen Festlegungen der Normenreihe DIN VDE 0100 handelt es sich insbesondere um Festlegungen über Eigenschaften, Bemessung, Prüfung, zum Schutz und zur Instandhaltung solcher Anlagen und Betriebsmittel sowie an den inneren Blitzschutz. Sie richten sich an Errichter und Betreiber elektrischer Anlagen sowie Hersteller elektrischer Betriebsmittel. VDE-Bestimmungen werden von Arbeitsgremien der entsprechenden Unterkomitees des DKE erarbeitet. Die Arbeitsergebnisse, Normen und Normenentwürfe werden im Bundesanzeiger gelistet und damit der Öffentlichkeit bekanntgegeben, wodurch VDE-Normen den Anspruch einer anerkannten Regel der Technik bekommen.

Der Schutz zum Erreichen der Sicherheit elektrischer Anlagen bis 1.000 V AC und 1.500 V DC umfasst im Allgemeinen die Schutzziele:

- Schutz gegen elektrischen Schlag,
- Schutz gegen thermische Auswirkungen,
- Schutz bei Überströmen,
- Schutz bei Überspannungen und Maßnahmen gegen elektromagnetische Einflüsse,
- Schutz bei Unterspannung,
- Schutz bei Unterbrechung der Stromversorgung.

22.3 Struktur und Aufbau

Die Normenreihe DIN VDE 0100 ist in acht Gruppen eingeteilt (**Bild 22.1**).

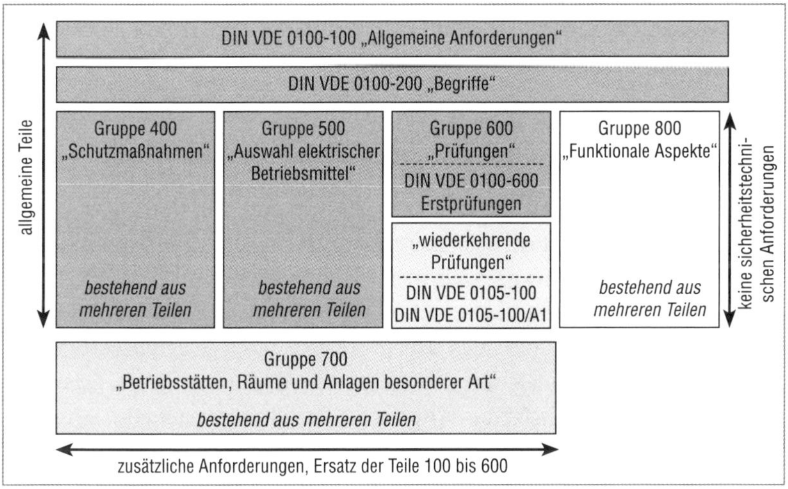

Bild 22.1 Aufbau der Reihe DIN VDE 0100 (in Anlehnung an: https://www.dke.de/de/arbeitsfelder/core-safety/din-vde-0100-normenreihesicherheit-schutz-elektroinstallation)

22.3.1 Gruppe 100

Die Gruppe 100 beinhaltet den Anwendungsbereich (Abschnitt 22.1 *Der Anwendungsbereich*), allgemeine Grundsätze sowie die Bestimmung allgemeiner Merkmale und Begriffe.

Ziel ist es, elektrische Anlagen so zu errichten, dass die Sicherheit von Personen, Nutztieren und Sachwerten bei einem bestimmungsgemäßen Gebrauch nicht gefährdet sind. Ausgehend von elektrischen Anlagen bestehen

Risiken, die Gefährdungssituationen herbeiführen können. Diese Risiken sind:

- gefährliche Körperdurchströmung,
- überhöhte Temperaturen,
- Entzündung möglicher explosiver Atmosphären,
- Unterspannung,
- Überspannung und elektromagnetische Einflüsse,
- Unterbrechung der Stromversorgung,
- Lichtbögen,
- mechanische gefahrbringende Bewegung von elektrischen Betriebsmitteln.

Eine Gefährdung tritt in Kombination der elektrischen Anlage, den Beschaffenheiten der Umgebung und dem Gebrauch auf. Grundsätzlich bestehen immer bei der Anwendung von Technik für Mensch, Nutztiere und Sachgüter gewisse Restrisiken. Eine Anlage gilt demnach als sicher, d.h. das Restrisiko liegt im vertretbaren Maße, wenn Niederspannungsanlagen gemäß der Reihe DIN VDE 0100 errichtet sind und nach den gültigen Regeln bestimmungsgemäß betrieben werden. Mit Anwendungsbeginn der derzeit gültigen DIN VDE 0100-100 Ausgabe Juni 2009 wurde die Vorgängerausgabe vom August 2002 abgelöst. Gleichzeitig wurde die DIN VDE 0100-300 Ausgabe Januar 1996 zurückgezogen und die Anforderungen in die DIN VDE 0100-100 übernommen. Damit gibt es die Gruppe DIN VDE 0100-300 nicht mehr. Es wurden die in DIN VDE 0100-300 festgelegten Bestimmungen allgemeiner Merkmale mit den entsprechenden Abschnitten Leistungsbedarf, Gleichzeitigkeitsfaktor, Arten von Verteilungssystemen, Stromversorgungen, Aufteilung in Stromkreise, Verträglichkeit, Möglichkeit der Instandhaltung, Stromquellen und äußere Einflüsse in die DIN VDE 0100-100 überführt.

22.3.2 Gruppe 200

Die DIN VDE 0100-200 (VDE 0100-200) Ausgabe Juni 2006 „Errichten von Niederspannungsanlagen“ definiert die grundlegenden Begrifflichkeiten. Die Norm wurde im Zuge der Internationalisierung aus der IEC 60050-826:2004 modifiziert und mit nationalen Zusätzen in eine nationale Norm übernommen. Sie enthält insbesondere folgende Definitionen: Kenngrößen elektrischer Anlagen, Spannungen und Ströme, elektrischer Schlag und Schutzmaßnahmen, Erdung und Verbindung, elektrische Stromkreise, Kabel- und Leitungsanlagen, andere Betriebsmittel, Trennen und Schalten sowie Definitionen zur Befähigung von Personen.

22.3.3 Gruppe 400

Die Gruppe 400 der Reihe VDE 0100 enthält Anforderungen an die Schutzmaßnahmen zum Erreichen der jeweiligen Schutzziele (**Tabelle 22.1**).

DIN VDE 0100-4XX	**Errichten von Niederspannungsanlagen – Teil 4-4XX: Schutzmaßnahmen**
DIN VDE 0100-410	Schutz gegen elektrischen Schlag
DIN VDE 0100-420	Schutz gegen thermische Einflüsse
DIN VDE 0100-430	Schutz von Kabeln und Leitungen bei Überstrom
DIN VDE 0100-442	Schutz von Niederspannungsanlagen bei vorübergehenden Überspannungen infolge von Erdschlüssen im Hochspannungsnetz und bei Fehlern im Niederspannungsnetz
DIN VDE 0100-443	Schutz bei transienten Überspannungen infolge atmosphärischer Einflüsse oder von Schaltvorgängen
DIN VDE 0100-444	Schutz bei Störspannungen und elektromagnetischen Störgrößen
DIN VDE 0100-450	Schutz bei Unterspannungen
DIN VDE 0100-460	Trennen und Schalten

Tabelle 22.1 Gruppe 400 der Reihe DIN VDE 0100 „Schutzmaßnahmen“

22.3.4 Gruppe 500

In der Gruppe 500 sind Normen für die Auswahl und Errichtung elektrischer Betriebsmittel eingeordnet. Darunter sind allgemeine Anforderungen an die Auswahl und Errichtung elektrischer Betriebsmittel, an die Auswahl von Kabel und Leitungen sowie Schalt- und Steuergeräten, an Erdungsanlagen, Schutzleiter und Schutzpotentialausgleichsleiter etc. festgelegt (**Tabelle 22.2**).

DIN VDE 0100-5XX	**Errichten von Niederspannungsanlagen – Teil 5-5XX: Auswahl und Errichtung von Betriebsmitteln**
DIN VDE 0100-510	Allgemeine Bestimmungen
DIN VDE 0100-520	Kabel- und Leitungsanlagen Die Norm gilt u. a. zusammen mit der DIN VDE 0298-4. Die drei Beiblätter zur DIN VDE 0100-520 sind zu beachten.
DIN VDE 0100-530	Schalt- und Steuergeräte
DIN VDE 0100-534	Überspannung-Schutzeinrichtungen (ÜSE)
DIN VDE 0100-537 zurückgezogen	Trennen und Schalten Wurde in die DIN VDE 0100-460 überführt.
DIN VDE 0100-540	Erdungsanlagen und Schutzleiter Ist in Kombination mit der DIN 18014 Fundamenterder zu beachten.

Tabelle 22.2 Gruppe 500 der Reihe DIN VDE 0100 „Auswahl und Errichtung von Betriebsmitteln“ (Teil 1/2)

DIN VDE 0100-5XX	**Errichten von Niederspannungsanlagen – Teil 5-5XX: Auswahl und Errichtung von Betriebsmitteln**
DIN VDE 0100-550	Steckvorrichtungen, Schalter und Installationsgeräte Die Ausgabe von 1988 wurde durch die Anwenderregel VDE-AR-E 2100-550: 2 „Auswahl und Errichtung elektrischer Betriebsmittel – Schalter und Steckdosen" an heutige Steckvorrichtungen angepasst.
DIN VDE 0100-551	Niederspannungsstromerzeugungseinrichtungen
DIN VDE 0100-557	Hilfsstromkreise
DIN VDE 0100-559	Leuchten und Beleuchtungsanlagen
DIN VDE 0100-560	Einrichtungen für Sicherheitszwecke

Tabelle 22.2 Gruppe 500 der Reihe DIN VDE 0100 „Auswahl und Errichtung von Betriebsmitteln" (Teil 2/2)

22.3.5 Gruppe 600

Die Gruppe 600 besteht derzeit aus einer einzigen Norm, der DIN VDE 0100-600. Dort sind Anforderungen an die Erstprüfung von elektrischen Anlagen festgelegt. Auf die Norm DIN VDE 0105-100 für widerkehrende Prüfungen wird verwiesen.

22.3.6 Gruppe 700

Die Gruppe 700 beinhaltet Anforderungen an Betriebsstätten besonderer Art (**Tabelle 22.3**). Die hiervon für den Elektriker bekannteste Norm ist die DIN VDE 0100-701 für Bäder. In solchen Betriebsstätten kann sich im Allgemeinen das Erfordernis zusätzlicher Maßnahmen zum Basis- und Fehlerschutz aufgrund besonderer Einflüsse oder Räume und bei sorglosem Umgang mit elektrischer Energie durch den Benutzer ergeben.

DIN VDE 0100-XXX	**Errichten von Niederspannungsanlagen – Teil X-XXX: Anforderungen für Betriebsstätten, Räume und Anlagen besonderer Art**
DIN VDE 0100-701	Räume mit Badewanne oder Dusche
DIN VDE 0100-702	Becken von Schwimmbädern, begehbare Wasserbecken und Springbrunnen
DIN VDE 0100-703	Räume und Kabinen mit Saunaheizungen
DIN VDE 0100-704	Baustellen
DIN VDE 0100-705	Elektrische Anlagen von landwirtschaftlichen und gartenbaulichen Betriebsstätten
DIN VDE 0100-706	Leitfähige Bereiche mit begrenzter Bewegungsfreiheit
E VDE 0100-707 *Entwurf 09/1989*	Anforderungen für die Erdung von Einrichtungen der Informationstechnik *Der Entwurf wurde nicht als Norm veröffentlicht. Die Nummer ist derzeit nicht belegt.*
DIN VDE 0100-708	Campingplätze
DIN VDE 0100-709	Marinas und ähnliche Bereiche

Tabelle 22.2 Gruppe 700 der Reihe DIN VDE 0100 „Anforderungen für Betriebsstätten, Räume und Anlagen besonderer Art" (Teil 1/3)

DIN VDE 0100-XXX	**Errichten von Niederspannungsanlagen – Teil X-XXX: Anforderungen für Betriebsstätten, Räume und Anlagen besonderer Art**
DIN VDE 0100-710	Medizinisch genutzte Bereiche
DIN VDE 0100-711	Ausstellungen, Shows und Stände
DIN VDE 0100-712	Solar-Photovoltaik-(PV)-Stromversorgungssysteme
DIN VDE 0100-713	Möbel und ähnliche Einrichtungsgegenstände
DIN VDE 0100-714	Räume und Anlagen besonderer Art – Beleuchtungsanlagen im Freien
DIN VDE 0100-715	Kleinspannungsbeleuchtungsanlagen
DIN VDE 0100-715 *Entwurf 02/2020*	ELV DC Energieverteilung für die Informations- und Kommunikationstechnologie (ICT) – Kabelinfrastruktur
DIN VDE 0100-716 *zurückgezogen*	Hausanschlüsse in öffentlichen Kabelnetze *Die Norm mit Ausgabe 07/1995 wurde zurückgezogen und durch die Vorgängerregelwerke der VDE-AR-N 4100 ersetzt. Die Nummer wurde vom DKE nicht anders belegt.*
DIN VDE 0100-717	Ortsveränderliche oder transportable Baueinheiten
DIN VDE 0100-718	Bauliche Anlagen für Menschenansammlungen und Arbeitsstätten
E VDE 0100-719 *Entwurf 09/1989*	Lichtwerbeanlagen mit einer Bemessungs-Ausgangs-Leerlaufspannung bis 1.000 V, die mit Heißkathoden-Leuchtstofflampen, Leuchtröhren (Neonröhren), Induktions-Entladungslampen, Leuchtdioden (LED) und/oder Leuchtdioden-Modulen aus-, oder beleuchtet sind *Der Entwurf wurde nicht als Norm veröffentlicht. Die Nummer ist derzeit nicht belegt.*
DIN VDE 0100-720 *zurückgezogen und ersetzt*	Feuergefährdete Betriebsstätten *Die Norm mit Ausgabe 03/1983 wurde zurückgezogen. Die Anforderungen an feuergefährdete Betriebsstätten sind heute in der DIN VDE 0100-420 zu finden.*
DIN VDE 0100-721	Elektrische Anlagen in Caravans und Motorcaravans
DIN VDE 0100-722	Stromversorgung von Elektrofahrzeugen
DIN VDE 0100-723	Unterrichtsräume mit Experimentiereinrichtungen
DIN VDE 0100-724	Möbel und Einrichtungsgegenstände
DIN VDE 0100-725 *zurückgezogen und ersetzt*	Hilfsstromkreise *Die Norm mit Ausgabe 11/1991 wurde zurückgezogen. Die Anforderungen an Hilfsstromkreise sind heute in der DIN VDE 0100-557 zu finden.*
DIN VDE 0100-726 *zurückgezogen*	Hebezeuge *Die Norm mit Ausgabe 03/1990 wurde zurückgezogen. Die Nummer ist derzeit nicht belegt.*
DIN VDE 0100-727	Antriebe und Antriebsgruppen *Die Norm mit Ausgabe 11/1983 wurde zurückgezogen. Die Nummer ist derzeit nicht belegt.*
DIN VDE 0100-728 *zurückgezogen*	Ersatzstromversorgungsanlagen *Die Norm mit Ausgabe 03/1990 wurde zurückgezogen. Die Anforderungen an Ersatzstromversorgungsanlagen sind heute u. a. in der DIN VDE 0100-560 und der DIN VDE 0100-551 zu finden.*
DIN VDE 0100-729	Bedienungsgänge und Wartungsgänge
DIN VDE 0100-730	Elektrischer Landanschluss für Fahrzeuge der Binnenschifffahrt
DIN VDE 0100-731	Abgeschlossene elektrische Betriebsstätten

Tabelle 22.2 Gruppe 700 der Reihe DIN VDE 0100 „Anforderungen für Betriebsstätten, Räume und Anlagen besonderer Art" (Teil 2/3)

DIN VDE 0100-XXX	**Errichten von Niederspannungsanlagen – Teil X-XXX: Anforderungen für Betriebsstätten, Räume und Anlagen besonderer Art**
DIN VDE 0100-732 *zurückgezogen*	Hausanschlüsse und öffentliche Kabelnetze *Die Norm mit Ausgabe 07/1995 wurde zurückgezogen. Die Anforderungen an die Planung von Hausanschlüssen sind heute u.a. in der DIN 18012 und der VDE-AR-N 4100 zu finden.*
VDE 0100-733 *zurückgezogen*	Stromschienensysteme *Die Norm mit Ausgabe 04/1982 wurde zurückgezogen und wurde durch die DIN VDE 0100-520: 11/1985 ersetzt. Heute sind Anforderungen an Stromschienensysteme in der Reihe VDE 0604 zu finden.*
VDE 0100-734 *zurückgezogen*	Verlegen von Kabeln und Leitungen in Beton *Die Norm mit Ausgabe 05/1982 wurde zurückgezogen. Heute sind die Anforderungen u. a. in der Reihe DIN VDE 0298 und der DIN VDE 0100-520 zu finden.*
VDE 0100-735 *zurückgezogen*	Netzabhängige Stromversorgungsanlagen in transportablen Betriebsstätten *Die Norm mit Ausgabe 06/1991 wurde zurückgezogen. Transportable Baueinheiten sind heute in der DIN VDE 0100-717 zu finden.*
VDE 0100-736 *zurückgezogen*	Niederspannungsstromkreise in Hochspannungsschaltfeldern *Die Norm mit Ausgabe 11/1983 wurde zurückgezogen. Die Anforderungen sind in verschiedenen Normen der Normenreihe VDE 0100 enthalten.*
DIN VDE 0100-737	Feuchte und nasse Bereiche und Räume und Anlagen im Freien
DIN VDE 0100-738 *zurückgezogen*	Springbrunnen *Die Norm mit Ausgabe 04/1988 wurde zurückgezogen. Die Anforderungen sind heute u. a. in der DIN VDE 0100-702 „Becken von Schwimmbädern und andere Becken“ und in der DIN VDE 0100-737 enthalten.*
DIN VDE 0100-739 *zurückgezogen*	Zusätzlicher Schutz bei direktem Berühren in Wohnungen durch Schutzeinrichtungen in TN- und TT-Netzen *Die Norm mit Ausgabe 06/1986 wurde zurückgezogen. Die Anforderungen sind heute in der DIN VDE 0100-410 enthalten. Die Planungsgrundlagen an Wohneinheiten sind zudem in der Planungsnorm DIN 18015 zu entnehmen.*
DIN VDE 0100-740	Vorübergehend errichtete elektrische Anlagen für Aufbauten, Vergnügungseinrichtungen und Buden auf Kirmesplätzen, Vergnügungsparks und für Zirkusse
DIN VDE 0100-753	Heizleitungen und umschlossene Heizsysteme

Tabelle 22.2 Gruppe 700 der Reihe DIN VDE 0100 „Anforderungen für Betriebsstätten, Räume und Anlagen besonderer Art“ (Teil 3/3)

22.3.7 Gruppe 800

Die Gruppe 800 ist im Oktober 2015 mit der Ausgabe der DIN VDE 0100-801 neu hinzugekommen. In dieser Gruppe der Reihe VDE 0100 werden funktionale Aspekte wie beispielsweise Betrachtungen zur „Energieeffizienz“ oder zu „Intelligenten Niederspannungsanlagen“ (= kombinierte Erzeugungs- und Verbrauchsanlagen) thematisiert. Darunter werden Anforderungen, Maßnahmen und Empfehlungen für die Planung, Errichtung und Überprüfung aller Arten von Niederspannungsanlagen, einschließlich der lokalen Erzeugung und Speicherung von Energie zur Optimierung der gesamtheitlich effizienten Verwendung von Elektrizität behandelt. Normen dieser Gruppe enthalten keine sicherheitstechnischen Festlegungen.

Vgl. hierzu [22], [67], [68], [69].

23 Stromversorgungsquellen und Netzverbindungen

Stromversorgungssysteme werden nach Art der Anordnung stromführender Leiter unter normalen Betriebsbedingungen, der Höhe und Art der Spannung sowie nach Art der Erdverbindungen klassifiziert. Stromquellen werden unterteilt in Systeme mit synchroner Verbindung zu einem Verteilnetz und Systeme ohne synchrone Verbindung.

23.1 Aufbau und Art der Spannung

23.1.1 Einphasenanordnung

Einphasige Wechselstromsysteme können als 2-Leiter-Einphasenanordnung (**Bild 23.1**) oder als 3-Leiter-Einphasenanordnung (**Bild 23.2**) aufgebaut sein. Bei der 2-Leiter-Einphasenanordnung wird die Spannung zwischen beiden Polen abgegriffen. Bei der 3-Leiter-Einphasenanordnung werden zwei Stromquellen in Reihe geschaltet. Das Bezugspotential wird bei DC-Systemen als Mittelpunktleiter und bei Wechselstromsystemen als Neutralleiter bezeichnet. So erhält man an den Polen zum Bezugspunkt eine symmetrische Spannungsversorgung.

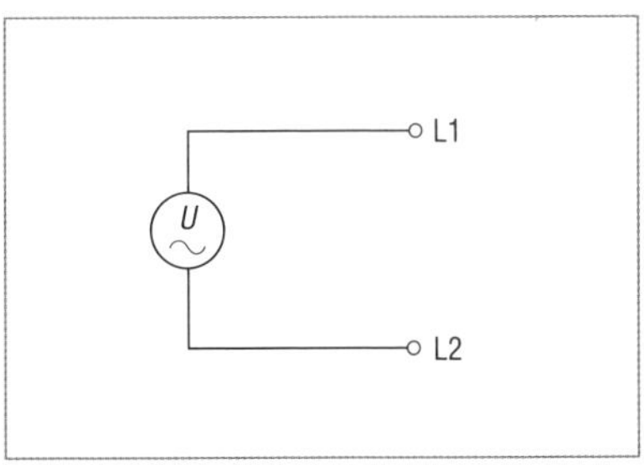

Bild 23.1 2-Leiter-Einphasenanordnung

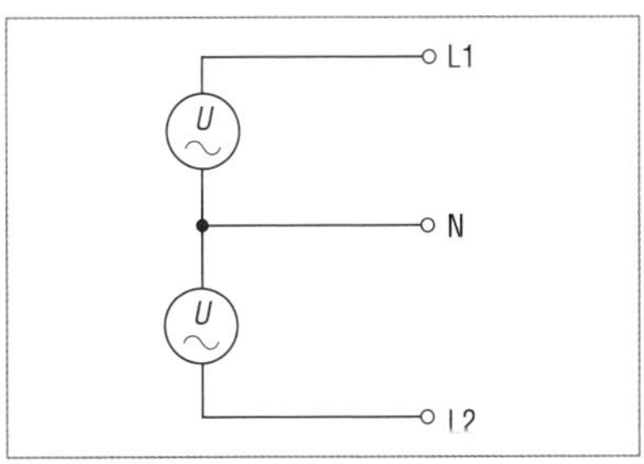

Bild 23.2 3-Leiter-Einphasenanordnung

23.1.2 Dreiphasenanordnung

Wechselstromversorgungssysteme werden einphasig oder dreiphasig aufgebaut. Dreiphasige Wechselstromkreise werden üblicherweise in Sternschaltung oder Dreieckschaltung angeordnet. Bei der Sternschaltung (**Bild 23.3**) sind die Wechselspannungen der drei Außenleiter um 120° phasenverschoben, sodass die geometrische Summe der Grundschwingung von 50 Hz der Außenleiterspannungen 0 V ergibt. In einer Sternschaltung ist die Netzspannung unter den Außenleitern um den Faktor $\sqrt{3}$ höher als die Strangspannungen. Die Ströme in den Außenleitern fließen über den Sternpunkt. Bei symmetrischer Belastung der Außenleiter heben sich die Grundschwingungen der Außenleiterströme aufgrund der Phasenverschiebung von 120° auf. Bei unsymmetrischen Belastungen ergibt sich der Strom im Neutralleiter über die geometrische Addition der Außenleiterströme.

Bei der Dreieckschaltung (**Bild 23.4**) besteht die Möglichkeit zum Anschluss eines Erdungsleiters oder Neutralleiters nicht, sodass von dem System ausschließlich die Netzspannungen der drei Außenleiter abgegriffen

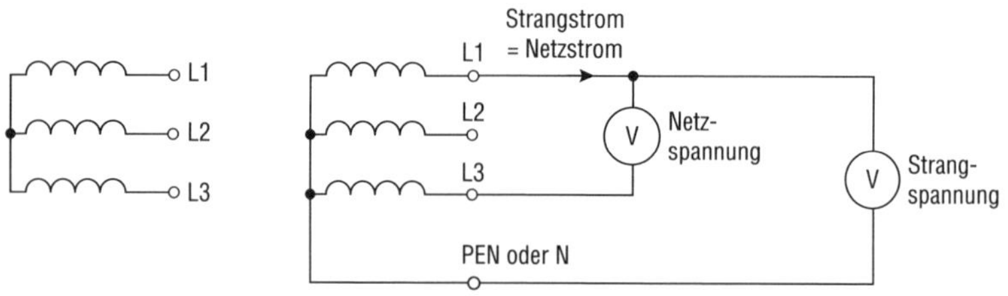

$$U_N = \sqrt{3} \cdot U_{Str}$$
$$I_N = I_{Str}$$

Bild 23.3 3- und 4-Leiter-Dreiphasenanordnung in Sternschaltung

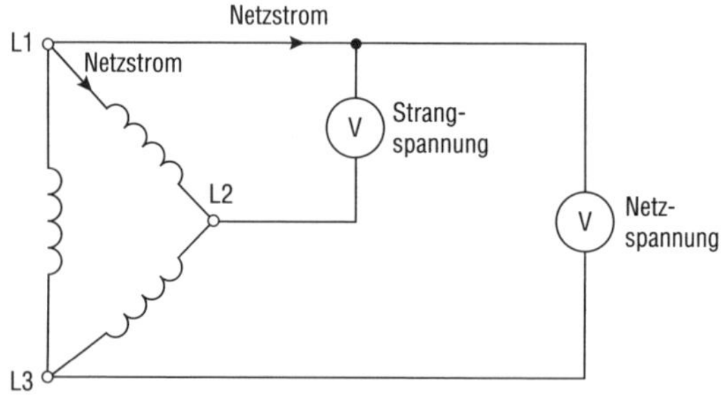

$$U_N = U_{Str}$$
$$I_N = \sqrt{3} \cdot I_{Str}$$

Bild 23.4 3-Leiter-Dreiphasenanordnung in Dreieckschaltung

werden können. Die Ströme an den Anschlusspunkten ergeben sich nach dem kirchhofschen Gesetz aus der Summe der am Anschlusspunkt angeschlossenen Stromquellen. Der Effektivwert des Netzstromes liegt um das $\sqrt{3}$-fache höher als in den Strängen der Stromquellen.

Bei einer 4-Leiter-Dreiphasenanordnung ist der Sternpunkt des Stromversorgungssystems mit einem aktiven Leiter, i.d.R. der Neutralleiter oder der PEN-Leiter, verbunden. Der PEN-Leiter ist allerdings kein aktiver Leiter. Er führt im Normalbetrieb bei unsymmetrischen Lasten Betriebsströme und erfüllt gleichzeitig die Schutzfunktion eines Schutzleiters. Im Falle einer 2-Leiter-Einphasenanordnung handelt es sich bei den zwei Leitern entweder um zwei Außenleiter oder einen Außenleiter und einen Neutralleiter, bzw. bei geerdeten Neutralleiter je nach Erdungsverhältnis um einen Außenleiter und einen PEN-Leiter.

23.2 Netzverbindungen

23.2.1 Netze mit synchroner Verbindung

Kundenanlagen am Niederspannungsnetz werden an der Übergabestelle vom elektrischen Energieversorgungsnetz des Netzbetreibers gespeist. Die Übergabestelle bezeichnet den technisch und räumlich definierten Ort der Übergabe elektrischer Energie aus dem öffentlichen Niederspannungsnetz in die Kundenanlage bzw. aus der Kundenanlage in das öffentliche Netz (vgl. VDE-AR-N 4100 Abs. 3.1.55). In Deutschland regelt die Niederspannungsanschlussverordnung (NAV) § 2 die Netzabschlussverhältnisse und den Betrieb zwischen Netzbetreiber und Anschlussnehmer. Nach NAV § 16 hat der Netzbetreiber die Spannung und Frequenz aus Gründen des stabilen Betriebes möglichst gleich zu halten.

Die Anschlussnutzung hat nach NAV § 16 (2) zur Voraussetzung, dass die Blindleistungsaufnahme und Blindleistungsabgabe der elektrischen Betriebsmittel der Anschlussnutzeranlage am Übergabepunkt einen Verschiebungsfaktor zwischen $\cos\varphi = 0{,}9$ induktiv und $\cos\varphi = 0{,}9$ kapazitiv nicht unterschreiten darf. Andernfalls ist eine Kompensationseinrichtung auf Verlangen des Netzbetreibers einzubauen.

Der Netzbetreiber hat die Höhe der Spannungsversorgung, die Frequenz, die Kurvenform und die Symmetrie der Leiterspannung nach DIN EN 60038 (VDE 0175-1) von 230/400 V sowie eine Netz-Nennfrequenz von

50 Hz am Übergabepunkt bereitzustellen und die zulässigen Toleranzen der genannten Merkmale nach DIN EN 50160 einzuhalten. Die Versorgungsspannung sollte hierfür nicht mehr als +/– 10 % von der Nennspannung des Netzes abweichen. Die 10-Minuten-Mittelwerte der Frequenz sollten während 99,5 % eines Jahres höchstens um +/– 1 % der Nennfrequenz von 50 Hz abweichen und so im Bereich zwischen 49,5 Hz und 50,5 Hz liegen. Auf 100 % der Betriebszeit gesehen, sollten die 10-Minuten-Mittelwerte innerhalb von 47 Hz und 52 Hz liegen, was einem Toleranzbereich von –6 %/+4 % entspricht.

Spannung und Frequenz sind bei Netzen mit synchroner Verbindung vom speisenden Netz vorgegeben. Die Zuschaltung netzgekoppelter Erzeugungsanlagen am Niederspannungsnetz erfolgt, sobald die Synchronisationsbedingungen gleiche Spannung, gleiche Frequenz, gleiche Phasenfolge und gleicher Phasenwinkel erfüllt sind. Erst dann erfolgt eine stromlose Zuschaltung der Erzeugungsanlage am Netzanschlusspunkt (POC).

23.2.2 Netze ohne synchrone Verbindung

Netze ohne synchrone Verbindungen sind nicht mit dem Energieversorgungsnetz des örtlichen Verteilnetzbetreibers verbunden. Die lokale Erzeugungseinrichtung speist zum einen die Anschlussnutzeranlage und erzeugt zum anderen die Netzspannung und Frequenz. Eine Verbindung zum lokalen Energieversorgungsnetz ist bei Netzen ohne synchroner Verbindung permanent oder temporär unterbrochen. Temporäre Unterbrechungen können durch Netzausfälle oder geplante Abschaltungen bedingt sein.

Stromquellen für Sicherheitszwecke sind im Allgemeinen zur normalen Stromversorgung vorhanden. Sie werden im Netzparallelbetrieb geladen und können bei Netzausfall ein Netz ohne synchrone Verbindung bereitstellen. Bei Ausfall der Netzspannung müssen, soweit vorhanden und erforderlich, Stromkreise für ausschließlich sicherheitstechnische Zwecke weiterhin für eine definierte Zeit betriebsfähig sein. Diese Betriebsfähigkeit der Stromkreise für Sicherheitszwecke stellen Ersatzstromversorgungsanlagen mit einer zulässigen automatischen oder nicht automatischen Umschaltung sicher.

Netzsysteme ohne synchrone Verbindung zu einem Verbundnetz werden auch als Inselnetz bezeichnet. Die Anwendung erfolgt in ländlichen und abgelegenen Gebieten, wo keine Anbindung an ein Versorgungsnetz besteht. Im Zuge der Energiewende finden solche Inselsysteme auch als autarke

Stromversorgung mit einer oder mehreren Erzeugungsanlagen in Kombination mit einem Speicher Anwendung.

Auch bei Netzen ohne synchrone Verbindung müssen die Spannungsversorgung, die Frequenz, die Kurvenform und die Symmetrie der Leiterspannung nach DIN EN 60038 (VDE 0175-1) von 230/400 V und eine Netz-Nennfrequenz von 50 Hz am Speisepunkt bereitgestellt und die zulässigen Toleranzen der Merkmale nach DIN EN 50160 eingehalten werden. Die Versorgungsspannung eines Inselsystems sollte ebenso wie bei netzgekoppelten Systemen einen Toleranzbereich von +/−10 % der Nennspannung des Netzes nicht verlassen. Die 10-Minuten-Mittelwerte der Frequenz sollten während 99,5 % eines Jahres höchstens +/−2 % der Nennfrequenz von 50 Hz (49,5 Hz bis 50,5 Hz) in Summe abweichen und während der gesamten Betriebszeit ein Toleranzband von −15 %/+15 %, also einen Frequenzbereich von 42,5 Hz und 57,5 Hz, nicht verlassen.

23.2.3 Zusammenfassung: Netze mit und ohne synchrone Verbindung

Die Toleranzwerte für Netze mit und ohne synchrone Verbindung sind in **Tabelle 23.1** zusammengefasst.

	Netze	
	mit synchroner Verbindung	**ohne synchrone Verbindung**
Toleranz der Nennspannung	+/− 10 % 400 V/230 V	+/− 10 % 400 V/230 V
Toleranzbereich der Nennfrequenz (95,5% der Betriebszeit)	+/− 1% 49,5 Hz und 50,5 Hz	+/− 2 % 49,5 Hz und 50,5 Hz
Toleranzbereich der Nennfrequenz (100% der Betriebszeit)	−6 % / +4 % 47 Hz und 52 Hz	−15 % / +15 % 49,5 Hz und 50,5 Hz
Verschiebungsfaktor	$\cos \varphi$ = 0,9 induktiv $\cos \varphi$ = 0,9 kapazitiv	k.A.

Tabelle 23.1 Toleranzen für Netze mit und ohne synchrone Verbindung nach DIN VDE 0175-1

Vgl. hierzu [9], [22], [86], [87], [94].

24 Stromversorgungssysteme nach Art der Erdverbindung

Elektrische Anlagen im Bereich bis 1 kV Wechselspannung und 1,5 kV Gleichspannung sind in Übereinstimmung der Anforderungen der zutreffenden Teile der Gruppe DIN VDE 0100 zu planen. Die Planung und Errichtung elektrischer Anlagen hat unter Berücksichtigung des Schutzes von Personen, Nutztieren und Sachwerten zu erfolgen. Zudem hat die elektrische Anlage die für den Verwendungszweck vorgesehenen Funktionen zu erfüllen.

Die Betrachtung eines Stromversorgungssystems hinsichtlich Aufbauart der Erdverbindung ist für die Anwendung der Schutzmaßnahme Schutz gegen elektrischen Schlag nach DIN VDE 0100-410 sowie aus Gründen der Verfügbarkeit ein, wenn nicht sogar, der wesentliche Planungsaspekt. Die Bezeichnung von Stromversorgungssystemen erfolgt nach Art der Erdverbindung, der Beziehung der Körper der elektrischen Betriebsmittel zur Erde und der Anordnung von Neutral- bzw. Mittelpunkt- und Schutzleiter (**Tabelle 24.1**).

Der Anwendungsbereich der Reihe DIN VDE 0100 umfasst sowohl Wechselstromsysteme als auch Gleichstromsysteme. Bei den Bezeichnungen werden deshalb noch in Klammern die Kürzel „AC“ oder „DC“ hinter der Bezeichnung des Stromversorgungssystems ergänzt. In der Praxis sind mit der Bezeichnung in den meisten Fällen Wechselstromsysteme gemeint, wodurch auf die zusätzliche Bezeichnung „AC“ in der Beschreibung der Netzform verzichtet wird. Der Einzug dezentraler Stromversorgungssysteme und Erzeugungsanlagen sowie neue Konzepte zur Effizienzoptimierung

Buchstabe		Bedeutung
erster Buchstabe (Beziehung zur Erde)	T	direkte Verbindung eines Punkts zur Erde (starre Erdverbindung)
	I	alle aktiven Teile von Erde getrennt oder ein Punkt über eine hohe Impedanz mit Erde verbunden
zweiter Buchstabe (Beziehung zu Körpern)	T	direkte elektrische Verbindung der Körper zur Erde
	N	direkte elektrische Verbindung der Körper zum geerdeten Punkt des Stromversorgungssystems
weiterer Buchstabe (falls vorhanden)	S	Schutzfunktion ist vom Neutralleiter oder dem geerdeten Außenleiter getrennt
	C	Neutralleiter- und Schutzfunktion ist in einem Leiter kombiniert

Tabelle 24.1 Bezeichnung der Netzformen nach DIN VDE 0100-100

rücken DC-Stromversorgungssysteme mehr in den Fokus. Sind in einer elektrischen Anlage für die allgemeine Stromversorgung beide Stromversorgungssysteme vorhanden, sollte die Spannung (AC und DC) ergänzt werden.

24.1 TN-System

TN-Systeme sind in städtischen Bereichen die gängigste Netzform. Beim TN-System ist der Sternpunkt der Stromquelle mit Erde verbunden. Im Niederspannungsbereich stellt die Niederspannungsseite des lokalen Ortsnetztransformators die Stromquelle des Stromversorgungssystems dar. Von dort sind über ein Stich-, Ring- oder Maschennetz die Netzanschlusspunkte der einzelnen Kundenanlagen angeschlossen. TN-Systeme können in folgenden Varianten aufgebaut werden:

- TN-C-System,
- TN-C-S-System,
- TN-S-System.

Bei allen drei Varianten ist der Sternpunkt niederohmig und dauerhaft mit Erde verbunden. Man spricht daher auch von einer starren Erdverbindung. In der elektrischen Anlage sind die Körper mit dem geerdeten Sternpunkt des Stromversorgungssystems verbunden. Je nach Ausführung des TN-Systems erfolgt die Verbindung der Körper zum Sternpunkt über den Schutzleiter (PE) oder über einen PEN-Leiter.

24.1.1 TN-C-System

Im TN-C-System (**Bild 24.1**) ist der mit Erde niederohmig verbundene Sternpunkt als PEN-Leiter herausgeführt. Der PEN-Leiter erfüllt sowohl die Funktion als Rückleiter/Mittelpunktleiter als auch als Schutzleiter. Er ist kein aktiver Leiter. Die Körper sind direkt mit dem PEN-Leiter verbunden. Eine Aufteilung des PEN-Leiters in Schutzleiter (PE) und Neutralleiter (N) erfolgt erst im Betriebsmittel.

TN-C-Systeme bergen die Gefahr, dass an den metallenen Köper einer elektrischen Anlage bei Abreißen des PEN-Leiters eine gefährliche Berührungsspannung anliegt. Diese Gefahr besteht insbesondere in Endstromkreisen mit ortsveränderlichen Betriebsmitteln, die über Festanschlüsse oder Steckvorrichtungen über eine flexible Leitung angeschlossen sind. Daher

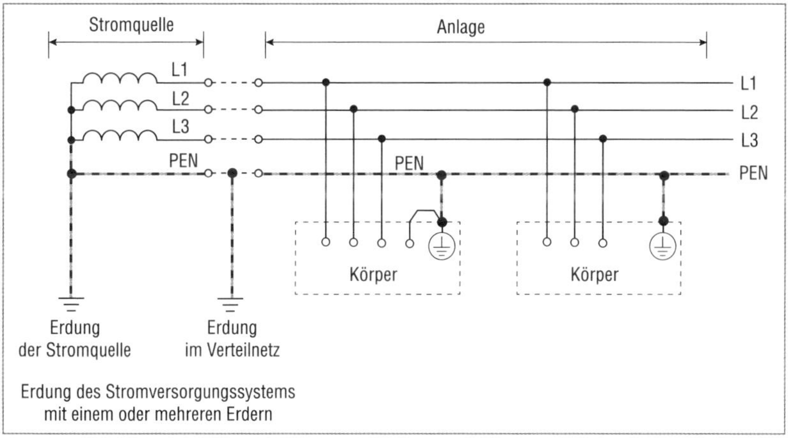

Bild 24.1 Aufbau eines TN-C-Systems mit Einfacheinspeisung nach DIN VDE 0100-100

sind TN-C-Systeme, oder auch Systeme mit sogenannter „klassischer Nullung", in Endstromkreisen und innerhalb feuergefährdeter Betriebsstätten nach DIN VDE 0100-420 grundsätzlich verboten. PEN-Leiter dürfen nach DIN VDE 0100-540 nur in fest installierten elektrischen Anlagen verwendet werden. Sie müssen aus mechanischen Gründen einen Leiterquerschnitt von mindestens 10 mm² Kupfer oder 16 mm² Aluminium besitzen.

Neben dem Aspekt der elektrischen Sicherheit sind bei TN-C-Systemen über den Potentialausgleich anteilige Last- und Fehlerströme in metallenen Gebäudeinfrastrukturen wie Rohrleitungen, Teilen der Gebäudekonstruktionen und fremden leitfähigen Teilen Last- und Fehlerströme zu erwarten. Durch die Ströme im PEN-Leiter bestehen innerhalb der Gebäude zwischen den Körpern Potentialdifferenzen. Diese sorgen für galvanische Einkopplungen auf die elektrische Anlage. Bei informationstechnischen Anlagen (z. B.), die über Netzwerke (LAN) innerhalb des Gebäudes verlegt sind, werden bedingt durch die Schirmströme Potentialdifferenzen auf den Schirmen der Netzwerkleitungen verursacht. Anlagen in bestehenden Gebäuden mit TN-C-Systemen sollten deshalb erneuert werden.

24.1.2 TN-C-S-System

TN-C-S-Systeme stellen eine Mischform aus TN-C- und TN-S-Systemen dar (**Bild 24.2**). Der PEN-Leiter wird von der Stromquelle über das Verteilnetz bis in die Kundenanlage geführt. Eine Auftrennung des PEN-Leiters in Schutz- und Neutralleiter erfolgt innerhalb der Anschlussnutzeranlage. Der

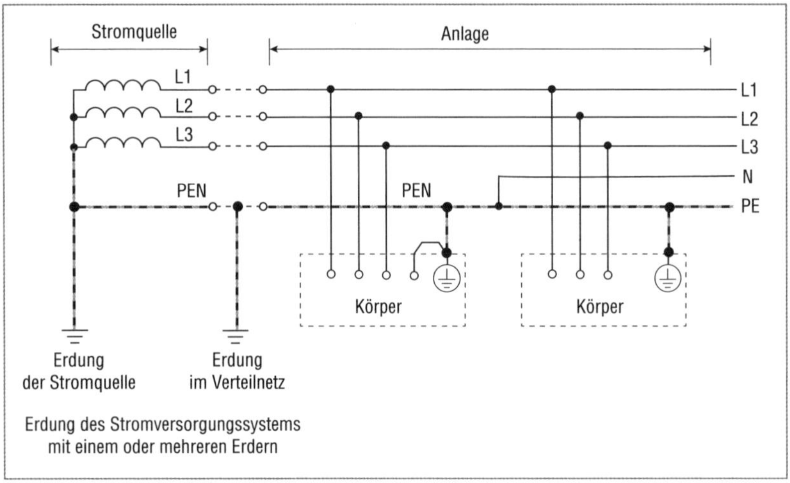

Bild 24.2 Aufbau eines TN-C-S-Systems mit Einfacheinspeisung nach DIN VDE 0100-100

Anlagenteil vor der Aufteilung des PEN-Leiters wird als TN-C-System betrieben, die Körper sind am PEN-Leiter angeschlossen. Eine Auftrennung des PEN-Leiters erfolgt erst im Betriebsmittel bzw. innerhalb des Unterverteilers.

Hinsichtlich der Auftrennung des PEN-Leiters in TN-Systeme gelten sowohl die Anforderungen nach DIN VDE 0100-444 als auch der VDE-AR-N 4100. Nach DIN VDE 0100-444 Abs. 444.4.3.1 ist zur Vermeidung von Potentialdifferenzen auf dem Schutzleitersystem grundsätzlich ein TN-S-System innerhalb eines Gebäudes zu verwenden.

Nach VDE-AR-N 4100 Abs. 6.3 ist der PEN-Leiter in einem TN-System in PE-Leiter und N-Leiter an der ersten möglichen Anschlussstelle im Gebäude aufzuteilen. Zudem ist an diesem Punkt eine Verbindung zur Haupterdungsschiene herzustellen. Damit ist der PEN-Leiter an einer der folgenden Stellen in N- und PE-Leiter aufzuteilen:

- innerhalb eines Gebäudes
  - im Hausanschlusskasten,
  - in der Hauptverteilung oder
  - im netzseitigen Anschlussraum des Zählerschrankes,
- außerhalb eines Gebäudes:
  - im Hausanschlusskasten an der Gebäudeaußenwand,
  - im Dachständeranschluss, mit Auftrennung an der erstmöglichen Stelle im Gebäude.

Nach der Auftrennung des PEN-Leiters in N- und PE-Leiter liegt ein TN-S-System vor. Die Körper sind am Schutzleiter anzuschließen. Ein Zusammenführen von Schutz- und Neutralleiter zu einem PEN-Leiter nach dessen Auftrennung würde betriebsmäßig zu einer Aufteilung der Neutralleiterströme und möglicherweise in Folge dessen zur Überlastung führen. Je nach Betriebsströmen führt dieser Umstand zu einer betriebsmäßigen Überlastung an der unzulässigen Verbindungsstelle. Das Zusammenführen von Schutz- und Neutralleiter nach der Auftrennung in einem Stromversorgungssystem ist demnach unzulässig.

24.1.3 TN-S-System

Im TN-S-System sind ab dem Sternpunkt Neutralleiter und Schutzleiter getrennt herausgeführt (**Bild 24.3**). Da der Schutzleiter ausgenommen der Ableitströme nur im Fehlerfall hohe Ströme führt, bestehen nur geringe Potentialdifferenzen zwischen den Körpern.

Aus Sicht der elektromagnetischen Verträglichkeit fließen in einem TN-S-System keine Betriebsströme über das Schutzleitersystem. Daher stellt diese Variante aus Sicht der elektromagnetischen Verträglichkeit die optimale Variante dar.

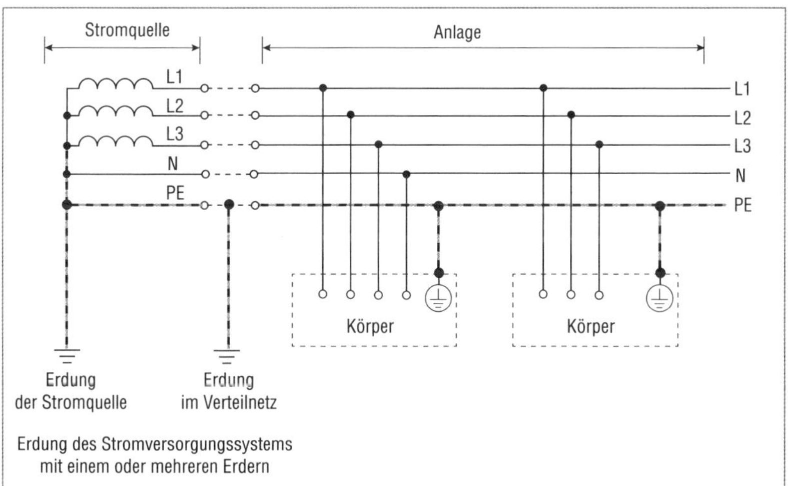

Bild 24.3 Aufbau eines TN-S-Systems mit Einfacheinspeisung nach DIN VDE 0100-100

24.2 TT-System

Stromquellen in TT-Systemen sind im Sternpunkt als starre Verbindung mit Erde verbunden (**Bild 24.4**). Aus dem Sternpunkt wird der Neutralleiter herausgeführt und über das Verteilnetz in die Kundenanlage zu den Außenleitern mitgeführt. Das System besitzt zwei unabhängige Erder, die Erdung der Stromquelle und die Schutzerdung der Anlage. Die Körper der Kundenanlage sind direkt mit der Schutzerdung in der Anlage verbunden.

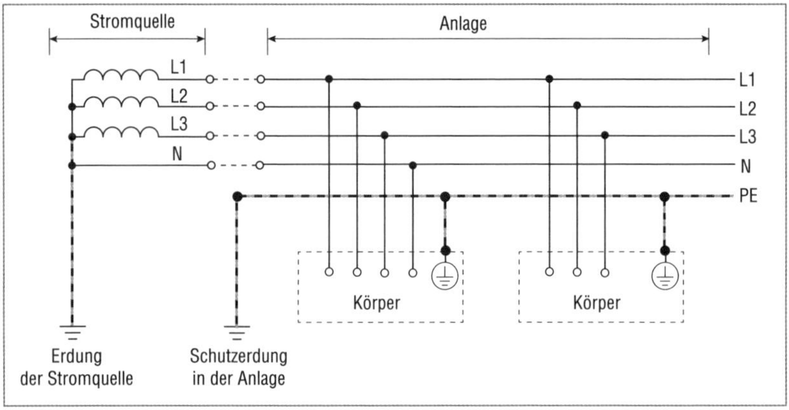

Bild 24.4 Aufbau eines TT-Systems mit Einfacheinspeisung nach DIN VDE 0100-100

24.3 Das IT-System

Beim IT-System ist der Sternpunkt der Stromquelle gegenüber Erdpotential isoliert oder über eine hohe Impedanz verbunden (**Bild 24.5**). Beim IT-System sind die Körper direkt einzeln oder in Gruppen mit Erde verbunden. Die Schutzerdung in der Anlage darf entweder alternativ zur Schutzerdung des Systems oder als zusätzliche Schutzvorkehrung, die nicht zwingend am Speisepunkt angeordnet ist, vorgesehen sein.

Bei IT-Systemen besteht beim ersten Fehler noch keine geschlossene Fehlerschleife. Deshalb liegt beim ersten Fehler kein ausreichend hoher Kurzschlussstrom vor, der eine Abschaltung der Schutzeinrichtung innerhalb der erforderlichen Abschaltzeit bewirkt. Erst beim zweiten Fehler ist die Fehlerschleife geschlossen, sodass eine Abschaltung erfolgt. Eine Isolationsüberwachungseinrichtung muss jedoch den ersten Fehler erkennen und diesen melden.

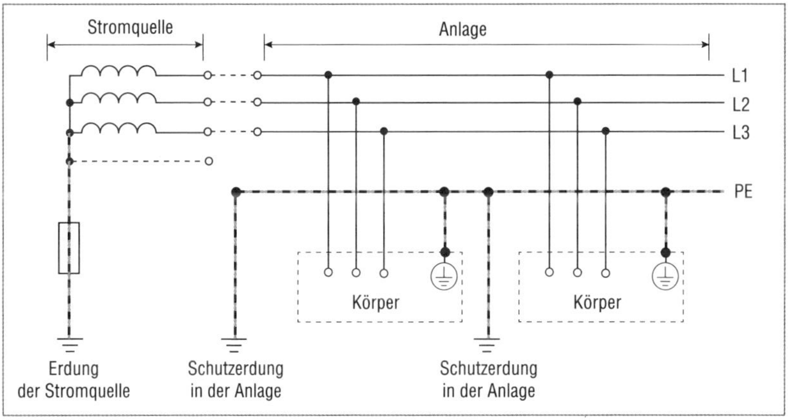

Bild 24.5 Aufbau eines IT-Systems mit Einfacheinspeisung nach DIN VDE 0100-100

IT-Systeme werden demnach immer dort eingesetzt, wo hohe Anforderungen an die Verfügbarkeit und die Versorgungssicherheit gestellt werden, wie in Krankenhäusern für den Betrieb lebenserhaltender Geräte oder für Lüftungsanlagen unter Tage.

24.4 Stromversorgungssysteme mit Mehrfacheinspeisung

Häufig sind Stromversorgungssysteme in industriellen Anlagen als System mit Mehrfacheinspeisung aufgebaut. Mehrfacheinspeisungen finden netzseitig auf der Versorgungsseite zur Erhöhung der Versorgungssicherheit, z. B. bei Ringeinspeisungen, Anwendung. Die Mehrfacheinspeisung in Kundenanlagen besteht auch, wenn dezentrale Erzeugungsanlagen im netzgekoppelten Betrieb in eine Kundenanlage einspeisen, z. B. ein Photovoltaik-(PV)-Stromversorgungssystem im Netzparallelbetrieb (**Bild 24.6**).

Die Stromversorgungssysteme dürfen in der Einspeisestelle nur einen zentralen Erdungspunkt besitzen. Bei Systemen mit Mehrfacheinspeisungen können im Fall einer ungeeigneten Planung die Betriebsströme nicht beabsichtigte Wege nehmen. Diese Ströme verursachen:

- Feuer,
- Korrosion,
- elektromagnetische Störungen.

Eine direkte Verbindung der Transformatorsternpunkte zur Erde ist nicht erlaubt. Der Leiter der Transformatorsternpunkte oder der Generatorstern-

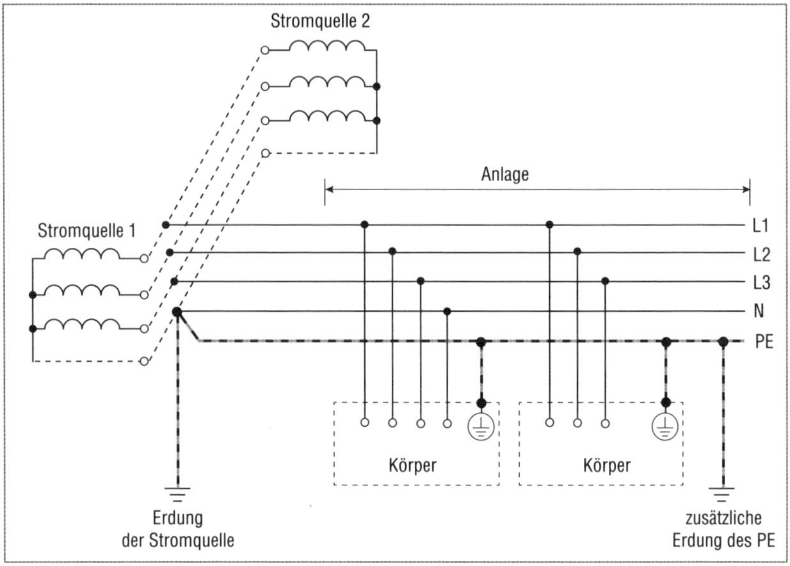

Bild 24.6 TN-C-S-System mit Mehrfacheinspeisung und mit getrenntem Schutzleiter und Neutralleiter zu elektrischen Verbrauchsmitteln

punkte ist wie ein PEN-Leiter gemäß den Anforderungen nach DIN VDE 0100-540 zu betrachten und ist demnach isoliert von den Stromquellen zum zentralen Erdungspunkt (ZEP) zu verlegen. Eine Verbindung zwischen den Sternpunkten der einzelnen Stromquellen darf nur einmal erfolgen und muss in der Niederspannungs-Hauptverteilung angeordnet werden. Ab dem zentralen Erdungspunkt ist das Stromversorgungssystem als TN-S-System auszuführen (**Bild 24.7**). Verbraucherseitig dürfen zusätzliche Erdungen vorgesehen werden. Die Schutzleiter sind in Übereinstimmung mit DIN EN 60446 (VDE 0198) in Leitungen mit farblicher Leitermarkierung grün/gelb zu kennzeichnen. Kabel mit konzentrischem Schutzleiter sind von der Farbmarkierung ausgenommen.

Bild 24.7 Zentraler Erdungspunkt/ZEP

Vgl. hierzu [22], [25], [26], [42].

25 Schutzvorkehrungen gegen elektrischen Schlag

Die grundsätzliche Anforderung an den Schutz gegen elektrischen Schlag ist, dass gefährliche aktive Teile nicht berührbar sein dürfen, und berührbare leitfähige Teile weder unter normalen Bedingungen bei bestimmungsgemäßer Verwendung noch unter Bedingung eines Einzelfehlers aktiv sein dürfen.

Die Schutzmaßnahmen gegen elektrischen Schlag von Personen und Nutztieren basieren darauf, den Stromfluss und gefährliche Berührungsspannungen für Personen und Nutztiere zu verhindern oder in der Höhe und Dauer auf ein ungefährliches Maß zu begrenzen. Maßnahmen zum Schutz gegen elektrischen Schlag beinhalten Schutzvorkehrungen an den Basisschutz, Fehlerschutz und zusätzlichen Schutz (**Bild 25.1**).

Der Basisschutz, auch Schutz bei direktem Berühren genannt, besteht aus einer Schutzvorkehrung gegen das Berühren aktiver Teile unter normalen Betriebsbedingungen. Der Fehlerschutz, auch Schutz bei indirektem Berühren genannt, stellt eine vom Basisschutz unabhängige Maßnahme dar, die einen Schutz gegen elektrischen Schlag unter den Bedingungen eines Einzelfehlers, z. B. bei Versagen des Basisschutzes, gewährleistet. Beide Schutzvorkehrungen dürfen in elektrischen Anlagen nur in Kombination angewendet werden durch:

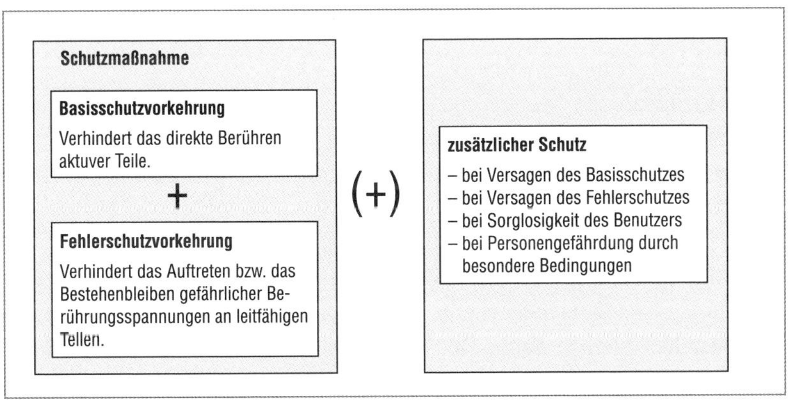

Bild 25.1 Übersicht der Schutzvorkehrungen gegen elektrischen Schlag

- eine Schutzvorkehrung bestehend aus Basisisolierung und zusätzlicher Isolierung bzw. einer verstärkten Isolierung oder
- die Schutzmaßnahme „Schutz durch automatische Abschaltung der Stromversorgung“ bestehend aus einer Basisschutzvorkehrung und einer Fehlerschutzvorkehrung.

Basisschutz- und Fehlerschutzvorkehrung müssen voneinander unabhängig sein und dürfen sich nicht gegenseitig beeinträchtigen. Das Versagen einer Schutzvorkehrung darf somit nicht zur Unwirksamkeit beider Schutzvorkehrungen führen. Hierbei sind folgende Einzelfehler zu berücksichtigen:

- Ein berührbares, nicht gefährliches aktives Teil wird bei einem Fehler zu einem gefährlichen aktiven Teil,
- ein berührbares leitfähiges nicht aktives Teil wird zu einem gefährlichen aktiven Teil,
- ein gefährliches aktives Teil wird berührbar.

Der zusätzliche Schutz wird in Abschnitt 26.7 *Der zusätzliche Schutz* behandelt.

25.1 Basisschutz und Fehlerschutz

Die Basisschutzvorkehrung verhindert das direkte Berühren unter Spannung stehender Teile unter normalen Bedingungen. Damit wird entweder der Zugang zu gefährlichen aktiven Teilen verhindert oder die Spannungen, Ströme und Energien auf ein ungefährliches Maß begrenzt. Die Anwendung der Basisschutzvorkehrung ist in erster Linie von der Spannungshöhe abhängig. Der Basisschutz kann durch folgende Schutzvorkehrungen hergestellt werden:

- Schutzabdeckung oder Schutzumhüllung,
- Hindernisse,
- Anordnung außerhalb des Handbereichs,
- Begrenzung der Spannung von Beharrungsstrom und Energie,
- Potentialsteuerung,
- andere Vorkehrungen für den Basisschutz.

Die Fehlerschutzvorkehrung verhindert, dass im Fehlerfalle unter Berücksichtigung eines Einzelfehlers eine gefährliche Berührungsspannung auftrifft und bestehen bleiben kann. Der Fehlerschutz muss aus einer vom Basisschutz unabhängigen Vorkehrung bestehen. Der Fehlerschutz kann durch folgende Schutzvorkehrungen hergestellt werden:

- zusätzliche Isolierung,
- Schutzpotentialausgleich,
- Schutzschirmung,
- automatische Abschaltung der Stromversorgung,
- einfache Trennung (zwischen Stromkreisen),
- nichtleitende Umgebung,
- Potentialsteuerung.

25.2 Basisschutzvorkehrungen

25.2.1 Schutzabdeckung oder Schutzumhüllung

Die DIN VDE 0100-410 legt im Anhang A Anforderungen an Schutzabdeckungen und Schutzumhüllungen als Basisschutzvorkehrung fest. Schutzabdeckungen oder Schutzumhüllungen kommen üblicherweise als Basisschutzvorkehrungen bei Geräten und Betriebsmitteln sowie bei isolierten Kabeln und Leitungen zur Anwendung. Die Basisisolierung durch Schutzabdeckung oder Schutzumhüllung aktiver Teile darf nur durch Zerstörung entfernt werden. Sie muss unter Berücksichtigung der Zugänglichkeit sowie dem Aufstellort und der Qualifikation des Personals über eine ausreichende mechanische Festigkeit verfügen, sodass Umhüllungen aktiver Teile der Schutzart IP2X oder IPXXB bzw. im Bereich von Laien IPXXC (Entnahme nur mit Werkzeug) entsprechen.

Öffnungen dürfen ausschließlich so groß wie für den bestimmungsgemäßen Betrieb erforderlich sein. Horizontale Abdeckungen müssen fest angebracht sein und müssen mindestens den Schutzarten IPXXD oder IP4X entsprechen.

Abdeckungen dürfen nur von befugtem Personal geöffnet werden (**Bild 25.2**). Demnach sind Abdeckungen entsprechend gegen unbeabsichtigtes

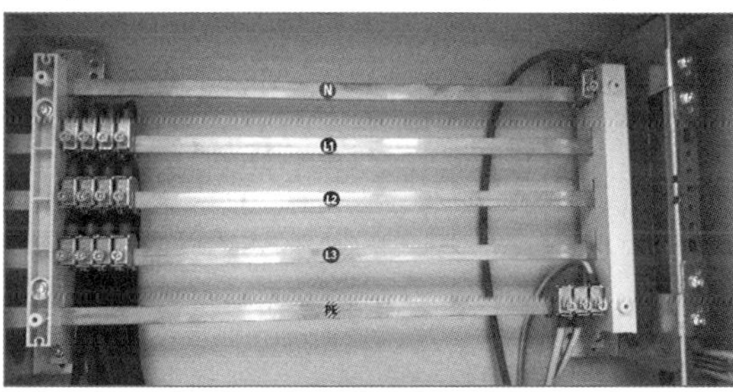

Im Beispiel ist eine Stromschiene hinter einer Verteilerabdeckung abgebildet. Auf der Verteilerabdeckung war kein Warnhinweis vorhanden, der vor direktem Berühren der nicht isolierten Stromschiene vor dem Abnehmen der Verteilerabdeckung warnt.

Bild 25.2 Nicht isolierte Stromschiene hinter einer Verteilerabdeckung

bzw. unbefugtes Öffnen zu sichern. Die Abdeckungen dürfen sich ausschließlich mit einem Werkzeug oder einem Schlüssel öffnen lassen. Die Abdeckungen und Umhüllungen müssen am Anbringungsort fest gesichert sein und über ausreichende Stabilität verfügen, um die erforderliche Schutzart unter normalen Bedingungen aufrechtzuerhalten.

Abgewichen werden kann, wenn die Anforderungen hinsichtlich der Schutzart aus Gründen des bestimmungsgemäßen Betriebes des Betriebsmittels, wie dies z. B. bei Lampenfassungen der Fall ist, nicht erfüllt werden können. Hierzu sind allerdings zusätzliche Vorsichtsmaßnahmen gegen ein unbeabsichtigtes Berühren aktiver Teile zu treffen. Hierzu sind die Personen, soweit praktisch möglich, über die Gefahren durch z. B. Warnhinweise in Kenntnis zu setzen.

Aktive Teile sind vor Öffnen der Basisschutzvorkehrung freizuschalten. Abdeckungen von Steuerschränken sind somit in der Regel mit einem verriegelten Hauptschalter auszustatten, der durch eine mechanische Verriegelung ein Öffnen im eingeschalteten Zustand verhindert. Durch Kapazitäten und Speicher, z. B. bei Frequenzumrichter, ist nach dem Abschalten mit Restladungen, die zu berührungsgefährlichen Spannungen führen können, zu rechnen. Nach DIN VDE 0100-410 A.2 besteht bei einem unbeabsichtigten Berühren statischer Ladungen keine Gefährdung, wenn diese innerhalb von 5 s auf unterhalb 120 V DC gesunken sind.

Allerdings haben Errichter und Betreiber Anwendungsbereiche der Anforderungen zu beachten.

Neben ortsfesten elektrischen Anlagen fallen Maschinenschaltschränke in den Anwendungsbereich der DIN EN 60204-1 (VDE 0113-1). Nach DIN EN 60204-1 Abs. 6.2.4 ist für Maschinenschaltschränke der Schutz gegen Restspannung, z. B. an Frequenzumrichtern, erst ab einer Gleichspannung von unterhalb 60 V DC innerhalb einer Zeit von 5 s erreicht. Damit gelten in diesem Fall die verschärften Anforderungen der DIN EN 60204-1.

Stehen Leiterabschnitte, z. B. von den Netzanschlussklemmen bis zum Hauptschalter, oder ausgenommene Stromkreise in der Elektroverteilung bei ausgeschaltetem Hauptschalter unter Spannung, sind diese mit einem Warnhinweis z. B. nach **Bild 25.3** oder durch farbliche Kennzeichnung der Leiter (orange) zu kennzeichnen.

Bild 25.3 Warnhinweis vor Restspannung auf einem Frequenzumrichter

25.3 Schutz durch Hindernisse und Anordnung außerhalb des Handbereichs

Die Schutzvorkehrungen „Schutz durch Hindernisse“ und „Schutz durch Anordnung außerhalb des Handbereichs“ sehen keine technische Fehlerschutzvorkehrung vor. Die Anwendung der Schutzvorkehrung ist deshalb nur in abgeschlossenen Bereichen, zu denen Elektrofachkräfte oder elektrotechnisch unterwiesene Personen Zugang haben, zulässig. Der Zugang von anderen Personen (Laien) ist nur unter Beaufsichtigung einer EuP oder einer EFK zulässig. Der Betreiber hat hier im Rahmen seiner betrieblichen Organisationpflicht eine geeignete Zugangsregelung festzulegen, z. B. über ein Schließsystem oder elektronische Zugangsmöglichkeiten den Zugang zu regeln und vor den Gefährdungen zu warnen.

25.3.1 Schutz durch Hindernisse

Der Schutz durch Hindernisse verhindert eine unbeabsichtigte körperliche Näherung zu aktiven Teilen sowie ein unbeabsichtigtes Berühren von aktiven Teilen beim Bedienen von aktiven Betriebsmitteln im normalen Betrieb.

Hindernisse müssen mindestens die gleichwertigen Anforderungen an den Schutz gegen direktes Berühren hinsichtlich der Schutzart IPXXB oder IP2X erfüllen. Geeignete Hindernisse im Sinne des Basisschutzes stellen Absperrholme, Geländer und Maschengitter dar (**Bild 25.4**)

Die Abbildung zeigt einen Mittelspannungstransformator. Dieser ist in einem separaten Raum untergebracht. Der Schutz durch Hindernisse wird durch einen Absperrholm sichergestellt. Der Zugang zum Transformatorraum ist durch eine abschließbare Tür gesichert, sodass der Raum gegen Zugang durch Laien und unbefugte Personen gesichert ist.

Bild 25.4 Transformator mit Absperrholm

Die Schutzvorkehrung darf ohne Verwendung von Werkzeug oder eines Schlüssels entfernbar sein. Die Hindernisse sind so zu befestigen, dass ein unbeabsichtigtes Entfernen, z.B. durch Anstoßen, konstruktiv nicht möglich ist.

Hindernisse aus Metall gelten als Körper. Sie sind deshalb an der Schutzpotentialausgleichsklemme/-schiene anzuschließen. Demnach sind Türen und Gitter in den Schutzpotentialausgleich einzubeziehen (**Bild 25.5**).

Die Abbildung zeigt eine Zelle in einer alten Umspannstation. Der Schutz durch Abstand wird durch eine metallene Absperrung sichergestellt. Die leitfähige Absperrung ist als Körper zu betrachten und ist am Schutzpotentialausgleich angeschlossen.

Bild 25.5 Sicherungstrennschalter in einer alten Umspannstation

25.3.2 Schutz durch Anordnung außerhalb des Handbereichs

Während die Schutzvorkehrung durch Hindernisse den Zugang zu gefährlichen aktiven Teilen verhindert, verhindert die Schutzvorkehrung „Anordnung außerhalb des Handbereichs" ein unbeabsichtigtes gleichzeitiges Berühren aktiver Teile im Raum (**Bild 25.6**). Leitfähige Teile, zwischen denen unter normalen Betriebsbedingungen oder im Fehlerfall eine gefährliche Berührungsspannung anliegen kann, gelten in einem Abstand von bis zu 2,5 m als gleichzeitig berührbar. Als nicht gleichzeitig berührbar gelten Teile, die mehr als 2,5 m auseinander angeordnet sind. Hilfsmittel wie Leiter und Tritte, die bei Wartungs- und Instandhaltungsarbeiten den Abstand von der Standfläche zu aktiven Teilen verringern, sind vom Betreiber im Rahmen seiner Gefährdungsbeurteilung zu berücksichtigen.

Die Abbildung zeigt eine abgeschlossene elektrische Betriebsstätte. Die blanken aktiven Leiter der Stromschienen sind in einer Höhe von 2,5 m über der Standfläche angeordnet.

Bild 25.6 Schutz durch Abstand in einer Übergabestation

Ohne Berücksichtigung eines dazwischenliegenden Hindernisses, welches mindestens der Schutzart IPXXB entspricht, oder abstandsverringernder Hilfsmittel erstreckt sich der Handbereich

- in Höhenrichtung über der Standfläche bis zu 2,5 m Höhe,
- in horizontaler Ebene 1,25 m,
- unterhalb der Standfläche 0,75 m ab Kante der Standfläche.

Innerhalb des Handbereichs dürfen keine gleichzeitig berührbaren Teile mit unterschiedlichem Potential angeordnet sein.

25.3.3 Schutz durch Begrenzung von Beharrungsstrom und Energie

Die Schutzvorkehrung basiert auf einer Begrenzung von Berührungsströmen und Energien auf ein für Menschen und Nutztiere ungefährliches Maß. Der Berührungsstrom zwischen zwei gleichzeitig berührbaren Teilen muss im Bereich AC-1 und DC-1 der Strom-Zeit-Diagramme unterhalb der Wahrnehmbarkeitsschwelle von AC 0,5 mA und DC 2 mA liegen. Werte oberhalb der Schmerzschwelle von AC 3,5 mA oder DC 10 mA sind als Fehlerbedingung festzulegen.

Für gespeicherte Ladungen gilt eine Schmerzschwelle von 0,5 mJ und eine Wahrnehmbarkeitsschwelle von 5 µJ. Überlagerungen unterschiedlicher

Spannungsformen und DC- und AC-Ströme durch Oberwellen sind angemessen zu berücksichtigen. Als oberwellenfrei gilt eine Gleichspannung, wenn der Effektivwert der überlagerten Wechselspannung höchsten 10 % des Gleichspannungsanteils beträgt.

25.3.4 Potentialsteuerung

Eine Potentialsteuerung ist eine Überwachung des Erdpotentials. Bei dieser Schutzvorkehrung wird speziell das Potential der Erdoberfläche überwacht. Eine Potentialsteuerung kommt vorwiegend in Hochspannungsanlagen zu Anwendung. Bei Hochspannungsanlagen und -betriebsmitteln wird mit einem Potentialsteuerungserder die Schritt- und Berührungsspannungen unter normalen Bedingungen unterhalb dem für Personen und Nutztieren gefährlichen Maß von 50 V AC gehalten

Vgl. hierzu [15], [27], [54].

26 Schutzmaßnahmen gegen elektrischen Schlag

Die Schutzmaßnahmen gegen elektrischen Schlag sind in DIN VDE 0100-410 festgelegt. Welche Schutzmaßnahmen gegen elektrischen Schlag in elektrischen Anlagen oder Bereichen elektrischer Anlagen anzuwenden sind, hängt in erster Linie vom Nutzer und seiner Qualifikation sowie der Spannungshöhe, -art und Netzform ab. Die Schutzmaßnahmen „Schutz durch Hindernisse“ und „Schutz durch nichtleitende Umgebung“ dürfen nur in Bereichen, in denen Elektrofachkräfte oder elektrotechnisch unterwiesene Personen Zugang haben, angewendet werden. Ein Schutz durch erdfreien örtlichen Potentialausgleich und Schutz durch Schutztrennung mehrerer Verbraucher in einem Stromkreis sind nur zulässig, wenn die Örtlichkeiten durch Elektrofachkräfte oder elektrisch unterwiesene Personen überwacht werden, sodass keine unbefugten Änderungen vorgenommen werden können.

Weitere anwendungsspezifische Anforderungen sind in den Normenteilen der Gruppe 700 für elektrische Anlagen ergänzend festgelegt. Für Anlagen in dieser Normenreihe können gegenüber den Anforderungen der DIN VDE 0100-410 Ausnahmen, zusätzliche verschärfende Anforderungen oder kompensierende Maßnahmen festgelegt werden. In jedem Fall sind diese Maßnahmen im Zusammenhang der DIN VDE 0100-410 zu beachten. Fällt eine elektrische Anlage hinsichtlich der Art und Nutzung nicht in die Gruppe 700 für Anlagen besonderer Art, ist lediglich die DIN VDE 0100-410 zu beachten.

Nach DIN VDE 0100-410 sind die folgenden Schutzmaßnahmen gegen elektrischen Schlag, bestehend aus einer Basisschutzvorkehrung und einer Fehlerschutzvorkehrung, zulässig:

- Schutz durch automatische Abschaltung der Stromversorgung,
- Schutz durch doppelte oder verstärkte Isolierung,
- Schutz durch Schutztrennung für die Versorgung eines Verbrauchs mittels,
- Schutz durch Kleinspannung mittels SELV oder PELV.

26.1 Schutz durch automatische Abschaltung im Fehlerfall

Die Schutzmaßnahme „Schutz durch automatische Abschaltung der Stromversorgung“ ist die gängigste Schutzmaßnahme, die in TN- und TT-Systemen zum Schutz gegen elektrischen Schlag angewendet wird.

Die Schutzmaßnahme besteht aus einer Basisschutzvorkehrung zum Schutz gegen direktes Berühren aktiver Teile und einer Fehlerschutzvorkehrung zum Schutz bei indirektem Berühren. Bei einem Körperschluss mit vernachlässigbarer kleiner Impedanz bewirkt der Fehlerstrom eine automatische Abschaltung der Schutzeinrichtung. Der Abschaltstrom I_a muss demnach ausreichend hoch sein, damit die Schutzeinrichtung diesen Fehler erkennt und innerhalb der erforderlichen Abschaltzeit den Stromkreis abschaltet.

26.1.1 Berührungsspannung und Berührungsstrom im TN-System

Im TN-System erstreckt sich die Fehlerschleife von der Innenimpedanz der Stromquelle über die Impedanz der Außenleiter, die Fehlerstelle mit vernachlässigbarer Impedanz und den Schutzleiter bis zurück zum Sternpunkt der Stromquelle (**Bild 26.1**). Im Fehlerfalle, also bei einem Isolationsfehler

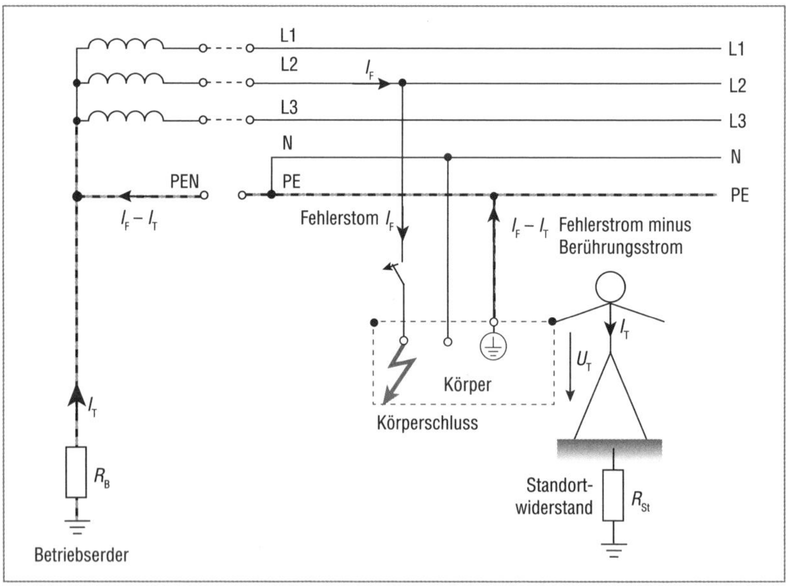

Bild 26.1 Fehlerschleifenimpedanz und Stromweg bei Körperschluss im TN-S-System

mit vernachlässigbarer Impedanz zwischen Außenleiter und dem Körper, wird die Fehlerstelle vom Niederspannungsnetz mit der Netzspannung U_0 gespeist. Die Impedanz der Fehlerschleife in Endstromkreisen liegt im TN-System erfahrungsgemäß im Bereich zwischen 10 mΩ bis 2 Ω. Damit fließen im Fehlerfall Fehlerströme von 115 A bis zu 1.000 A. Der Fehlerstrom muss mindestens so hoch sein, dass die Schutzeinrichtung innerhalb von 0,4 s in Endstromkreisen mit einer Nennspannung von 230/400 V AC abschaltet. Die Berührungsspannung am Körper wird vorwiegend vom Schutzleiterwiderstand zwischen Körper und Sternpunkt der Stromquelle bestimmt. Bei gleichen Leiterquerschnitten und Leitungslängen des Widerstands des Außenleiters und des Schutzleiters ergibt sich im Fehlerfall an der Fehlerstelle mit vernachlässigbarer Impedanz eine Berührungsspannung in Höhe der halben Nennspannung U_0. Daraus kann ein Berührungsstrom im menschlichen Körper von der Hand zu beiden Füßen in Höhe von 115 mA resultieren.

In der Praxis liegt die Berührungsspannung unterhalb der halben Nennspannung U_0. Dieser Umstand ist dadurch begründet, dass die Fehlerstellen in der Praxis über eine Impedanz verfügen und zum anderen ein Teil des Fehlerstromes als Berührungsstrom über den menschlichen Körper, über den Standortwiderstand und den Betriebserder der Stromquelle zurückfließt. Kommt es infolge einer Berührungsspannung zu einem Berührungsstrom, wird die Berührungsspannung als „wirksame“ Berührungsspannung bezeichnet. Da die Impedanz des menschlichen Körpers wesentlich hoher ist als die Impedanz des Schutzleiters (Verhältnis ca. 1:1.000) fließt ein wesentlich geringerer Berührungsstrom im Vergleich zum Fehlerstrom über den Sternpunkt zurück. In **Bild 26.2** ist hierzu das Ersatzschaltbild bei Körperschluss im TN-System mit wirksamer Berührungsspannung abgebildet.

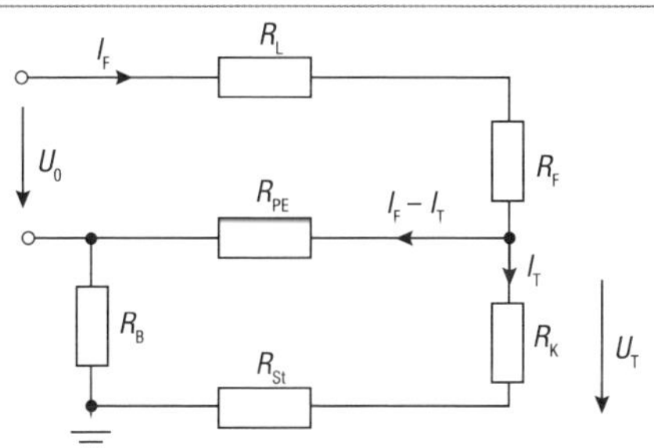

Bild 26.2 Ersatzschaltbild bei Körperschluss im TN-System mit wirksamer Berührungsspannung

Bei der unbeeinflussten Berührungsspannung kommt kein Berührungsstrom zum Fließen, sodass in der oben abgebildeten Parallelschaltung der Strompfad über den Körperwiderstand, den Standortwiderstand und den Betriebserder vernachlässigt werden kann. Ist die Impedanz an der Fehlerstelle gemäß der Definition vernachlässigbar, ergibt sich für die unbeeinflusste Berührungsspannung folgender Zusammenhang:

$$U_T = U_0 \cdot \frac{R_{PE}}{R_L + R_F + R_{PE}}$$

mit

$R_{PE} \approx R_L$ und $R_F = 0\,\Omega$

folgt die unbeeinflusste Berührungsspannung

$$U_T = U_0 \cdot \frac{R_{PE}}{2 \cdot R_{PE} + 0\,\Omega} = \frac{U_0}{2}$$

Die unbeeinflusste Berührungsspannung mit vernachlässigbarer Impedanz an der Fehlerstelle liegt demnach bei der halben Nennspannung gegen Erde.

Die wirksame Berührungsspannung fällt am Widerstand des menschlichen Körpers zum Bezugspunkt ab. Wird eine Berührungsspannung wirksam, kommt es infolgedessen zu einem Berührungsstrom. Dieser fließt im TN-System über den Betriebserder über den Sternpunkt des Stromversorgungssystems zurück, während der Fehlerstrom abzüglich des Berührungsstromes über den Schutzleiter zum Sternpunkt zurückfließt.

Da der Standortwiderstand mit dem Betriebserder der Stromquelle in Reihe mit der Impedanz des menschlichen Körpers wesentlich höher ist als der dazu parallel liegende Schutzleiterwiderstand, ergibt sich unter Betrachtung des Spannungsteilers folgende am menschlichen Körper abfallende Berührungsspannung:

$$U_T = \frac{U_0}{2} \cdot \frac{R_K}{R_K + R_{ST} + R_B}$$

26.1.2 Schutz durch automatische Abschaltung im TN-System

Die Wirksamkeit der Schutzmaßnahme hängt damit von der niederimpedanten Fehlerschleifenimpedanz ab. Zur Sicherstellung der geforderten Abschaltzeit t_A nach DIN VDE 0100-410 Abschnitt 411.3.2.2 muss der Fehlerstrom mindestens so hoch sein wie der Abschaltstrom I_a, indem die Schutzeinrichtung innerhalb der erforderlichen Zeit automatisch abschaltet. Demnach ist eine niederohmige Fehlerschleifenimpedanz erforderlich.

Es gilt im TN-System folgende Abschaltbedingung:

$$Z_S \leq \frac{U_0}{I_a}$$

Der Fehlerschutz in TN-Systemen kann mit Überstrom-Schutzeinrichtungen oder mit Fehlerstrom-Schutzeinrichtungen (RCD) sichergestellt werden. Die Schutzeinrichtung für den Fehlerschutz ist auf der Versorgungsseite des Stromkreises anzuordnen. Als Überstrom-Schutzeinrichtungen eignen sich Leitungsschutzschalter oder Schmelzsicherungen. Bei Leitungsschutzschaltern bewirkt der magnetische Auslöser die automatische Abschaltung bei einem Vielfachen seines Bemessungsstromes (**Tabelle 26.1**).

Schutzeinrichtung	I_a	t_a in s
LS-Schalter Typ B	≥ 5 I_N	< 0,1
LS-Schalter Typ C	≥ 10 I_N	< 0,1
LS-Schalter Typ K	≥ 14 I_N	< 0,1
Schmelzsicherung gG	≥ 14 I_N	< 0,4

Tabelle 26.1 Faktoren für Schnellauslösung (magnetischer Schnellauslöser von LS-Schaltern) und Schmelzsicherungen

Die Abschaltbedingungen hängen somit auch von der Auslösecharakteristik und dem Bemessungsstrom der Schutzeinrichtung ab. Ergibt die Messung der Fehlerschleifenimpedanz, dass die Abschaltbedingungen nicht eingehalten sind, ist zu prüfen, ob die gemessenen Werte aufgrund der Verlegebedingungen, der Leitungslängen sowie der Klemmverbindungen plausibel sind. Ist das der Fall, können die Abschaltbedingungen per Austausch der Schutzeinrichtung gegen eine Schutzeinrichtung mit einem geringeren Bemessungsstrom oder eine andere Auslösecharakteristik geändert werden. Hierbei ist zu prüfen, ob die neu eingesetzte Schutzeinrichtung die Anforderungen an die Verfügbarkeit und Selektivität einhält.

Werden Fehlerstrom-Schutzeinrichtungen für den Fehlerschutz verwendet, ist der Überlast- und Kurzschlussschutz nach DIN VDE 0100-430 gesondert zu betrachten. Im TN-System sind die auftretenden Fehlerströme mit 115 A bis zu 1.000 A wesentlich höher als das Fünffache der typischen Bemessungsdifferenzströme (30 mA, 100 mA, 300 mA, 500 mA, 1.000 mA) der Fehlerstrom-Schutzeinrichtung. Demnach sind die Abschaltzeiten nach DIN VDE 0100-410 Abs. 411 beim fünffachen Bemessungsdifferenzstrom in jedem Fall eingehalten. Die jeweiligen Produktnormen legen hierzu die Abschaltzeiten der Fehlerstrom-Schutzeinrichtungen fest.

Die Abschaltbedingungen und die Kenngrößen der Schutzmaßnahme „Schutz durch automatische Abschaltung“ sind in den **Tabellen 26.2** und **26.3** zusammengefasst.

Kenngröße	typische Werte	
	TN-System	**TT-System**
Impedanz der Fehlerschleife Z_S	10 mΩ bis ca. 2 Ω	bis 100 Ω
Fehlerstrom $I_F = \frac{230\ V}{Z_S}$ in A	115 bis zu einigen 1.000	mindestens 2,3
maximal zulässige Abschaltzeiten in s	0,4	0,2
maximale Berührungsspannung U_T (Erfahrungswerte) in V	80 … 115	160 … 230
Berührungsstrom $I_T = \frac{U_T}{R_{Körper}}$ in mA $R_{Körper} = 1.000\ \Omega$ (Hand-Fuß-Durchströmung)	80 … 115	160 … 230

Tabelle 26.2 Kenngrößen für die Abschaltbedingungen in Endstromkreisen in TN und TT-Systemen mit Nennspannungen 400/230 V AC

<table>
<tr><th rowspan="2">Schutzeinrichtung</th><th colspan="6">Abschaltbedingungen</th></tr>
<tr><th colspan="3">TN-System</th><th colspan="3">TT-System</th></tr>
<tr><td rowspan="5">Überstromschutz-einrichtung</td><td colspan="3">$I_F = \frac{230\ V}{Z_S}$</td><td colspan="3">$I_a \geq \frac{230\ V}{Z_S}$</td></tr>
<tr><td>Schutzeinrichtung</td><td>I_a</td><td>t_a* in s</td><td colspan="3" rowspan="4">Im TT-System werden die erforderlichen Abschaltströme im Allgemeinen nicht erreicht.</td></tr>
<tr><td>LS-Schalter Typ B</td><td>$\geq 5\ I_N$</td><td>$< 0,1$</td></tr>
<tr><td>LS-Schalter Typ C</td><td>$\geq 10\ I_N$</td><td>$< 0,1$</td></tr>
<tr><td>Schmelzsicherung gG</td><td>$\geq 14\ I_N$</td><td>$< 0,4$</td></tr>
<tr><td rowspan="4">Fehlerstrom-Schutzeinrichtung (RCD)</td><td colspan="3">$I_a \geq \frac{230\ V}{Z_S}$
$5 \cdot I_{\Delta N} = I_a \leq \frac{230\ V}{Z_S}$
$Z_S \geq \frac{230\ V}{5 \cdot I_{\Delta N}}$</td><td colspan="3">$I_{\Delta N} \leq \frac{50\ V}{R_A} \rightarrow Z_S$
$I_a = \frac{230\ V}{50\ V} \cdot I_{\Delta N} = 4,6 \cdot I_{\Delta N}$</td></tr>
<tr><td>RCD</td><td>I_a</td><td>t_a* in s</td><td>RCD</td><td>I_a</td><td>t_a* in s</td></tr>
<tr><td>FI allgemein</td><td>$\geq 5\ I_{\Delta N}$</td><td>$\leq 0,04$</td><td>FI allgemein</td><td>$\geq 2\ I_{\Delta N}$</td><td>$\leq 0,15$</td></tr>
<tr><td>FI selektiv</td><td>$\geq 5\ I_{\Delta N}$</td><td>$\leq 0,15$</td><td>FI selektiv</td><td>$\geq 2\ I_{\Delta N}$</td><td>$\leq 0,20$</td></tr>
<tr><td colspan="7">* Abschaltzeiten gemäß der Festlegung in den relevanten Produktnormen
R_a Summe der Widerstände des Erders und des Schutzleiters der Körper
$I_{\Delta n}$ Bemessungsdifferenzstrom der Fehlerstrom-Schutzeinrichtung (RCD)</td></tr>
</table>

Tabelle 26.3 Auswahl der Schutzeinrichtungen im TN-System und im IT-System mit Nennspannungen 400/230V AC

Beispiel
In einem Endstromkreis wird unter Berücksichtigung der Betriebsmessabweichung eine Fehlerschleifenimpedanz von 4 Ω gemessen. Am Anfang des Stromkreises ist ein Leitungsschutzschalter vom Typ B 16 eingebaut. Gemäß den Abschaltbedingungen darf die Fehlerschleifenimpedanz demnach höchstens 230 V/(5 · 16 A) = 2,8 Ω betragen. Durch Austausch des LS-Schalters vom Typ B16 gegen einen LS-Schalter vom Typ B10 sind die Abschaltbedingungen bei einer Fehlerschleifenimpedanz von 230 V/(5 · 10 A) = 4,6 Ω erfüllt. Damit sind die Abschaltbedingungen bei einer gemessenen Fehlerschleifenimpedanz von 4 Ω erfüllt. Allerdings sollte der Umstand im Erstprüfungsprotokoll vermerkt werden.

26.1.3 Die Spannungswaage

Bei Abriss des PEN-Leiters steht in einem TN-C-System an den Körpern eine Berührungsspannung in Höhe der Netzspannung an. PEN-Leiter dürfen daher aus Stabilitätsgründen nach DIN VDE 0100-540 erst ab einem Leiterquerschnitt von

- 10 mm² Kupfer oder
- 16 mm² Aluminium

fest verlegt werden und dürfen grundsätzlich nicht geschaltet oder getrennt werden. Deshalb sind in TN-C-Systemen Fehlerstrom-Schutzeinrichtungen unzulässig. In TN-C-S-Systemen muss die Aufteilung des PEN-Leiters in N- und PE-Leiter auf der Versorgungsseite vor der Fehlerstrom-Schutzeinrichtung (RCD) erfolgen. Eine Verbindung von N- und PE-Leiter ist lastseitig unzulässig.

In TN-Systemen in Verteilnetzen hängt die Erdung der elektrischen Anlage von der Zuverlässigkeit und Wirksamkeit der Verbindung des PEN-Leiters oder des Schutzleiters mit Erde ab, bei einem Erdschluss oder Körperschluss eines Außenleiters vom Erder des Stromversorgungssystems (**Bild 26.3**). Die Spannungen gegen Erde am Schutzleiter und Körper am PEN-Leiter dürfen nicht oberhalb der zulässigen Berührungsspannung von 50 V liegen. Im Falle eines Erdschlusses eines Außenleiters begrenzt der Betriebserder R_B die Spannung zwischen PEN-Leiter bzw. dem Schutzleiter und Erde.

Es gilt:

$$\frac{R_B}{R_E} \le \frac{50\,V}{U_0 - 50\,V}$$

mit $U_0 = 230\,V$ folgt:

$$\frac{R_B}{R_E} \leq \frac{50\,V}{230\,V - 50\,V} = 0{,}27 \rightarrow R_E \geq 3{,}6 \cdot R_B$$

R_B Widerstand des Betriebserders bzw. Widerstand aller paralleler Einzelerder
R_E kleinster Erdübergangswiderstand eines fremden leitfähigen Teiles, welches nicht mit dem Schutzleiter oder dem PEN-Leiter verbunden ist, über dem jedoch ein Erdschluss entstehen kann
U_0 Nennspannung gegen Erde
U_L zulässige Berührungsspannung

Erdungen von öffentlichen Stromversorgungssystemen liegen in der Verantwortlichkeit des zuständigen Verteilnetzbetreibers. Die Einhaltung der Spannungswaage obliegt in Deutschland dem Netzbetreiber.

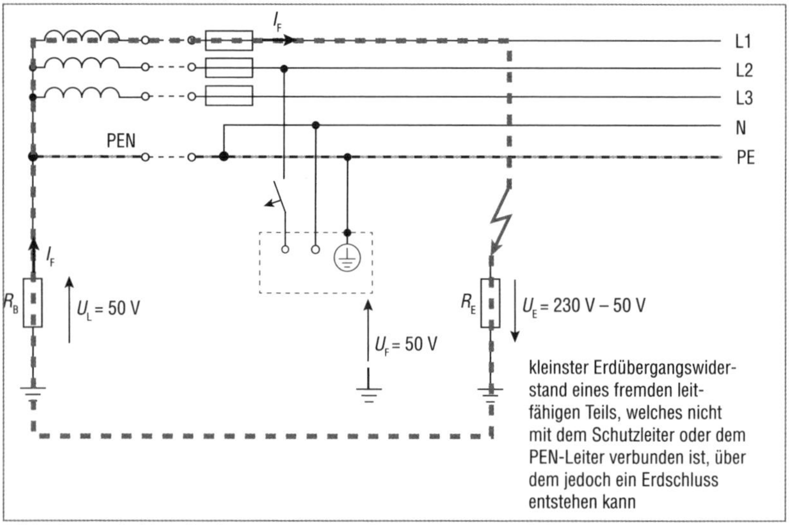

Bild 26.3 Erdschluss in einem TN-System mit R_E und R_B zur Einhaltung der Spannungswaage

26.1.4 Schutz durch automatische Abschaltung im TT-System

Im TT-System sind alle Körper, die gemeinsam durch dieselbe Schutzeinrichtung geschützt werden, über einen gemeinsamen Schutzleiter mit Erde zu verbinden (**Bild 26.4**). Die Impedanz der Fehlerschleife hängt hauptsächlich von der Beschaffenheit der Erde ab. Sie ist damit im Vergleich zur Fehlerschleifenimpedanz im TN-System wesentlich höher.

Im TT-System erstreckt sich die Fehlerschleifenimpedanz über die Erde. Damit setzt sich die Fehlerschleifenimpedanz aus der Summe folgender Teilimpedanzen zusammen:

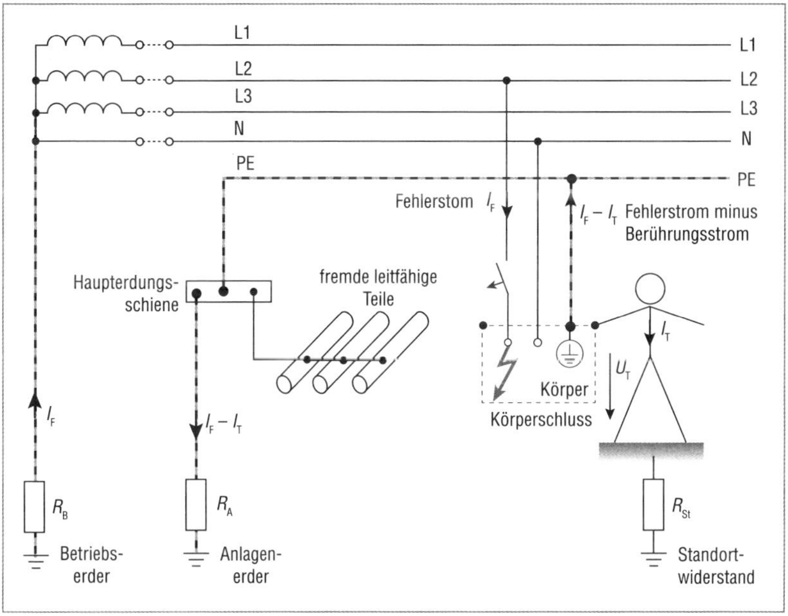

Bild 26.4 Fehlerschleifenimpedanz und Stromweg bei Körperschluss im TT-System

- Stromquelle,
- Außenleiter bis zum Fehlerort,
- Schutzleiter des Körpers,
- Erdungsleiter,
- Anlagenerder (R_A),
- Erder der Stromquelle.

Die Impedanz der Fehlerschleife hängt vorwiegend von der Impedanz der Erde aufgrund der Tiefe, der Feuchtigkeit und der Länge ab. In Endstromkreisen kann in TT-Systemen erfahrungsgemäß die Fehlerschleifenimpedanz bis 100 Ω betragen. Damit fließen im Fehlerfall Fehlerströme von mindestens 2,3 A. Der Fehlerstrom muss in Endstromkreisen mit einer Nennspannung von 230/400 V AC mindestens so hoch sein, dass die Schutzeinrichtung innerhalb von 0,2 s abschaltet.

Die Berührungsspannung am Körper wird vorwiegend vom Erderwiderstand zwischen Körper und Sternpunkt der Stromquelle bestimmt (**Bild 26.5**). Im Vergleich zum TN-System ist der Widerstand des Außenleiters wesentlich kleiner (einige 10 mΩ bis 1 Ω) als der Widerstand des Anlagenerders, bestehend aus der Summe der Widerstände des Erders und des

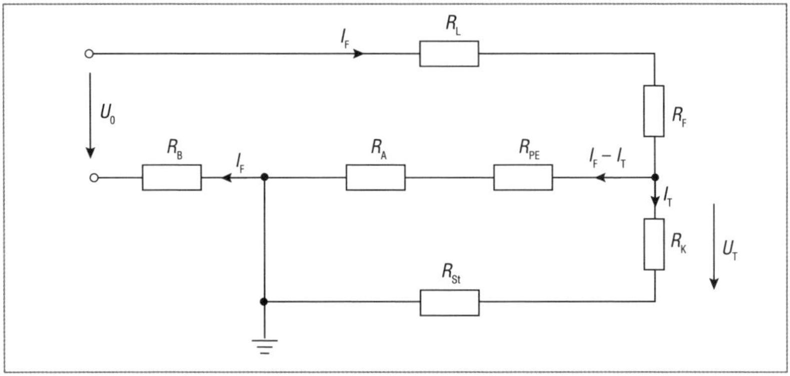

Bild 26.5 Ersatzschaltbild bei Körperschluss im TT-System mit wirksamer Berührungsspannung

Schutzleiters der Körper (bis 100 Ω), sodass die Berührungsspannung im Fehlerfall bis zu 230 V betragen kann und erfahrungsgemäß nicht unterhalb 160 V liegt. Der daraus resultierende Berührungsstrom liegt demnach zwischen 160 mA bis 230 mA. Im Vergleich zum TN-System fließt in TT-Systemen der gesamte Fehlerstrom über den Betriebserder zum Sternpunkt zurück.

Überstrom-Schutzeinrichtungen zum Fehlerschutz dürfen in TT-Systemen verwendet werden, wenn die Fehlerschleifenimpedanz entsprechend den Abschaltbedingungen so gering ist, dass der notwendige Fehlerstrom eine Abschaltung innerhalb der vorgegebenen Zeit bewirkt. In diesem Fall gelten dieselben Abschaltbedingungen wie im TN-System.

Der Fehlerschutz ist in TT-Systemen somit im Allgemeinen mit Fehlerstrom-Schutzeinrichtungen (RCDs) sicherzustellen. Der Schutz durch automatische Abschaltung ist wirksam, wenn die Abschaltzeiten nach DIN VDE 0100-410 Abs. 411.3.2 eingehalten werden und für die Summe der Widerstände des Erders und des Schutzleiters der Körper folgende Bedingung erfüllt ist:

$$R_A \leq \frac{50\,\text{V}}{I_{\Delta N}}$$

Bei unbekanntem R_A kann die Schleifenimpedanz in die Gleichung eingesetzt werden. Im Fehlerfall liegt an der Fehlerstelle eine Netzspannung U_0 von 230 V an. Damit gilt für den Auslösestrom folgende Bedingung:

$$I_a = \frac{230\,\text{V}}{50\,\text{V}} \cdot I_{\Delta N} = 4{,}6 \cdot I_{\Delta N}$$

Fehlerstrom-Schutzeinrichtungen (RCD) vom Typ S erreichen die Abschaltzeiten bei ihrem doppelten Bemessungsfehlerstrom. Damit sind auch bei Fehlerstrom-Schutzeirichtungen (RCD) Typ S die Abschaltzeiten in Verteilerstromkreisen erreicht.

26.1.5 Zulässige Abschaltzeiten in TN- und TT-Systemen

Die Wirksamkeit der Schutzmaßnahmen durch automatische Abschaltung im Fehlerfalle im TN- und TT-System ist gegeben, wenn im Fehlerfall die nach DIN VDE 0100-410 Abschnitt 411.3.2.2 geforderten Abschaltzeiten nicht überschritten werden (**Tabelle 26.4**). Ist in einem TT-System die Abschaltung durch eine Überstrom-Schutz-Einrichtung erreicht und sind alle fremden leitfähigen Teile in der Anlage an den Schutzpotentialausgleich über die Haupterdungsschiene angeschlossen, dürfen die Abschaltzeiten für TN-Systeme verwendet werden. Ansonsten gelten folgende Abschaltzeiten:

- Für Endstromkreise in TN- und TT-Systemen mit Steckvorrichtungen bis 63 A und fest angeschlossenen Verbrauchsmittel bis 32 A dürfen die Abschaltzeiten nach DIN VDE 0100-410 Tabelle 41.1 nicht überschritten werden,
- Verteilerstromkreise:
  - In TN-Systemen ist eine Abschaltzeit von nicht länger als 5 s erlaubt,
  - in TT-Systemen ist eine Abschaltzeit von nicht länger als 1 s erlaubt.

Netzform	Abschaltzeiten in s							
	50 V < U_0 ≤ 120 V		120 V < U_0 ≤ 230 V		230 V < U_0 ≤ 400 V		U_0 > 400 V	
	AC	DC	AC	DC	AC	DC	AC	DC
TN	0,8	*	0,4	1	0,2	0,4	0,1	0,1
TT	0,3	*	0,2	0,4	0,07	0,2	0,04	0,1
U_0 ist die Nennwechselspannung oder Nenngleichspannung Außenleiter gegen Erde.								
* Eine Abschaltung darf aus anderen Gründen als dem Schutz gegen elektrischen Schlag verlangt sein.								

Tabelle 26.4 Abschaltzeiten nach DIN VDE 0100-410 Tabelle 41.1

26.2 Ersatzmaßnahme nach DIN VDE 0100-410 Anhang D

Nicht immer können die Abschaltzeiten nach DIN VDE 0100-410 Tabelle 41.1 eingehalten werden. Dies ist zum Beispiel der Fall bei Anlagen mit Leistungshalbleitern, bei Erzeugungseinrichtungen mit begrenztem Strom, wie Mini-PV-Anlagen o. Ä., wenn die Abschaltbedingungen aufgrund einer zu hohen Fehlerschleifenimpedanz nicht erfüllt werden oder wenn aufgrund hoher Ableitströme die Verwendung von Fehlerstrom-Schutzeinrichtungen nicht möglich ist. In diesen Fällen kann kein ausreichend hoher Strom im Fehlerfall zum Fließen kommen, die Schutzeinrichtung schaltet nicht innerhalb der vorgegebenen Zeit ab, wodurch die Schutzmaßnahme unwirksam wird. Für diese Fälle sind in der DIN VDE 0100-410 Ersatzanforderungen enthalten. Diese Ersatzmaßnahmen sind jedoch nur einsetzbar, wenn die folgenden Schutzmaßnahmen nicht anwendbar sind:

- Schutz durch doppelte oder verstärkte Isolierung,
- Schutz durch Schutztrennung für die Versorgung eines Verbrauchsmittels,
- Schutz durch Kleinspannung mittels SELV oder PELV.

Diese Sonderfälle werden in der neuen Ausgabe im normativen Anhang D der DIN VDE 0100-410 behandelt. Ziel der Ersatzmaßnahmen ist, die im Fehlerfall an der Fehlerstelle anliegenden Spannungen innerhalb der vorgegebenen Abschaltzeiten auf unter 50 V AC oder 120 V DC zu begrenzen. Dafür sind folgende Ersatzmaßnahmen zulässig:

- Die Spannung an den Ausgangsklemmen der Erzeugungseinheit bzw. des Leistungshalbleiters ist innerhalb der nach DIN VDE 0100-410 Tabelle 41.1 vorgeschrieben Abschaltzeit auf höchstens 50 AC/120 V DC gesunken und innerhalb 5 s ist eine Abschaltung erfolgt oder
- durch einen zusätzlichen Schutzpotentialausgleich wird die Spannung zwischen gleichzeitig berührbaren leitfähigen Teilen auf höchstens 50 V AC/120 V DC begrenzt.

Vgl. hierzu [110].

26.2.1 Netzbetreiber und Hauptstromversorgungssystem

Der Hausanschlusskasten ist die Schnittstelle des öffentlichen Verteilnetzes und der Kundenanlage. Im Abschnitt zwischen Verteilnetz und dem Hauptstromversorgungssystem der Kundenanlage bis zum Zähler sind die Schutzmaßnahmen zwischen der Kundenanlage und dem Verteilnetzbetreiber aufeinander abzustimmen. Nicht immer kann der Schutz durch automatische Abschaltung im Fehlerfalle durch den Verteilnetzbetreiber aufgrund der Leitungslängen eingehalten werden.

Vom Schutz durch automatische Abschaltung und damit von der Einhaltung der Abschaltzeiten gemäß DIN VDE 0100-410 Abs. 411 kann deshalb abgewichen werden, wenn:

- am Anfang des Leitungsabschnittes eine Überstrom-Schutzeinrichtung den Schutz bei Überlast (großer Prüfstrom) gemäß DIN VDE 0100-430 sicherstellt und
- der dahinter geschaltete Leitungsabschnitt inklusive der angeschlossenen Betriebsmittel der Schutzmaßnahme „Schutz durch doppelte oder verstärkte Isolierung“ nach DIN VDE 0100-410 Abs. 412 entspricht.

Bei neuen Anlagen oder Anlagen, die bei Änderung oder Erweiterung eine Zustimmung des Netzbetreiber erfordern, prüft der zuständige Netzbetreiber den Schutz bei Überlast (**Bild 26.6**). Die Maßgabe, welche Schutzmaßahme ab der Übergabestelle im Hauptstromversorgungssystem der Kundenanlage anzuwenden ist, erfolgt vom Netzbetreiber im Rahmen der Zustimmung. Durch Besichtigen im Rahmen der Prüfung ist festzustellen, ob die Leitungen, der Hausanschlusskasten, der Zählerschrank und weitere Gehäuse von Betriebsmitteln der Schutzklasse 2 entsprechen.

In Verteilnetzen, die als Freileitungen oder als im Erdreich verlegte Kabel ausgeführt sind, sowie in Hauptstromversorgungssystemen nach DIN

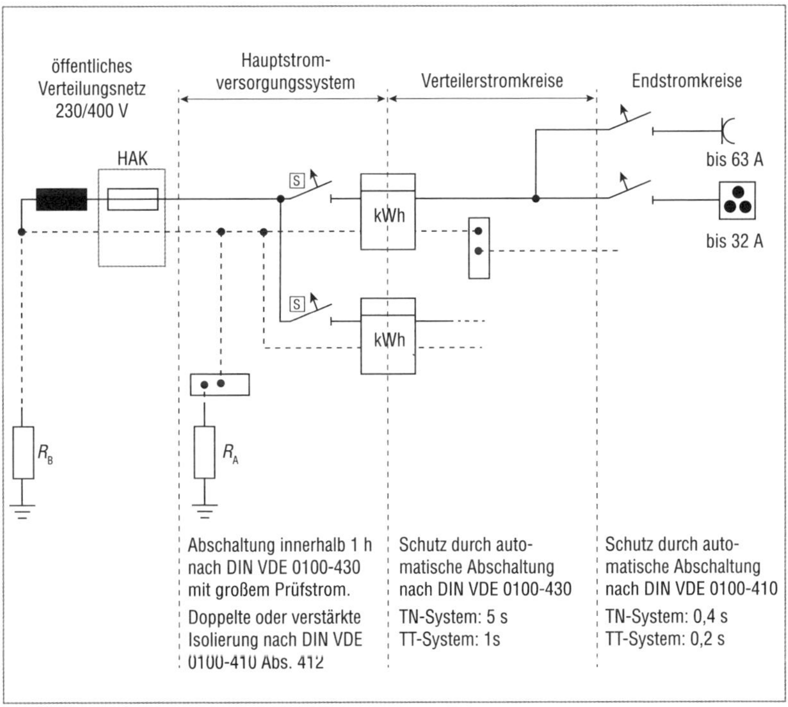

Bild 26.6 Ersatzmaßnahmen im Hauptstromversorgungssystem in TN- und TT-Systemen mit einer Nennwechselspannung von 230/400 V

18015-1 mit der Schutzmaßnahme „Schutz durch doppelte oder verstärkte Isolierung“ nach DIN VDE 0100-410 Abs. 412 ist es ausreichend, wenn am Anfang des zu schützenden Leitungsabschnittes eine Überstrom-Schutzeinrichtung vorhanden ist. Im Fehlerfall ist eine Auslösung der Schutzeinrichtung für den Überlastschutz nach DIN VDE 0100-430 anzuordnen, die innerhalb einer Stunde eine Abschaltung (großer Prüfstrom) bei Überlast bewirkt.

26.3 Schutz durch automatische Abschaltung im IT-System

Im IT-System sind alle aktiven Teile gegen Erde zu isolieren oder mit einer hohen Impedanz gegen Erde zu verbinden. Die Körper der Betriebsmittel sind einzeln oder gruppenweise mit Erde verbunden. In IT-Systemen überwacht eine Isolationsüberwachungseinrichtung die Spannungen der aktiven Leiter gegen Erde. Beim ersten Fehler gegen Erde erfolgt eine Meldung, und der Stromkreis bleibt aktiv. Eine automatische Abschaltung ist beim ersten Fehler nicht gefordert. Erst beim zweiten Fehler kommt es über die Fehlerschleife, wie in TN- und TT-Systemen, zu einem ausreichend hohen Strom, der eine automatische Abschaltung der Schutzeinrichtung innerhalb der Abschaltzeiten nach Tabelle 41.1 herbeiführt.

Üblicherweise bleibt der Fehlerstrom bei Steckdosenstromkreisen in errichteten IT-Systemen beim ersten Fehler unterhalb 15 mA. In diesem Fall besteht bei IT-Systemen kein Erfordernis von Fehlerstrom-Schutzeinrichtungen in Steckdosenstromkreisen.

In Wechselstromsystemen darf die Berührungsspannung beim ersten Fehler 50 V nicht übersteigen. Die Berührungsspannung hängt sowohl von der Summe aller Widerstände (R_A) des Erders und des Schutzleiters zum jeweiligen Körper und vom Fehlerstrom I_d, bedingt durch den ersten Fehler mit vernachlässigbarer Impedanz zwischen Außenleiter und einem Körper, ab, woraus sich folgende Bedingungen für den ersten Fehler in einem IT-System ableiten:

$$R_A \cdot I_d \leq 50\,\text{V}$$

Bisher galt die Anforderung $I_d \cdot R_A \leq 120\,\text{V}$ (DC) auch in Gleichstromsystemen. Diese Anforderung wurde allerdings in der DIN VDE 0100-410: Oktober 2018 gestrichen, da in Gleichstromsystemen der Fehlerstrom vorwiegend über die Kapazitäten der Kabel- und Leitungsanlage bestimmt ist und demnach als vernachlässigbar klein angesehen wird. In IT-Systemen sind folgende Isolationsüberwachungsgeräte und Schutzeinrichtungen zulässig:

- Isolationsüberwachungseinrichtungen (IMD),
- Differenzstrom-Überwachungseinrichtungen (RCMs),
- Einrichtungen zur Isolationsfehlersuche (IFLS),
- Überstrom-Schutzeinrichtungen,
- Fehlerstrom-Schutzeinrichtungen (RCDs).

In IT-Systemen ist zwischen Überwachungs- und Schutzeinrichtungen zu unterscheiden. Eine Schutzeinrichtung führt im Fehlerfall eine automatische Abschaltung herbei. Sie benötigt im Gegensatz zur Überwachungseinrichtung keine Spannungsversorgung als Hilfsenergie. Eine Überwachungseinrichtung vergleicht hingegen eine Ist-Größe mit einer Soll-Größe und gibt bei Abweichungen einen Schaltbefehl weiter.

Ist ein IT-System so geplant, dass bei einem ersten Fehler keine Abschaltung erfolgt, muss der erste Fehler durch eine Isolationsüberwachungseinrichtung (IMD) erkannt und durch ein akustisches und/oder visuelles Signal gemeldet werden. Das Signal muss so lange anstehen, bis der Fehler beseitigt ist. Allein aus diesem Grund ist die alleinige Verwendung eines akustischen Signals nicht zu empfehlen. Die Isolationsüberwachungseinrichtung (IMD) kann mit einer Einrichtung zur Isolationsfehlersuche (IFLS) kombiniert werden. Die Sicherstellung der organisatorischen Umsetzung obliegt dem Betreiber.

Bei Auftreten des ersten Fehlers müssen in IT-Systemen die Bedingungen für die automatische Abschaltung bei Auftreten eines zweiten Fehlers erfüllt sein. Bei IT-Systemen ist bzgl. der automatischen Abschaltung beim zweiten Fehler zwischen folgenden Fällen zu unterscheiden:

- Die Körper sind miteinander verbunden und gemeinsam über dieselbe Erdungsanlage geerdet,
- die Körper sind gruppenweise oder einzeln geerdet.

26.3.1 Die Körper sind miteinander verbunden und gemeinsam über dieselbe Erdungsanlage geerdet

Sind die Körper in einem IT-System miteinander verbunden und über dieselbe Erdungsschiene geerdet, ist der aktive Leiter beim ersten Fehler mit einer vernachlässigbar geringen Impedanz an der Fehlerstelle mit Erde verbunden. Aufgrund der gemeinsamen Erdverbindung über dieselbe Erdungsanlage liegt durch die Fehlerstelle quasi ein TN-System vor. Demnach gelten beim zweiten Fehler die Abschaltbedingungen und Abschaltzeiten von TN-Systemen.

Zur Sicherstellung der Abschaltzeiten wird im Gegensatz zum TN-System bei IT-Systemen, bei denen die Körper miteinander verbunden und gemeinsam über dieselbe Erdungsanlage geerdet sind, durch den Faktor 2 in beiden Formeln berücksichtigt, dass zwei gleichzeitig auftretende Fehler in verschiedenen Stromkreisen bestehen können. Für die Wirksamkeit der Schutzmaßnahme ist eine ausreichend geringe Fehlerschleifenimpedanz erforderlich. Bei der Betrachtung der Fehlerschleifenimpedanz ist zwischen Stromversorgungssystemen ohne Neutral- bzw. Mittelpunktleiter und Systemen mit herausgeführtem Neutral- bzw. Mittelpunktleiter zu unterscheiden.

Bei Systemen ohne Neutral- bzw. Mittelpunktleiter erstreckt sich die Impedanz der Fehlerschleife über den Außenleiter und den Schutzleiter des Stromkreises (**Bild 26.7**). Als Spannung ist die Spannung zwischen den zwei Außenleitern U_0 einzusetzen.

Bei Systemen mit herausgeführten Neutral- bzw. Mittelpunktleitern ist der Neutralleiter des Stromkreises in der Berechnung der Fehlerschleifenimpedanz zu berücksichtigen.

Im Gegensatz zu Systemen ohne herausgeführten Neutral- bzw. Mittelpunktleiter ist die Strangspannung zwischen Außenleiter und Neutralleiter des Stromkreises einzusetzen (**Bild 26.8**).

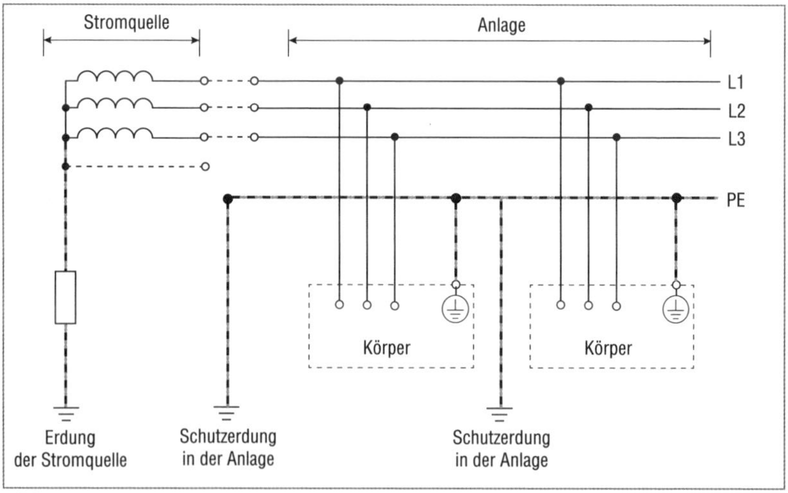

Bild 26.7 IT-System mit gruppenweiser Erdung der Körper und ohne herausgeführten Sternpunkt

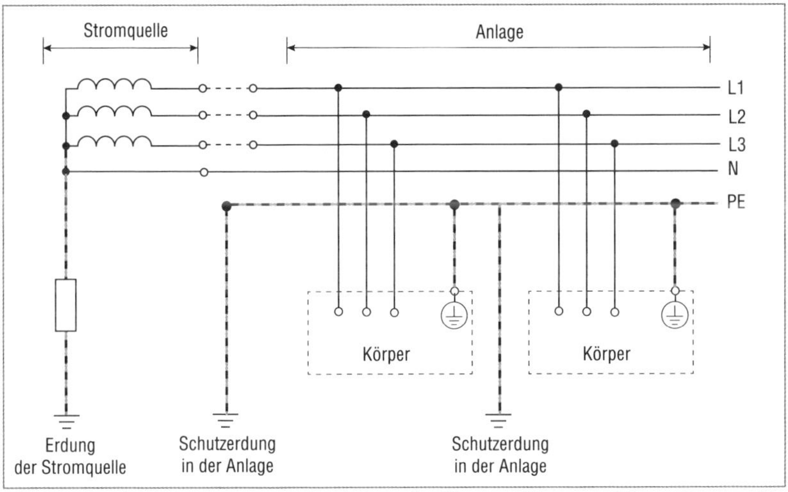

Bild 26.8 IT-System mit gruppenweiser Erdung der Körper und herausgeführtem Sternpunkt

Es gilt demnach für IT-Systeme ohne herausgeführten Neutral- bzw. Mittelpunktleiter folgende Anschaltbedingung:

$$Z_S' \leq \frac{U}{2 \cdot I_a}$$

Für IT-Systeme mit herausgeführten Neutral- bzw. Mittelpunktleiter gilt:

$$Z_S \leq \frac{U_0}{2 \cdot I_a}$$

U_0 Nennwechselspannung oder Nenngleichspannung zwischen Außenleiter und Neutralleiter oder Mittelleiter,

U Nennwechselspannung oder Nenngleichspannung zwischen Außenleitern,

Z_s Impedanz der Fehlerschleife, bestehend aus dem Außenleiter und dem Schutzleiter des Stromkreises,

Z'_s Impedanz der Fehlerschleife, bestehend aus dem Neutralleiter und dem Schutzleiter des Stromkreises,

I_a Strom, der die Funktion der Schutzeinrichtung innerhalb der geforderten Abschaltzeiten für TN-Systeme bewirkt.

26.3.2 Die Körper sind einzeln geerdet

Sind die Körper einzeln oder gruppenweise geerdet, erstreckt sich beim zweiten Fehler die Fehlerschleifenimpedanz über die Erdverbindungen der einzelnen bzw. gruppenweise geerdeten Körper. In den **Bildern 26.9** und **26.10** ist jeweils ein IT-System mit separater Erdung der Körper und mit

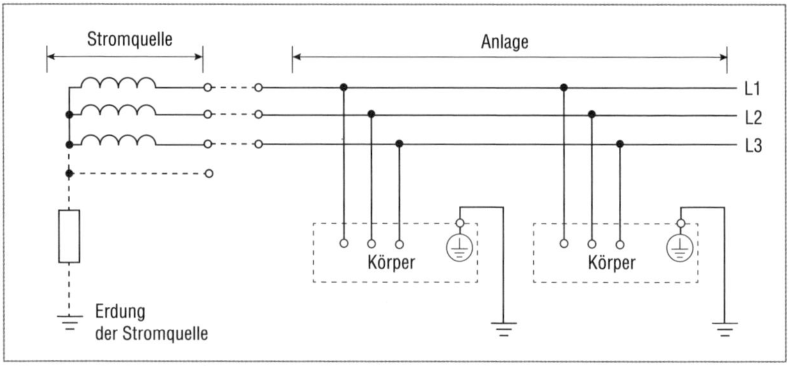

Bild 26.9 IT-System mit separater Erdung der Körper und ohne herausgeführten Sternpunkt

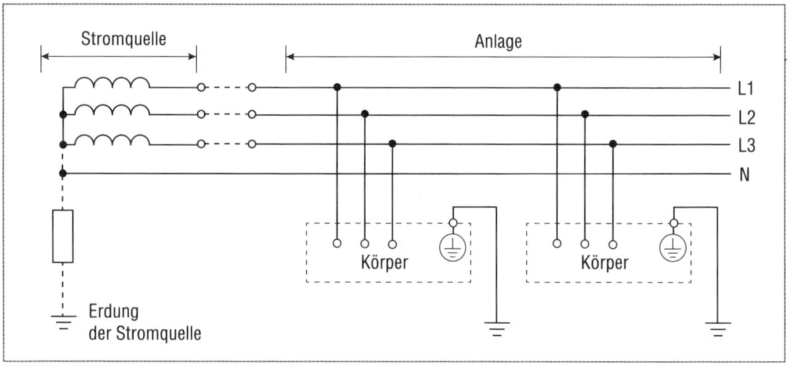

Bild 26.10 IT-System mit separater Erdung der Körper und herausgeführtem Sternpunkt

bzw. ohne herausgeführten Sternpunkt abgebildet. Die Fehlerschleife hängt demnach von der Summe der Widerstände des Erders und des Schutzleiters der Körper ab.

Beim zweiten Fehler schließt sich somit die Fehlerschleife über die Verbindung der Stelle des zweiten Fehlers mit Erde. Demnach gelten für den zweiten Fehler die Abschaltbedingung für TT-Systeme. Wird der Schutz durch automatische Abschaltung im Fehlerfall durch eine Fehlerstrom-Schutzeinrichtung (RCD) sichergestellt, kann das Erfüllen der geforderten Abschaltzeiten bedeutend höhere Fehlerströme als der Bemessungsdifferenzstrom erfordern. In diesem Fall ist davon auszugehen, dass die Fehlerstrom-Schutzeinrichtung beim fünffachen Bemessungsdifferenzstrom innerhalb der erforderlichen Abschaltzeiten die Abschaltung der Fehlerstrom-Schutzeinrichtung bewirkt.

Es gelten bei einzelner oder gruppenweiser Erdung der Körper folgende Abschaltbedingungen beim zweiten Fehler:

$$R_A \leq \frac{50\,\text{V}}{I_a}$$

$$R_A \leq \frac{50\,\text{V}}{5 \cdot I_{\Delta N}}$$

R_A Summe der Widerstände des Erders und des Schutzleiters für die Körper in Ω

I_A Strom, der die Funktion der Schutzeinrichtung innerhalb der geforderten Abschaltzeiten für TT-Systeme bewirkt

26.4 Schutz durch doppelte oder verstärkte Isolierung

Bei der Schutzmaßnahme „Schutz durch doppelte oder verstärkte Isolierung“ stellt eine Basisisolierung den Schutz bei direktem Berühren sicher. Durch eine zusätzliche Isolierung wird der Fehlerschutz erreicht. Diese Schutzmaßnahme kann grundsätzlich angewendet werden, vorausgesetzt die Anwendung wird nicht durch die Gruppe 700 der DIN VDE 0100 eingeschränkt. Die Schutzmaßnahme muss wirksam sein. Deshalb ist bei alleiniger Anwendung der Schutzmaßnahme nachzuweisen, dass keine Änderungen, die die Wirksamkeit der Schutzmaßahme beeinträchtigen, ergriffen werden. Bei Steckvorrichtungen mit Erdungskontakt, wie z. B. Schukosteckdosen, ist nicht auszuschließen, dass ortsveränderliche Betriebsmittel der Schutzklasse 1 betrieben werden. Bei Steckvorrichtungen mit Erdungskontakt ist aus Sicht des Nutzers davon auszugehen, dass das Schutzleitersystem niederohmig mit der Haupterdungsschiene verbunden ist. Deshalb darf die Schutzmaßnahme durch doppelte oder verstärkte Isolierung an Steckdosen mit Erdungskontakt nicht angewendet werden.

26.4.1 Elektrische Betriebsmittel

Elektrische Betriebsmittel, bei denen die Schutzmaßnahme „Schutz durch doppelte oder verstärkte Isolierung“ angewendet wird, müssen typgeprüft sein und sind mit dem Symbol der Schutzklasse 2 (**Bild 26.11**) zu kennzeichnen.

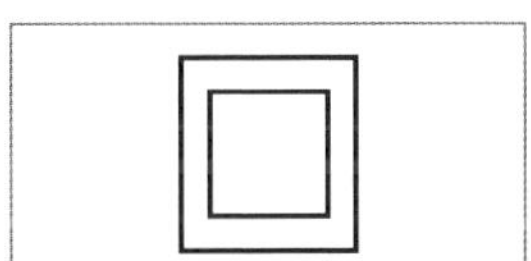

Bild 26.11 Symbol nach IEC 60417-5172/Schutzklasse 2

Werden elektrische Betriebsmittel, die für die Anwendung der Schutzmaßnahme „Doppelte oder verstärkte Isolierung“ vorgesehen sind, am Markt bereitgestellt, sind während des Errichtens der elektrischen Anlage zusätzliche Isolierungen anzubringen, um den Grad der Sicherheit gleichwertig zu gestalten. Hier hat der Betriebsmittelhersteller in der Montage- und Bedienungsanleitung auf die bestimmungsgemäße Montage hinzuweisen. Betriebsmittel ohne Isolierung der aktiven Teile müssen während der Errichtung der elektrischen Anlage mit einer verstärkten Isolierung versehen werden, um den gleichwertigen Schutz sicherzustellen. Die Betriebsmittel müssen in beiden Fällen an einer sichtbaren Stelle an der Außen- oder Innenseite des Gehäuses mit einem durchgestrichenen Erdungssymbol versehen sein (**Bild 26.12**).

Bild 26.13 zeigt eine Befestigungsstelle eines Verteilers. Das Verteilergehäuse entspricht laut Herstellerangaben der Schutzklasse 2. Die Befestigungsschraube stellt eine leitfähige Verbindung zur Befestigungsfläche dar, sodass die Schutzklasse des Verteilers nach Befestigung nicht erhalten und somit beeinträchtigt ist.

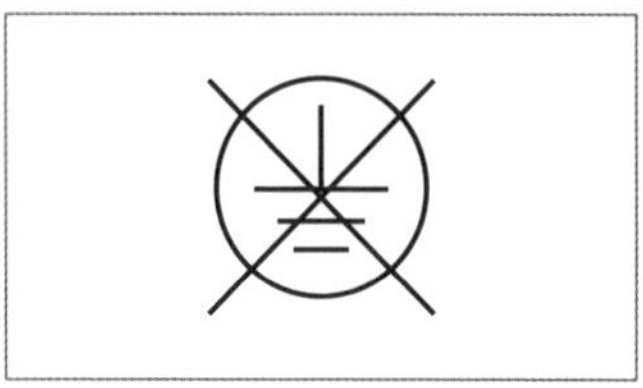

Bild 26.12 Symbol nach IEC 60417-5019 für Betriebsmittel mit einer Basisisolierung, die für die Anwendung der Schutzklasse 2 vorgesehen sind.

Bild 26.13 Befestigungsschrauben eines Verteilers der Schutzklasse 2

26.4.2 Kabel und Leitungen

Kabel und Leitungen sind ein wesentlicher Teil der elektrischen Anlage. Bei elektrischen Anlagen im Anwendungsbereich der Reihe DIN VDE 100 kommt der Schutz gegen elektrischen Schlag durch die Schutzmaßnahme „Automatische Abschaltung im Fehlerfall“ zur Anwendung. Für elektrische Betriebsmittel findet meistens die Schutzmaßnahme „Doppelte oder verstärkte Isolierung“ Anwendung. Kabel und Leitungen sind hinsichtlich der Schutzmaßnahme „Schutz durch automatische Abschaltung im Fehlerfall“ durch die Leiterverbindungen und den spezifischen Widerstand der Leiter Teil der Schutzmaßnahme des Stromversorgungssystems.

Zudem sind Kabel und Leitungen ab dem Punkt der Einführung in ein Betriebsmittel der Schutzklasse 1 als basisisolierte Leiter mit leitfähiger Umhüllung als Teil des Betriebsmittels zu betrachten. Im Gegensatz zur Schutzmaßnahme „Schutz durch automatische Abschaltung" besteht das Gehäuse nicht aus Metall und ist nicht mit dem Schutzleiter verbunden. Im Gehäuse wird die Basisisolierung durch die Leiterisolierung sichergestellt, während das isolierte Betriebsmittelgehäuse die zweite Isolierung sicherstellt (**Bild 26.14**).

Als eigenständige Betriebsmittel ohne Klemmverbindungen sind Kabel und Leitungen hingegen der Schutzmaßnahme „Doppelte oder verstärkte Isolierung" zuzuordnen. Den Basisschutz stellen die Leiterisolierungen dar. Der Leitungsmantel stellt die zweite Isolierung zum Fehlerschutz dar.

Kabel und Leitungen sind grundsätzlich entsprechend den äußeren und elektrischen Betriebsbeanspruchungen nach DIN VDE 0100-520 und DIN VDE 0298-4 auszuwählen. Dabei ist im Verlauf die Schutzklasse 2 zu erhalten. Entgegen anderen elektrischen Betriebsmitteln sind Kabel und Leitungen nicht entsprechend der Schutzklasse nach IEC 60417-XXXX zu kennzeichnen. Die Verlegung von Kabel und Leitungen kann durch zwei Möglichkeiten erreicht werden:

- Die Kabel und Leitungen verfügen über eine Basisisolierung, die im geschlossenen oder zu öffnenden Installationskanal mit Isoliereigenschaft verlegt ist. Der Installationskanal dient als zweite Isolierung zur Basisisolierung der Leiter und muss entsprechende Isoliereigenschaften aufweisen. Dabei entsprechen die basisisolierten Leiter der Schutzklasse 0

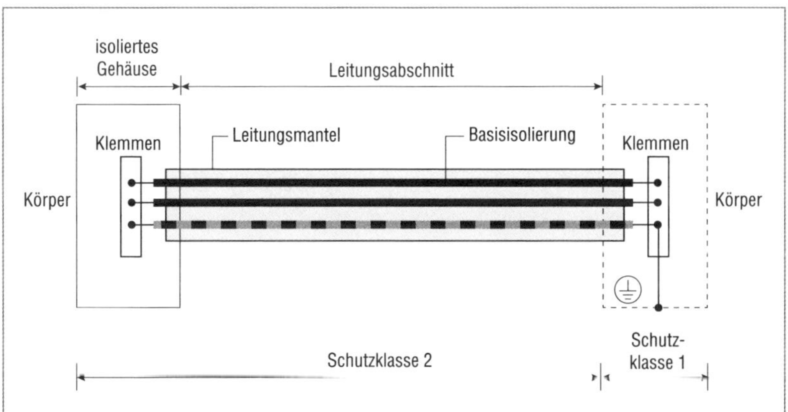

Bild 26.14 Leitungsabschnitte mit doppelter oder verstärkter Isolierung und Anschluss in einem Gehäuse der Schutzklasse 2 und der Schutzklasse 1

und sind durch die Umhüllung in einem Kabelkanal zur Schutzklasse 2 komplettiert.

- Die Kabel und Leitungen sind mit einer doppelten oder verstärkten Isolierung versehen. Sie sind entsprechend den elektrischen, mechanischen und thermischen Beanspruchungen und Umgebungsbedingungen auszuwählen. Kabel und Leitungen mit doppelter oder verstärkter Isolierung entsprechen somit der Schutzklasse 2.

26.5 Schutz durch Schutztrennung

Die Schutzmaßnahme „Schutz durch Schutztrennung“ basiert auf einer Basisisolierung und einer einfachen Trennung des Stromkreises von anderen Stromversorgungssystemen (**Bild 26.15**).

Bei Körperschluss oder Erdschluss treten keine gefährlichen Berührungsspannungen auf. Die Schutzmaßnahme ist allerdings bei Auftreten des ersten Fehlers unwirksam. Die Basisschutzvorkehrung wird durch eine Basisisolierung zwischen gefährlichen aktiven Teilen und Körpern (elektrischer Betriebsmittel) des getrennten Stromkreises erfüllt. Die Basisschutzvorkehrung ist gemäß DIN VDE 0100-410 Anhang A auszuführen oder muss der Schutzklasse 2 entsprechen. Bei einem Erdschluss eines aktiven Leiters nimmt dieser Erdpotential an, und zwischen dem zweiten aktiven Leiter liegt gegenüber Erde eine Spannung in Höhe der Versorgungsspannung an. Bei Körperschluss nimmt der Körper das Potential des aktiven Leiters an.

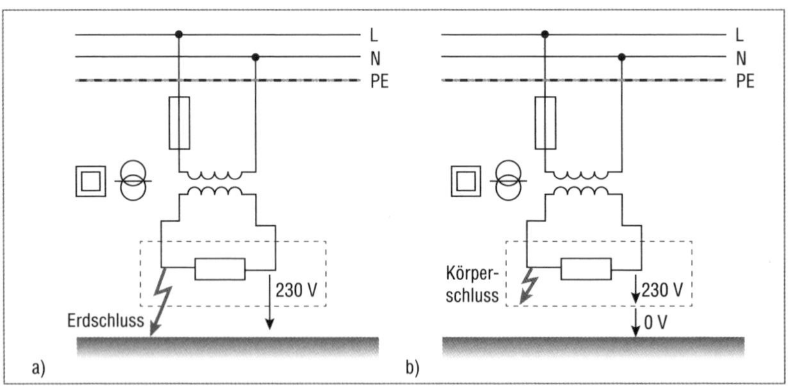

Bild 26.15 Schutz durch Schutztrennung
a) Erdschluss
b) Körperschluss

Dadurch, dass die Körper nicht mit dem Schutzleitersystem verbunden sein dürfen, liegt weder eine Berührungsspannung am Körper an, noch kommt ein Kurzschlussstrom zum Fließen, der eine automatische Abschaltung bewirkt.

Der Fehlerschutz wird durch eine Stromquelle mit einfacher Trennung zu anderen Stromkreisen und Erde in Kombination mit einem Schutzpotentialausgleich sichergestellt. Die Spannung darf höchstens 500V betragen. Im Schutzpotentialausgleich sind die Köper der elektrischen Betriebsmittel des Stromkreises anzuschließen. Dieser Schutzpotentialausgleich sowie aktive Teile des Stromkreises dürfen nicht mit Erde verbunden werden. Eine Verbindung von Körpern elektrischer Betriebsmittel mit einem Schutzleitersystem oder einem Erdungsleiter sind nicht erlaubt. Stromkreise mit Schutztrennung sind mindestens mit einer Basisisolierung gegenüber anderen Stromkreisen zu isolieren. Flexible Kabel und Leitungen, die mechanischen Beanspruchungen ausgesetzt sind, müssen über ihre gesamte Länge sichtbar sein. Stromkreise mit Schutztrennung sollten in getrennten Kabel- und Leitungsanlagen errichtet sein. Falls in derselben Kabel- und Leitungsanlage Stromkreise mit Schutztrennung und andere Stromkreise vorgesehen werden, müssen mehradrige Kabel/Leitungen ohne metallene Umhüllung, isolierte Leiter in isolierenden Elektroinstallationsrohren oder isolierte Leiter in geschlossenen oder zu öffnenden isolierenden Elektroinstallationskanälen verwendet werden, wobei vorausgesetzt wird, dass

- ihre Bemessungsspannung mindestens so groß wie die höchste Nennspannung ist und
- jeder Stromkreis bei Überstrom geschützt ist.

Die Schutzmaßnahme ist grundsätzlich auf die Versorgung eines elektrischen Verbrauchsmittels durch eine Stromquelle mit einfacher Trennung beschränkt (**Bild 26.16**).

Werden mehrere Verbrauchsmittel mit einer ungeordneten Stromquelle mit einfacher Trennung versorgt, sind die Anforderungen nach DIN VDE 0100-410 Anhang C, C.3 zu beachten. Demnach sind Vorsichtsmaßnahmen zu treffen, um den getrennten Stromkreis vor Beschädigung und Isolationsfehlern zu schützen.

- Die Körper des getrennten Stromkreises müssen miteinander durch isolierte, nicht geerdete Schutzpotentialausgleichsleiter verbunden werden. Solche Leiter dürfen nicht mit den Schutzleitern oder Körpern anderer Stromkreise oder mit irgendwelchen fremden leitfähigen Teilen verbunden werden.

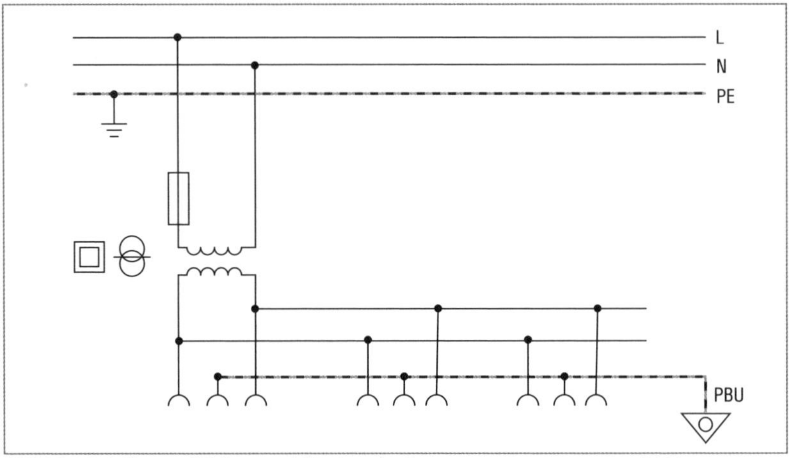

Bild 26.16 Aufbau und Erdungsverhältnisse des Stromversorgungssystems mit Schutztrennung

- Die Schutzleiter von Schukosteckdosen sind mit dem nicht geerdeten Schutzpotentialausgleichsleiter zu verbinden.
- Tritt in zwei verschiedenen Betriebsmitteln in unterschiedlichen Außenleitern ein Fehler auf, ist durch eine Schutzeinrichtung die automatische Abschaltung innerhalb der festgelegten Abschaltzeiten nach DIN VDE 0100-410 Tabelle 41.1 sicherzustellen.
- Die Kabel- und Leitungslängen sollten die folgenden Längen nicht überschreiten:
  - 500 m und
  - U_N[V] · Länge [m] ≤ 100.000 Vm

26.6 Schutz durch Kleinspannung (SELV und PELV)

Die Schutzmaßnahme „Schutz durch Kleinspannung" beruht auf den Prinzipien der Spannungsbegrenzung und der sicheren Trennung zwischen Stromkreisen. Der Schutz durch Kleinspannung kann über zwei unterschiedliche Kleinspannungssysteme hergestellt werden.

- Sicherheitskleinspannung (SELV),
- Funktionskleinspannung mit elektrisch sicherer Trennung (PELV).

Die Begrenzung der Spannung ist eine Basisschutzvorkehrung im Sinne der DIN VDE 0140-1. Auf diese Weise soll bei direktem Berühren keine Gefährdung für Personen und Nutztiere bestehen. Der Basisschutz durch Begrenzung der Spannung wird durch folgende Bedingungen erreicht:

- Die Berührungsspannung überschreitet in trockenen Räumen keinesfalls 25 V AC (RMS) oder 60 V DC (oberwellenfrei).
- Die Berührungsspannung überschreitet in allen anderen Fällen keinesfalls 6 V AC (RMS) oder 15 V DC (oberwellenfrei) (feuchte und nasse Räume, Aufstellung im Freien etc.).
- Die aktiven Teile sind so angeordnet, dass ein großflächiger Kontakt mit dem menschlichen Körper ausgeschlossen werden kann.
- Die Stromversorgung entspricht dem Sicherheitsgrad von SELV oder PELV.
- Die Spannungsversorgung erfolgt über einen Sicherheitstransformator nach IEC 61558-2-6 oder gleichwertig.

Die Spannung in SELV- und PELV-Stromkreisen darf gemäß DIN VDE 0140-1 und DIN VDE 0100-410 den Spannungsbereich 1, der sich bis 50 V AC und 120 V DC erstreckt, nicht überschreiten. Jedoch können in Abhängigkeit der Umgebungsbedingungen unterschiedliche Berührungsströme bei gegebener Spannung wirken. Der Grad der Gefährdung wird zudem durch die Wellenform des Stromes und den Strompfad durch den Körper beeinflusst.

Der Spannungsbereich 1 (**Bild 26.17**) findet üblicherweise Anwendung in Beleuchtungsstromkreisen und Steckdosenstromkreisen in normalen Umgebungen wie Wohnhäusern oder Werkstätten. In bestimmten Fällen ist allerdings eine Basisschutzvorkehrung erforderlich und/oder die Werte der

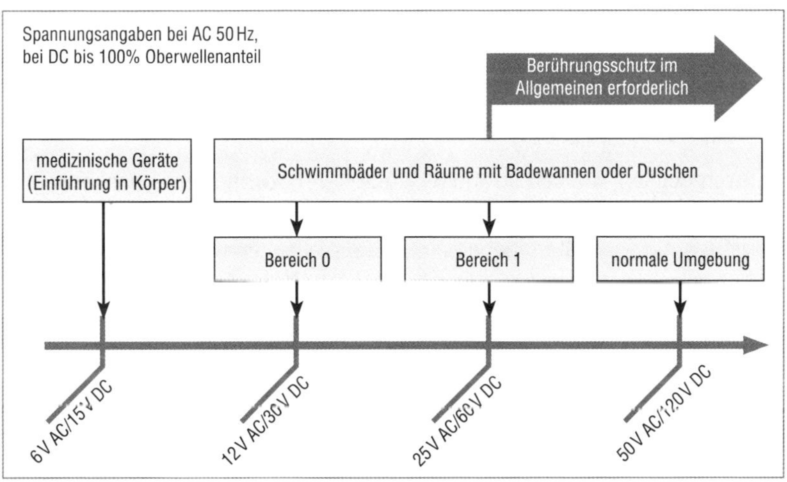

Bild 26.17 Spannungsbereiche

Kleinspannung auf Werte kleiner als 50V AC oder 120V DC begrenzt. Im Allgemeinen ist ein Schutz gegen direktes Berühren innerhalb der Spannungsgrenzen des Spannungsbereichs 1 bis 25V AC (RMS) oder 60V DC in SELV- und PELV-Stromkreisen in trockenen Räumen nicht erforderlich.

In Bereichen in denen mit einem niedrigen Körperwiderstand des Menschen zu rechnen ist, ist der Spannungsbereich bis 25V AC und 60V DC begrenzt. Dies ist typischerweise der Fall in Stromkreisen, die in unmittelbarer Nähe zu Schwimmbecken oder in medizinisch genutzten Bereichen errichtet sind. In Schwimmbecken (Bereich 0 nach DIN VDE 0100-702) ist aufgrund des Wassers mit einem extrem niedrigen Körperwiderstand zu rechnen. Hier ist die höchst zulässige Spannung auf <25V AC bzw. <60V DC begrenzt. Wenn die Nennspannung 25V AC oder 120V DC beträgt oder wenn die Betriebsmittel in Wasser eingetaucht sind, ist ein Basisschutz durch eine Basisisolierung, durch Abdeckung oder Umhüllung nach DIN VDE 0100-410 Anhang A erforderlich. Die Ausnahmen sind für die zutreffenden Anwendungsfälle in der Gruppe 700 der Reihe DIN VDE 0100 festgelegt.

26.6.1 Stromquellen für SELV und PELV

Es sind folgende Stromquellen für die Anwendung in SELV- und PELV-Systemen zulässig:

- Sicherheitstransformatoren in Übereinstimmung mit DIN EN 61558-2-6 (VDE 0570-2-6),
- Motorgeneratoren, die über eine gleichwertige Trennung durch gleichwertig getrennte Wicklungen wie Sicherheitstransformatoren verfügen,
- elektrochemische Stromquellen (Batterien) (Ladespannung bis 75V AC/150V DC zulässig),
- Stromquellen, die von Stromkreisen höherer Spannungen unabhängig sind (z. B. Generatoren mit Verbrennungsmaschine, PV-Module),
- weitere Stromquellen, bei denen im Falle eines inneren Fehlers die Spannung an den Ausgangsklemmen auf die höchst zulässigen Spannungswerte begrenzt ist und die den zutreffenden gültigen Normen entsprechen. Die Spannungswerte gelten als eingehalten, wenn die mit einem Voltmeter, mit einem Innenwiderstand von 3.000 Ω, gemessene Spannung innerhalb der vorgegeneben Spannungswerte liegt.

Bei Batterien sind Überschreitungen des Spannungsbereichs 1 sind bei Batterien während des Ladevorganges zulässig. Beim Ladevorgang von Batterien sollte abhängig von den Umgebungsbedingungen ein maximaler Wert von 75 V AC oder 150 V DC nicht überschritten werden.

26.6.2 Aufbau von SELV- und PELV-Stromkreisen

SELV- und PELV-Stromkreise müssen zwischen aktiven Teilen und anderen SELV- und PELV-Stromkreisen über eine Basisisolierung verfügen. Eine sichere Trennung zu aktiven Teilen anderer Stromkreise, die nicht SELV- oder PELV-Stromkreise sind, ist notwendig. Eine sichere Trennung zwischen Stromkreisen ist durch eine oder eine Kombination der folgenden Maßnahmen sicherzustellen:

- eine Basisisolierung und eine zusätzliche Isolierung,
- eine verstärkte Isolierung oder
- Schutzschirmung, wobei der Schutzschirm von jedem angrenzenden Stromkreis durch eine Basisisolierung getrennt ist.

Die doppelte oder verstärkte Isolierung ist für die höchste vorkommende Spannung zu bemessen. Sind Leiter des getrennten Stromkreises zusammen mit Leitern anderer Stromkreise in einem Mehrleiterkabel, einer mehradrigen Leitung oder in einer anderen Gruppe von Leitern verlegt, sind die Leiter einzeln oder gemeinsam für die höchste vorkommende Spannung zu isolieren, sodass eine doppelte Isolierung gegenüber anderen Stromkreisen erreicht wird. Bauteile, die zwischen den getrennten Stromkreisen eingefügt sind, müssen die Anforderungen für Schutzimpedanzeinrichtungen erfüllen.

In PELV-Stromkreisen ist eine Verbindung der Körper aktiver Teile durch einen Schutzleiter mit der Haupterdungsschiene erforderlich. In allen anderen Fällen ist ein Basisschutz nicht gefordert, wenn die Nennspannung des SELV- oder PELV-Systems AC 12 V oder DC 30 V nicht überschreitet.

26.6.3 Leitungen und Steckvorrichtungen für SELV und PELV

Leiter von SELV- oder PELV-Stromkreisen müssen zusätzlich zur Basisisolierung von einem nicht metallenen Mantel oder einer isolierenden Umhüllung umschlossen sein (**Bild 26.18**). Die Leiter sind von Leitern der Stromkreise mit einer höheren Spannung als die von Spannungsbereich 1 durch einen geerdeten metallenen Mantel oder durch eine geerdete metallene Schirmung zu trennen. Kabel- und Leitungen von SELV- und PELV-Stromkreisen sind von anderen Stromkreisen räumlich getrennt zu verlegen.

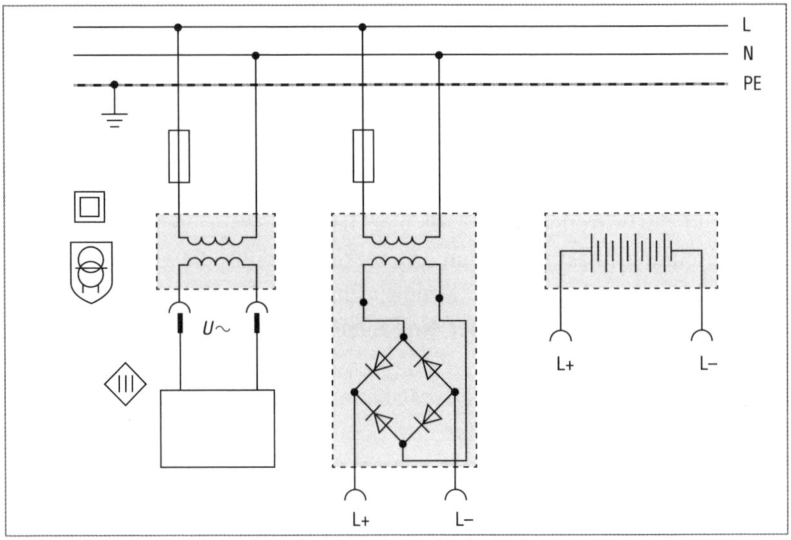

Bild 26.18 Aufbau von SELV-Stromkreisen mit verschiedenen Stromquellen

Stecker und Steckdosen für SELV- und PELV-Stromkreise dürfen nicht mit Stecksystemen anderer Spannungssysteme verwechselt werden. Stecker und Steckdosen müssen so konstruiert sein, dass sie sich ausschließlich für SELV- und PELV-Stromkreise eignen, um eine unbeabsichtigte Verwechslung zu vermeiden. Sie dürfen zudem über keinen Schutzleiterkontakt verfügen.

26.7 Der zusätzliche Schutz

Der zusätzliche Schutz ist anzuwenden, wenn bei Versagen von Basisschutz und/oder Fehlerschutz, bei Sorglosigkeit des Benutzers oder durch den Aufstellort besondere Personengefährdungen zu erwarten sind. Die Forderung nach einem zusätzlichen Schutz kann in den zutreffenden Normen der Gruppe 700 der Reihe DIN VDE 0100 in Art und Umfang festgelegt sein. Der zusätzliche Schutz kann mit folgenden Schutzvorkehrungen sichergestellt werden:

- Fehlerstrom-Schutzeinrichtungen (RCD) mit einem Bemessungsfehlerstrom von höchsten 30 mA,
- Schutzpotentialausgleich.

26.7.1 Zusätzlicher Schutz durch RCD

Der zusätzliche Schutz durch Fehlerstrom-Schutzeinrichtungen (RCDs) findet in Endstromkreisen, vorwiegend bei der Benutzung durch Laien, Anwendung. Fehlerstrom-Schutzeinrichtungen (RCDs) als Schutzvorkehrung für den zusätzlichen Schutz müssen einen Bemessungsfehlerstrom von nicht mehr als 30 mA besitzen. Die Schutzvorkehrung muss alle aktiven Leiter trennen, indem sie eine Trennstrecke aufweist. Differenzstrom-Überwachungseinrichtungen (RCMs) werden nicht als Schutzeinrichtung betrachtet und stellen demnach keine Schutzvorkehrung im Sinne der Schutzmaßnahme dar. Ist die Fehlerstrom-Schutzeinrichtung am Anfang des Endstromkreises angeordnet, darf dieser auch als Fehlerschutzvorkehrung verwendet werden.

Der zusätzliche Schutz durch Fehlerstrom-Schutzeinrichtungen (RCDs) wird u. a. nach DIN VDE 0100-410 für Beleuchtungsstromkreise in privaten Bereichen gefordert. Hintergrund der Anforderung ist, dass aufgrund neuer Bauformen von Leuchten ohne auswechselbare Leuchtmittel davon auszugehen ist, dass diese von elektrotechnischen Laien angeschlossen und abgeklemmt werden.

Steckdosen mit integrierter Fehlerstrom-Schutzeinrichtung (RCDs) werden häufig im Rahmen von Nachrüstungen verwendet. Diese werden gerne aus Kostengründen für Erweiterungen bestehender Endstromkreise ohne Fehlerstrom-Schutzeinrichtung (RCD) verwendet. Die neu verlegte Anschlussleitung für die Steckdosen wird einfach im Endstromkreis an einer Abzweigdose im bestehenden Stromkreis angeschlossen. (**Bild 26.19**). Allerdings gelten für den erweiterten Teil des Endstromkreises die derzeit anerkannten Regeln der Technik. Nach DIN VDE 0100-410 Abs. 411.3.3 sind Steckdosen in Endstromkreisen mit einem Bemessungsstrom bis 32 A, die durch die Benutzung durch Laien zur allgemeinen Verwendung bestimmt sind, mit einer Fehlerstrom-Schutzeinrichtung (RCD) mit einem Bemessungsfehlerstrom von höchstens 30 mA vorzusehen. Die Fehlerstrom-Schutzeinrichtung stellt gemäß der Anforderung eine Fehlerschutzvorkehrung zum Schutz durch automatische Abschaltung dar. Die Anforderungen an den Fehlerschutz können somit aufgrund der Anordnung des Fehlerstrom-Schutzschalters (RCD) direkt in der Steckdose nicht erfüllt werden.

Bei Erweiterung von Endstromkreisen in bestehenden elektrischer Anlagen ist darauf zu achten, dass mit Verwendung der Fehlerstrom-Schutzeinrichtung (RCD) sowohl die Anforderungen an den Fehlerschutz als auch an

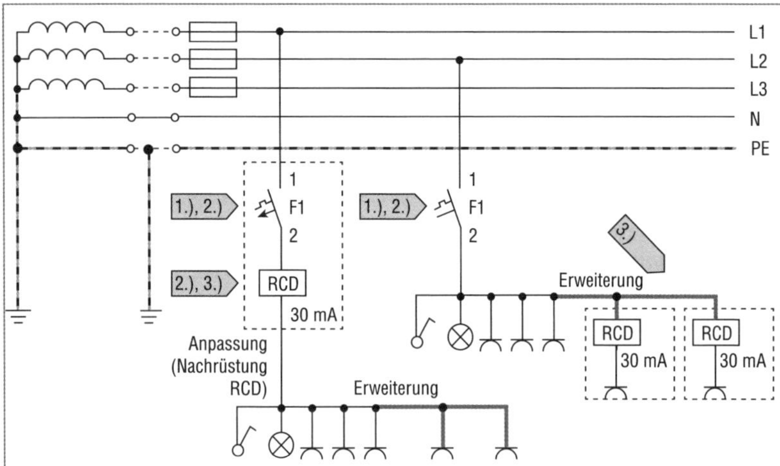

1.) Überlast- und Kurzschlussschutz nach DIN VDE 0100-430
2.) Fehlerschutz nach DIN VDE 0100-410 Abs. 411
3.) zusätlicher Schutz nach DIN VDE 0100-410 Abs. 415

Bild 26.19 Aufbau einer Anschlussnutzeranlage mit Endstromkreisen, die um Teilbereiche erweitert wurde

den zusätzlichen Schutz erfüllt sind. Die Anforderungen werden demnach nur gleichzeitig erfüllt, wenn die Fehlerstrom-Schutzeinrichtung (RCD)

- einen Bemessungsfehlerstrom von höchstens 30mA hat,
- die Fehlerstrom-Schutzeinrichtung (RCD) am Anfang des Endstromkreises angeordnet ist.

26.7.2 Zusätzlicher Schutz durch zusätzlichen Schutzpotentialausgleich

Der zusätzliche Schutzpotentialausgleich wird als Ergänzung zum Basisschutz zwischen gefährlichen aktiven Teilen und Körpern (elektrischer Betriebsmittel) und zum Fehlerschutz durch zusätzliche Isolierung oder durch einen Schutzpotentialausgleich angewendet (**Bild 26.20**).

Der erweiterte Schutz durch einen zusätzlichen Schutzpotentialausgleich wird angewendet, um gefährliche Spannungen zwischen gleichzeitig berührbaren Körpern elektrischer Betriebsmittel und fremden leitfähigen Teilen zu vermeiden. Als gleichzeitig berührbar gelten Körper in einem Radius von bis zu 2,5 m.

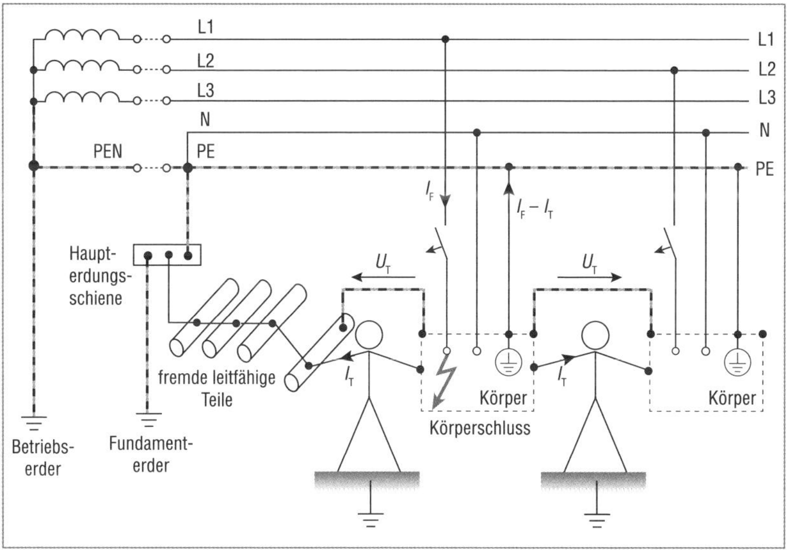

Bild 26.20 Zusätzlicher Schutz-Potentialausgleich

Schutzpotentialausgleichsleiter, die zwei Körper von elektrischen Betriebsmitteln miteinander verbinden, müssen mindestens die gleiche Leitfähigkeit besitzen wie der kleinste Schutzleiter, der an die Körper angeschlossen ist. Mit der nach DIN VDE 0100-540 Abs. 544.2. festgelegten Leitfähigkeit muss es sich bei der Verbindung zwischen den Körpern nicht um dasselbe Leitermaterial der Zuleitung handeln. Der Schutzpotentialausgleichsleiter zwischen den Körpern elektrischer Betriebsmittel mit fremden leitfähigen Teilen muss mindestens die halbe Leitfähigkeit des entsprechenden Schutzleiters besitzen. Der Mindestquerschnitt von Schutzpotentialausgleichsleitern für den zusätzlichen Schutzpotentialausgleich und von Potentialausgleichsleitern zwischen zwei fremden leitfähigen Teilen muss mindestens die folgenden Anforderungen erfüllen:

- 2,5 mm^2 Cu/16 mm^2 Al, wenn ein Schutz gegen mechanische Beschädigung vorgesehen ist,
- 4 mm^2 Cu/16 mm^2 Al, wenn kein Schutz gegen mechanische Beschädigung vorgesehen ist.

Ein Schutzleiter, der nicht Teil eines Kabels bzw. einer Leitung ist, wird als mechanisch geschützt angesehen, wenn er in einem Installationsrohr, in einem Kabelkanal oder in vergleichbarer Weise geschützt verlegt ist. Die Wirksamkeit des zusätzlichen Schutzpotentialausgleichs ist durch Messung der Durchgängigkeit der Leiter nachzuweisen. Es gelten folgende Grenzwerte:

$$\text{Wechselstromkreis: } R \leq \frac{50\,\mathrm{V}}{I_\mathrm{a}}$$

$$\text{Gleichstromkreis: } R \leq \frac{120\,\mathrm{V}}{I_\mathrm{a}}$$

26.8 Zusammenfassung: Schutzmaßnahmen gegen elektrischen Schlag

Die Grundsätze des Schutzes gegen elektrischen Schlag sind in der Norm DIN EN 61140 (VDE 0140-1) festgelegt. In Fachkreisen ist es die sogenannte Norm für die Normung. Die Norm legt gemeinsame Anforderungen an den Schutz gegen elektrischen Schlag für elektrische Anlagen und Betriebsmittel fest, sie legt die Grundsätze fest und definiert die Anforderungen an die Ausführung der Schutzvorkehrungen. Zudem legt sie die Betrachtung der Einzelfehlerbedingungen fest und beinhaltet die Festlegung an die Schutzklassen für elektrische Betriebsmittel. Aus der DIN EN 61140 (VDE 0140-1) leiten sich die Anforderungen der DIN VDE 0100-410 an den Schutz gegen elektrischen Schlag in elektrischen Anlagen ab. Für Betriebsmittel gilt anlog dasselbe. Die DIN EN 61140 (VDE 0140-1) ist zudem harmonisiert und im Amtsblatt der EU zur Niederspannungsrichtlinie 2014/35/EU gelistet, sodass diese Leitsätze innerhalb des europäischen Wirtschaftsraumes bei Produkten im Anwendungsbereich der Niederspannungsrichtlinie zu beachten sind. Weitere Produktnormen der Normenreihe DIN VDE 07XX sind aus diesen Grundsätzen abgeleitet (**Bild 26.21**).

26.8.1 Basisschutz und Fehlerschutz

Im Grundsatz besteht eine Schutzmaßnahme gegen elektrischen Schlag aus einer Kombination zweier unabhängiger Schutzvorkehrungen: des Basisschutzes und des Fehlerschutzes. Die Basisschutzvorkehrung verhindert dabei das direkte Berühren aktiver Teile im normalen fehlerfreien Zustand. Sie verhindert sozusagen das direkte Berühren durch konstruktive Maßnahmen wie Schutzumhüllung, Isolierung, durch Abstände oder durch reduzierte Betriebsspannungen. Die Fehlerschutzvorkehrung verhindert bei Versagen der Basisschutzvorkehrung aufgrund eines Körperschlusses das

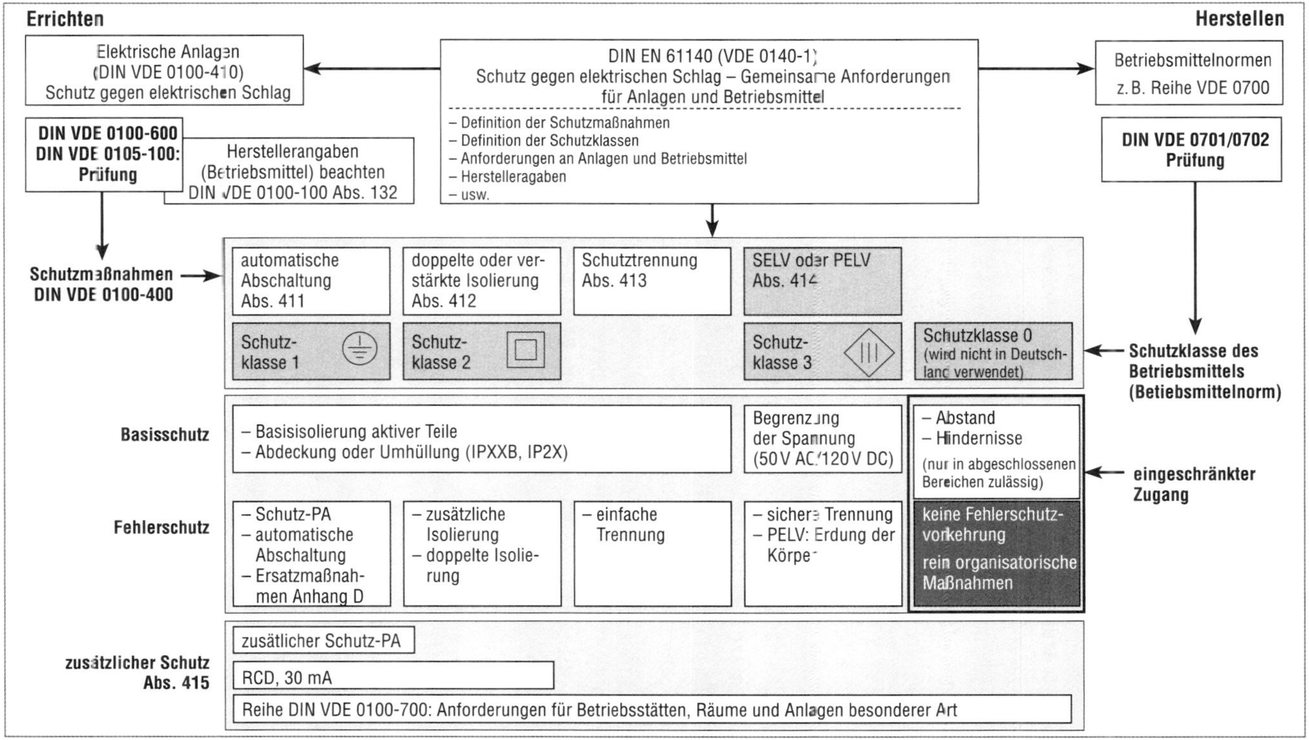

Bild 26.21 Übersicht über die Schutzmaßnahmen gegen elektrischen Schlag für elektrische Anlagen und Betriebsmittel unter Berücksichtigung der Anwendungsgrundlagen

Bestehenbleiben einer gefährlichen Berührungsspannung an Körpern und leitfähigen Teilen. Die Fehlerschutzvorkehrung führt je nach Auswahl der Schutzmaßnahme zu einer automatischen Abschaltung oder der Begrenzung von Berührungsspannungen unter Fehlerbedingungen.

26.8.2 Anwendung einer Schutzvorkehrung

Neben den vier Schutzmaßnahmen in elektrischen Anlagen und den drei analog zugeordneten Schutzklassen elektrischer Betriebsmittel (Geräte) soll auch die Schutzklasse 0 beachtet werden. Formell wird diese Schutzklasse bei Geräten nicht angewendet, da diese Geräte hinsichtlich des Schutzes gegen elektrischen Schlag erst durch eine Fehlerschutzschutzvorkehrung komplettiert werden müssen. Übertragen auf Basisschutzvorkehrungen in elektrischen Anlagen ist diese Schutzklasse dem „(Basis)Schutz durch Hindernisse" und „Schutz durch Anordnung außerhalb des Handbereiches (Abstand)" gleichzusetzen. Diese Maßnahmen verfügen über keine technische Fehlerschutzvorkehrung, sodass für den Fehlerschutz organisatorische Ersatzmaßnahmen zu treffen sind. Im Umkehrschluss dürfen „Schutzmaßnahmen" auf Grundlage einer technischen Basisschutzvorkehrung durch Abstand und Hindernisse in Verbindung mit einer „organisatorischen" Fehlerschutzmaßnahme ausschließlich in Bereichen angewendet werden, die für Laien unzugänglich sind und wo dem Betreiber die Organisationspflicht zur Anwendung der erforderlichen Organisatorischen Maßnahmen aus den Unfallverhütungsvorschriften, der Betriebssicherheitsverordnung und dem Arbeitsschutzgesetz obliegt.

26.8.3 Der zusätzliche Schutz

Der zusätzliche Schutz ist eine ergänzende Schutzvorkehrung zu einer Schutzmaßnahme. Die DIN EN 61140 (VDE 0140-1) lässt als zusätzlichen Schutz den Einsatz einer Fehlerstrom-Schutzeinrichtung, kurz RCD, mit einem Bemessungsfehlerstrom von höchstens 30 mA oder einen zusätzlichen Schutzpotentialausgleich zu. Anwendung findet ein zusätzlicher Schutz, wenn während der Benutzung ein Versagen einer oder beider Schutzvorkehrungen durch Sorglosigkeit des Benutzers oder aufgrund einer erhöhten Personengefährdung bei besonderen Bedingungen zu erwarten ist. Besondere Bedingungen sind u. a. Anwendungen, bei denen mit reduzierten Körperwiderständen zu rechnen ist. Typischerweise ist dies bei reduzierten Hautwiderständen des menschlichen Körpers in direktem Kontakt mit feuchten und nassen Bereichen der Fall. Ebenso reduziert sich der Körperwiderstand bei medizinischen Anwendungen, die in den menschlichen Körper eindringen. Zum Thema Sorglosigkeit des Benutzers bleibt hier zuletzt noch zum einen der Anschluss von Leuchten in Wohnungen oder das abgemähte Kabel beim Rasenmähen zu nennen. Weitere Anforderungen sind hierzu auch in der Gruppe DIN VDE 0100-700 für Anlagen besonderer Art genannt.

Der zusätzliche Schutzpotentialausgleich verbindet fremde gleichzeitig berührbare leitfähige Teile und Körper miteinander, sodass im Fehlerfall keine gefährlichen Berührungsspannungen zwischen den Körpern und fremden leitfähigen Teilen auftreten können.

Vgl. hierzu [15], [27], [54], [81].

27 Schutzmaßnahmen gegen thermische Einflüsse

Als Grundnorm der Gruppe DIN VDE 0100 enthält die DIN VDE 0100-420 Anforderungen an den Schutz gegen thermische Auswirkungen, Verbrennungen oder Zersetzung von Materialien in elektrischen Anlagen bis 1 kV Wechselspannung und 1,5 kV Gleichspannung. Sie enthält Anforderungen und Maßnahmen gegen die Verbreitung von Flammen und Rauch von der elektrischen Anlage in benachbarte Brandabschnitte und Anforderungen zur Aufrechterhaltung der sicheren Funktion elektrischer Einrichtungen einschließlich Einrichtungen für Sicherheitszwecke für folgende Bereiche und Schutzaspekte:

- Schutz gegen Brände, verursacht durch elektrische Betriebsmittel,
- Maßnahmen bei besonderem Brandrisiko,
- Schutz bei Verbrennung und Überhitzung,
- Bedingungen für die Evakuierung im Notfall,
- Räume mit besonderen Brandrisiken – feuergefährdete Betriebsstätten,
- Räume mit brennbaren Baustoffen,
- feuerausbreitende Gebäudeausrüstung und Gebäudestruktur,
- Räume oder Orte mit Gefährdungen für unersetzbare Güter.

27.1 Schutzziele

Grundsätzlich darf die elektrische Anlage weder einen Brand verursachen noch dürfen unzulässige Abschaltungen Personen- und Sachschäden verursachen. Es ist zudem sicherzustellen, dass Brände nicht auf elektrische Anlagen oder andere Gebäudeteile übergreifen können. Im Brandfall sind in bestimmten Bereichen die Erkennung eines Brandes und die damit verbundenen Evakuierungs-, Rettungs- und Löscharbeiten erforderlich (**Bild 27.1**).

Im Rahmen des Anwendungsbereiches der DIN VDE 0100-420 lassen sich zum Schutz gegen thermisch Einflüsse verschiedene Schutzziele definieren:

- Die elektrische Anlage darf keinen Brand verursachen.
- Die elektrische Anlage darf die Isolationsmaterialien der Betriebsmittel nicht entzünden.

- Die Brände dürfen nicht durch die Betriebsmittel, Kabel und Leitungen der elektrischen Anlage auf andere Gebäudeteile übergehen.
- Brände sind, falls durch weitere Bestimmungen festgelegt, zu erkennen.
- Evakuierungs-, Rettungs- und Löschmaßnahmen müssen sicher durchgeführt werden können.

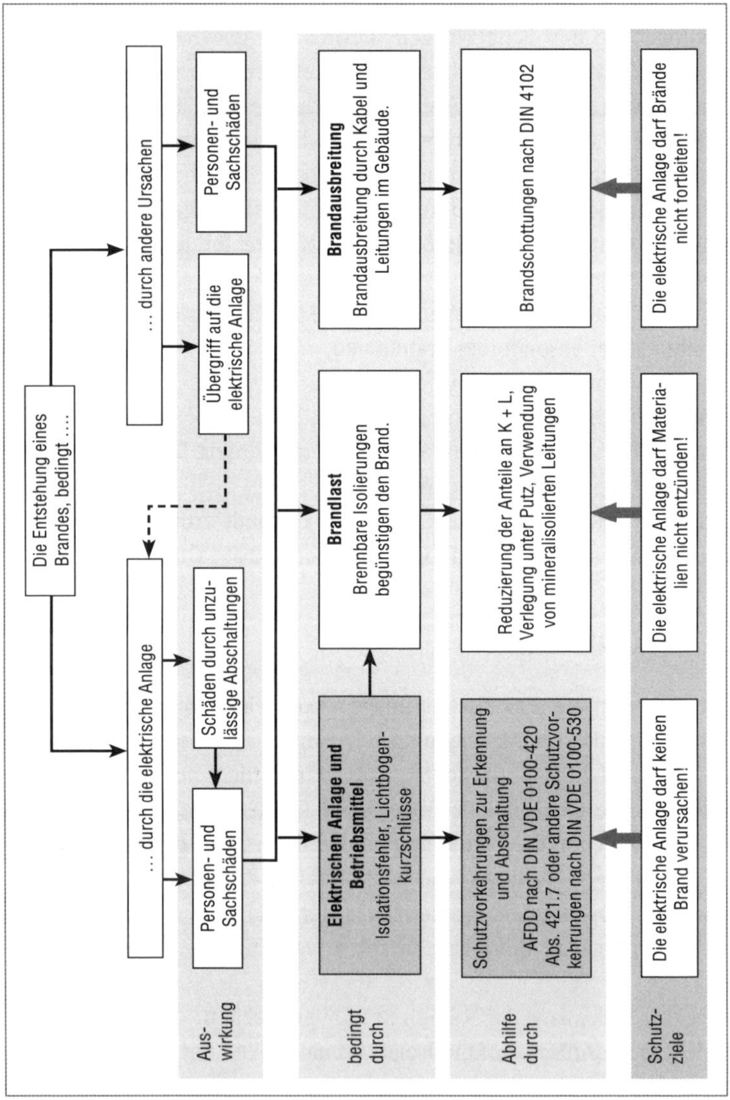

Bild 27.1 Beteiligung der elektrischen Anlage bei der Entstehung eines Brandes mit Schutzvorkehrungen zur Brandverhinderung und Erweiterung der Schutzziele. Erweiterte und modifizierte Abbildung von [64].

27.2 Brandentstehung

Ein Brand ist ein Verbrennungsprozess. Er ist gekennzeichnet durch die Abgabe von Wärme in Verbindung mit der Abgabe von Rauch und/oder Flammen und/oder Glühvorgängen. Für die Einleitung eines Brandes muss ein brennbares Material unter Zugabe von Sauerstoff auf eine Zünd- oder Wärmequelle treffen. Ein Brand entsteht somit entweder durch Entflammung oder durch Entzündung (**Bild 27.2**).

Entflammbarkeit ist die Fähigkeit eines Materials unter festgelegten Prüfbedingungen mit einer externen zugeführten Flamme zu brennen.

Entzündbarkeit ist die Fähigkeit eines Materials unter festgelegten Prüfbedingungen durch Zufuhr einer äußeren Wärmequelle die Verbrennung einzuleiten. Als leicht entzündbar werden Stoffe bezeichnet, die einer extern zugeführten Flamme eines Zündholzes 10 s lang ausgesetzt sind und nach Entfernen der Flamme selbst weiter brennen oder glimmen. Typischerweise handelt es sich bei leicht entzündbaren Stoffen um Heu, Stroh, Holzspäne, lose Holzwolle, Magnesiumspäne etc.

Maßnahmen zur Risikoreduzierung aufgrund Entzündung von Materialien erfolgen nach dem Prinzip der Einhausung oder des Abstandes. Können nach DIN VDE 0100-420 Abs. 421.3 im bestimmungsgemäßen Betrieb Lichtbögen oder Funken aus fest angebrachten Betriebsmitteln austreten, sind diese entweder durch lichtbogenbeständige Werk- und Baustoffe gegen eine durch einen Störlichtbogen bedingte Entzündung einzuschließen, von einem entzündbaren Material abzutrennen oder so zu errichten, dass eine

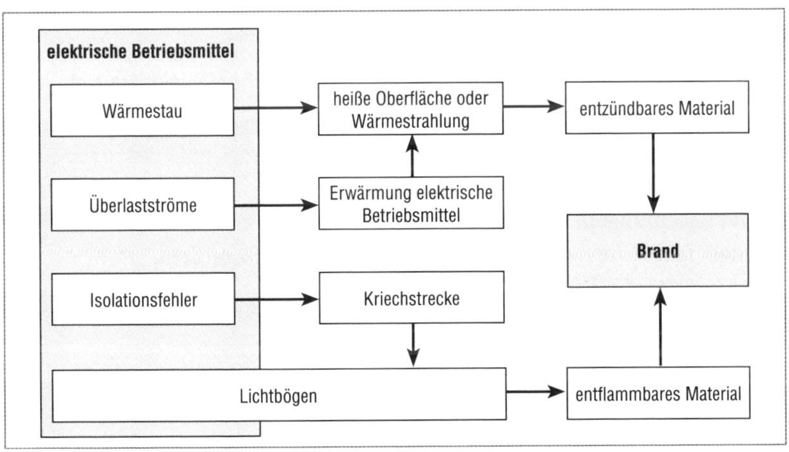

Bild 27.2 Brände verursacht durch elektrische Betriebsmittel

sichere Löschung von Lichtbögen und Funken in einem ausreichenden Abstand vom Material möglich ist, ohne dass schädigende Einwirkungen entstehen. Damit stellen diese Prinzipien normativ geforderte reaktive Maßnahme zur Verhinderung einer Entzündung und einer Brandfortleitung durch Materialien und Teile der elektrischen Anlagen dar.

Damit die leicht entzündlichen Stoffe brennen, ist eine externe Wärmequelle oder Zündquelle erforderlich. Für die Beurteilung des Brandentstehungsrisikos ist zwischen den Stoffeigenschaften Flammpunkt und Zündpunkt zu unterscheiden.

Der Flammpunkt ist die niedrigste Temperatur eines Stoffes, bei der sich ein zündfähiges Luft-Gas-Gemisch bilden kann. Der Flammpunkt ist demnach für die Betrachtung der Explosionsgefahr relevant. Als Zündpunkt ist die Temperatur eines Stoffes definiert, bei der der Stoff unter Zuführung von Sauerstoff ohne extern zugeführte Zündquelle selbstständig brennt. Der Zündpunkt wird somit auch als Selbstentzündungstemperatur bezeichnet.

27.3 Schutz gegen durch elektrische Betriebsmittel verursachte Brände

Von Betriebsmitteln, die in der Nähe brennbarer oder entzündbarer Materialien ausgestellt sind, oder durch Wärmestrahlung dürfen keine unzulässigen hohen Temperaturen an den Oberflächen der Betriebsmittel entstehen. Ausgehend von der elektrischen Anlage sind folgende Aspekte hinsichtlich thermischer Gefährdungen zu beachten:

- Wärmestau, Wärmestrahlung, heiße Teile,
- Beeinträchtigung der sicheren Funktion elektrischer Betriebsmittel,
- Überstrom und Oberschwingungsströme (Kapitel 30 *Schutz bei Überstrom*),
- Isolationsfehler und Störlichtbögen,
- Überspannungen,
- ungeeignete Auswahl oder Errichtung von Betriebsmitteln,
- fehlerhafte Anschlüsse.

Siehe hierzu auch [110].

27.3.1 Wärmestau, Wärmestrahlung, heiße Teile

Unzulässige Oberflächentemperaturen am Betriebsmittel oder Wärmestrahlung ausgehend vom elektrischen Betriebsmittel kann vermieden werden, indem Teile, die eine Brandgefahr darstellen, mit Werk- oder Baustoffen vom Betriebsmittel abgetrennt werden, die eine niedrigere Wärmeleitfähigkeit als die Montagefläche und die brennbaren Teile der Gebäudekonstruktion besitzen. Eine andere Möglichkeit ist es, die Wärmeübertragung durch ausreichende Abstände zu brennbaren Materialien und die Wärmeabfuhr sicherzustellen (**Bild 27.3**).

Elektrische Betriebsmittel, egal ob fest installiert oder ortsveränderlich, dürfen aufgrund ihrer Betriebsbeanspruchungen keine unzulässig hohen Temperaturen annehmen. Durch falsche Auswahl und Installation sowie nicht bestimmungsgemäßen Betrieb und falsche Montage und Aufstellung ist dies nicht sichergestellt. Demnach sind gemäß DIN VDE 0100-100 Abs.131 elektrische Betriebsmittel bestimmungsgemäß entsprechend den Herstellerangaben sowie den derzeit gültigen Regeln der Technik zu installieren und zu betreiben. Hierzu haben die Hersteller entsprechend der Niederspannungsrichtlinie 2014/35/EU für die Betriebsmittel eine Konformitätserklärung zu erstellen, eine CE-Kennzeichnung anzubringen und dem Nutzer (Elektroinstallateur oder Endnutzer) in Form einer Betriebsanleitung Angaben zur sicheren Montage sowie für die bestimmungsgemäße Handha-

Bild 27.3 Pumpenmotor einer RLT-Anlage. Der Motor wurde hier als Kabelhalterung genutzt, sodass die Ableitung der Wärme von den Kühlrippen an die Umgebung beeinträchtigt ist.

bung mitzuliefern. Bei Handhabung und Aufstellung darf die Wärmeabfuhr der Kühlkörper bzw. der dafür vorgesehenen Flächen nicht durch den Montageort oder durch Gegenstände beeinträchtigt werden.

Nach DIN VDE 0100-510 Abs. 515.1 sind die Betriebsmittel durch den Elektroinstallateur oder Planer so auszuwählen und zu errichten, dass schädliche Beeinflussungen zwischen der elektrischen Anlage und den nichtelektrischen Einrichtungen ausgeschlossen sind. Hinsichtlich der thermischen Einflüsse sind demnach Betriebsmittel auf nichtbrennbaren Montageflächen zu installieren. Montageflächen aus Metall sind hierzu nach DIN VDE 0100-510 Abs. 515.1 mit dem Schutzleiter oder dem Schutzpotentialausgleichsleiter zu verbinden. Hier haben die Schutzleiter eine Überwachungsfunktion. Montageflächen aus brennbaren Materialen sind zur Vermeidung von Wärmeübertragungen mit nicht brennbaren Zwischenlagen zu versehen. Eine Zwischenlage bestehend aus einer 20mm dicken Fiber-Silikatplatte erfüllt beispielsweise die Anforderungen.

27.3.2 Beeinträchtigung der sicheren Funktion elektrischer Betriebsmittel

Schutzeinrichtungen dürfen nicht in ihrer sicheren und bestimmungsgemäßen Funktion beeinträchtigt werden.

Gebläse-Heizsysteme sind so zu errichten und aufzustellen, dass bei Heizelementen keine unzulässig hohen Temperaturen an brennbaren Flächen und Materialen entstehen. Hierfür sind Gebläse-Heizsysteme so zu errichten, dass ein ausreichend hoher Luftdurchsatz gewährleistet ist.

Der Luftdurchsatz ist durch zwei unabhängige temperaturbegrenzende Einrichtungen vorzusehen, mit denen die Überschreitung der zulässigen Temperatur in Luftkanälen verhindert wird. Im Rahmen zukünftiger Normungsvorhaben soll dieser Sachverhalt in die DIN VDE 0100-420 aufgenommen werden. Dort ist bei Heizleistungen über 3 kW und einem Nachlauf von mindestens 60 s angedacht, dass neben dem Temperaturregler für die Überwachung der Lufttemperatur eine zusätzliche unabhängige Sicherheitseinrichtung vorzusehen ist.

27.3.3 Heißwasser- oder Dampferzeuger

Geräte, die zur Erzeugung von heißem Dampf oder heißem Wasser vorgesehen sind, sind vor Überhitzen zu schützen. Dieser Schutz kann sowohl im

Gerät, wie es zum Beispiel bei Wasserkocher der Fall ist, selber integriert sein oder durch eine externe Schutzeinrichtung sichergestellt werden. Bei Geräten ohne freie Wassereintrittsöffnungen besteht zudem die Gefahr zu hohen Wasserdrucks im Inneren der Geräte. Solche Geräte sind zusätzlich mit einem Druckbegrenzer auszustatten.

27.3.4 Raumheizsysteme

Raumheizsysteme sind gegenüber brennbaren Materialien in geeigneter Weise abzutrennen. Gehäuse von Raumheizgeräten müssen deshalb aus nicht brennbaren Materialien bestehen. Heizstrahler sind so anzuordnen und auszurichten, dass unzulässige Erwärmungen an brennbaren Materialien und Wärmestau auszuschließen sind. Hierzu sind sowohl die Abstände der Gehäuse und die Abstände der Strahler zu brennbaren Teilen unter Beachtung der Herstellerangaben zu berücksichtigen. Macht der Hersteller keine zusätzlichen Angaben, sollten Raumheizsysteme so montiert sein, dass in Richtung der Ausstrahlung ein Sicherheitsabstand von mindestens 2 m zu entflammbaren Teilen sichergestellt ist.

27.3.5 Schutz gegen Verbrennungen

Sind Betriebsmittel im Handbereich von Personen angeordnet, dürfen diese keine unzulässigen hohen Temperaturen verursachen. Dies gilt gleichermaßen für Arbeitsstätten, private Nutzung und öffentliche Bereiche. In Arbeitsstätten leitet sich die Anforderung aus den Unfallverhütungsvorschriften ab, während in öffentlich zugänglichen Bereichen der Schutz in der allgemeinen Verkehrssicherungspflicht begründet ist.

Im Handbereich von erwachsenen Personen ist deshalb die Oberflächentemperatur von Betriebsmitteln bei bestimmungsgemäßer Verwendung gemäß DIN VDE 0100-420 Tabelle 42.1 begrenzt (**Tabelle 27.1**). Im Bereich

Teile innerhalb des Handbereichs	Oberflächenmaterial	max. Temperatur in °C
handgeführte Betriebsmittel	Metall	55
	nicht metallen	65
Teile, die berührt werden können, aber nicht in der Hand gehalten werden	Metall	70
	nicht metallen	80
Teile, die bei normalem Betrieb nicht berührt werden können	Metall	00
	nicht metallen	90

Tabelle 27.1 Maximale Oberflächentemperaturen nach DIN VDE 0100-420

von Kindern können allerdings die maximal zulässigen Oberflächentemperaturen niedriger sein. Die Grenzen legen zum Beispiel die anwendungsbezogenen Unfallverhütungsvorschriften fest.

27.3.6 Fehlerhafte Anschlüsse und Kontakte

Verbindungen zwischen Leitern sowie Verbindungen zwischen Leitern und Anschlussstellen müssen für die dauerhafte Stromübertragung bemessen sein. Unzureichende und fehlerhaft ausgeführte Klemmverbindungen können unzulässig hohe Übergangswiderstände bilden, die bei Betriebsströmen zu unzulässig hohen Wärmequellen und so zum Brand führen können.

Kontaktwiderstände an Klemmen sind sogenannte „ruhende Kontakte". Die Kontaktstellen sind während des Betriebes stets geschlossen. Ein Schalten findet nicht statt. Im Gegensatz zum schaltenden Kontakt werden Klemmen betriebsmäßig weder geöffnet noch geschlossen. Werden Klemmverbindungen, z. B. Steckklemmen, Schraubklemmen oder auch Neutralleitertrennklemmen geöffnet, bedeutet dies einen Eingriff in die elektrische Anlage.

Klemmverbindungen weisen immer Übergangswiderstände auf. Wie hoch diese sind, hängt vorwiegend von der richtigen Auswahl des Verbindungsmaterials und der fachgerechten Ausführung ab. Der Kontaktwiderstand setzt sich aus zwei Teilwiderständen zusammen, dem Fremdschichtwiderstand und dem Engewiderstand:

$$R_\mathrm{K} = R_\mathrm{E} + R_\mathrm{F}$$

R_K Kontaktwiderstand
R_E Engewiderstand
R_F Fremdschichtwiderstand

Der Engewiderstand ist bedingt durch mikroskopisch kleine Unebenheiten und Rauigkeiten der sich berührenden Kontaktflächen. Der Strom fließt demnach nur punktuell. Dadurch kommt es zu einer Verdichtung der ursprünglich parallel verlaufenden Stromlinien und damit zu einem erhöhten Spannungsabfall. Der Engewiderstand hängt vorwiegend von der Kontaktkraft und der Kontakthärte ab. Die Kontakthärte leitet sich im Kugelmodell nach Holm von der Brienell-Härte ab, mit der eine Kugel mit einem definierten Durchmesser und einer definierten Kraft auf einem Material einen Abdruck hinterlässt. Nach dem Kugelmodell und dem Ellipsoidmodell nach Holm ergibt sich folgender Zusammenhang:

$$R_E \approx \sqrt{\frac{H_K}{F_K}}$$

Sind Klemm- und Anschlussstellen innerhalb einer elektrischen Anlage nicht fachgerecht ausgeführt, bestehen an den Verbindungsstellen Übergangswiderstände. Werden Verbindungsmaterialien mit unterschiedlichen Kontakthärten bei gleicher Kontaktkraft verglichen, ist der Kontaktwiderstand bei Verbindungsmaterialien mit geringeren Kontakthärten niedriger als bei hohen Kontakthärten. Dieser Sachverhalt ergibt sich einfach aus der Tatsache, dass Materialien mit geringen Kontakthärten bei einem definierten Anpressdruck leichter an den Oberflächen verformen und so der Strom zwischen zwei Kontakten über mehrere und größere Kontaktflächen fließen kann. Die zweite Variable ist die Kontaktkraft. Mit steigender Kontaktkraft liegt ein höherer Anpressdruck an den Kontaktflächen vor, sodass die rauen Oberflächen stärker zusammengepresst werden und dadurch der Engewiderstand reduziert ist.

Der Fremdschichtwiderstand wird durch Substanzen, die sich auf den Kontaktoberflächen niederschlagen gebildet. Typsicherweise handelt es sich, bedingt durch den Herstellungsprozess, um Öle, Fette und Reinigungsmittel. Bei unsachgemäßer Auswahl der Betriebsmittel kann der Fremdschichtwiderstand durch am Aufstellort der Betriebsstätte vorkommende Staubablagerungen, Schmutz und Dämpfe sowie durch Korrosion etc. erhöht werden. Der Fremdschichtwiderstand lässt sich bei ruhenden Kontakten durch Reibbewegungen, hohe Kontaktkräfte und richtige Auswahl der Betriebsmittel (IP-Schutzart, Aufstellort) reduzieren. Sind die elektrischen Verbindungsklemmen nicht fachgerecht mit dem vom Hersteller angegebenen Drehmoment angezogen, ist der Übergangswiderstand zwischen den Klemmen im Leiter erhöht. Dies führt dazu, dass an den Klemmen, wie in **Bild 27.4**, aufgrund zu hoher Stromwärmeverluste betriebsbedingt unzulässig hohe Temperaturen auftreten, die zu Schmorstellen und zum Brand führen. Ebenso können insbesondere an Schraubsicherungen durch nicht

Bild 27.4 Erwärmungsspuren an einer Klemmverbindung

vollständig eingedrehte Schraubsicherungselemente oder fehlende Passhülsen unzulässig hohe Stromwärmeverluste an der Übergangsstelle auftreten und unzulässig hohe Temperaturen verursachen (**Bild 27.5**).

Verbindungen zwischen Leitern sowie Verbindungen zwischen Leitern und Anschlussstellen müssen für die dauerhafte Stromübertragung bemessen sein. Unzureichende und fehlerhaft ausgeführte Klemmverbindungen können hohe Übergangswiderstände bilden, die bei Betriebsströmen zu unzulässig hohen Wärmequellen und so zum Brand führen können.

Bild 27.5 Erwärmung an einer Schraubsicherung

$$P_V = I^2 \cdot R_K$$

Ab einer Fehlerleistung von 60 W an der Fehlerstelle besteht nach VdS 2349 3.1 eine Brandgefahr. Im Umkehrschluss bedeutet dieser Sachverhalt, dass der Grenzwert des höchst zulässigen Kontaktwiderstands mit steigendem Betriebsstrom um das $1/I^2$-fache sinkt. Daraus ergibt sich für den höchst zulässigen Kontaktwiderstand folgender Zusammenhang:

$$R_K \leq \frac{P_{V,\,max}}{I_B^2} = \frac{60\,W}{I_N^2}$$

Für fest angeschlossene Betriebsmittel ist für die Beurteilung des höchst zulässigen Kontaktwiderstandes der Betriebsstrom der elektrischen Betriebsmittel im Stromkreis einzusetzen. Bei Stromkreisen mit Steckvorrichtungen ist der Bemessungsstrom der Überstrom-Schutzeinrichtung einzusetzen. **Tabelle 27.2** zeigt die Übergangswiderstände für Kupfer, bei denen die Verlustleistung bei verschiedenen Strömen an der Übergangsstelle 60 W beträgt.

Es ist zu erkennen, dass der Widerstand bei 80°C höher ist. Bei steigenden Temperaturen am Leiter erhöht sich auch der Kontaktwiderstand, so-

$I = I_N$ in A	$R_{K,max,20°C}$ in mΩ	$R_{K,max,80°C}$ in mΩ
6	1.166	1.446
10	600	744
13	355	440
16	234	290
20	150	186
25	96	120
35	48	60
50	24	30
63	15	19

Tabelle 27.2 Kontaktwiderstände von Kupfer bei 20 °C und 80 °C mit den angegebenen Strömen, bei denen Verlustleistungen von 60 W an den Kontaktstellen auftreten.

dass im Leerlauf gemessene Kontaktwiderstände bei einer zulässigen Betriebstemperatur am Leiter von 80 °C mit dem Faktor 1,24 multipliziert werden sollten.

Leiterverbindungen müssen demnach zur Vermeidung unzulässig hoher Temperaturen und aufgrund der mechanischen Festigkeit ausreichend bemessen sein, sodass ein Abreisen des Leiters bzw. der Leiterverbindung bzw. ein Lösen der Kontaktfläche zwischen Leiter und Klemme nicht zu erwarten ist.

Die Auswahl des Verbindungsmaterials ist u. a. unter folgenden Aspekten auszuwählen:

- Leiterwerkstoff und Isolierung,
- Verwendung von geeigneten Press- und Schraubverbindungen,
- Anzahl und Form der Leiter (Drähte), die den Leiter bilden,
- Leiterquerschnitt,
- Vorbehandlung von Aluminiumleiter,
- Anzahl der miteinander zu verbindenden Leiter,
- Umgebungseinflüsse, wie Feuchtigkeit, Schwingungen, zu hohe oder zu niedrige Temperaturen,
- Klemmen sind entsprechend dem Anwendungsfall auszuwählen.

Siehe auch [110].

27.4 Feuergefährdete Betriebsstätten

Eine feuergefährdete Betriebsstätte ist eine Betriebsstätte, in der durch Lagerung und Verarbeitung von Materialien mit einer erhöhten Brandgefahr zu rechnen ist. Neben dem Begriff der feuergefährdeten Betriebsstätte nach DIN VDE 0100-420 gibt es die explosionsgefährdeten Bereiche nach DIN VDE 0165-1. Beide Normen behandeln im Grunde das gleiche Schutzziel: Brände vermeiden oder beherrschen. Allerdings bestehen Unterschiede in der Umsetzung der Schutzziele.

Der Schutz gegen thermische Auswirkungen in feuergefährdeten Betriebsstätten basiert auf der Vermeidung von Wärme und Zündquellen ausgehend von der elektrischen Anlage. Im zweiten Schritt wird durch bauliche Maßnahmen, Umwehrungen und Auswahl der Betriebsmittel das Zusammentreffen von Zündquelle und brennbaren bzw. entflammbaren festen oder flüssigen Materialien verhindert.

Die Schutzmaßnahmen des Explosionsschutzes basieren hingegen in der ersten Stufe, dem primären Explosionsschutz, darin. eine explosionsfähige Atmosphäre in Form eines Luft-Gas- oder Luft-Staub-Gemisches, z. B. durch Absauganlagen, zu verhindern. Im zweiten Schritt, dem sekundären (elektrischen) Explosionsschutz, erfolgt eine Vermeidung einer Zündquelle, z. B. durch Schaltlichtbögen, und des Zusammentreffens mit einer explosionsfähigen Atmosphäre. In der dritten Stufe, tertiärer Explosionsschutz, wird durch geeignete konstruktive Maßnahmen das Schadensausmaß der Explosion, z. B. durch Berstscheiben, reduziert bzw. der Verlauf der Auswirkungen kontrolliert abgeleitet.

Die Einstufung, ob es sich bei den Räumlichkeiten und Orten um eine feuergefährdete Betriebsstätte oder ein gleichzusetzendes Risiko handelt, obliegt dem Betreiber. Ziel ist, dass leicht entzündliche Stoffe, die in einer ausreichenden Menge vorhanden sind, um einen Brand zu begünstigen, nicht auf eine Zünd- oder Wärmequelle treffen. Die Einstufung ist zum Beispiel nach VdS 2033 vorzunehmen. Zentrale Fragestellung bei der Einstufung ist das Vorhandensein, die Menge und die Art der Verarbeitung leicht entzündlicher Stoffe. Eine Liste von Betrieben und Materialien sind für eine Grobeinstufung in den Tabellen der VdS 2033 enthalten.

Die Vorgehensweise erfolgt in Anlehnung an VdS 2033 anhand dem in **Bild 27.7** dargestellten Entscheidungsbaum.

Darüber hinaus sind mögliche Explosionsgefährdungen grundsätzlich nach der Betriebssicherheitsverordnung zu prüfen. Sind leicht entzündliche

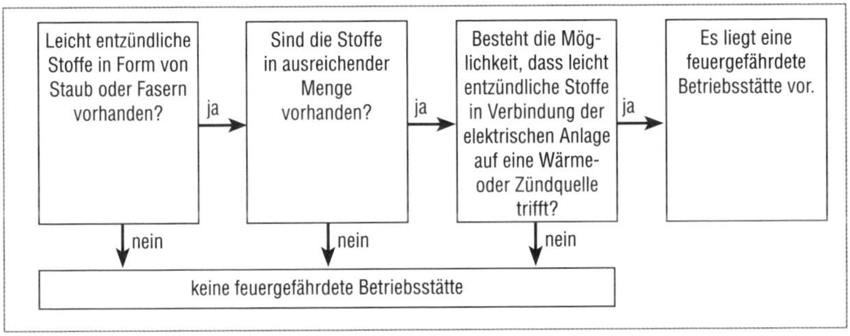

Bild 27.7 Vorgehensweise zur Einstufung feuergefährdeter Betriebsstätten in Anlehnung an VdS 2033

Stoffe vorhanden, ist zu bewerten, in welcher Form diese auftreten. Hierbei ist zu beachten, dass manche Stoffe ausschließlich in Form von Staub oder in Form von Fasern leicht entzündlich sind. Als typisches Beispiel ist Holz genannt. Holzbalken brennen sicherlich nicht nach Zuführung einer externen Flamme nach 10 s selbstständig weiter, Holzstaub hingegen schon. Damit ist Holz in Form von Fasern und Stäuben als leicht entzündlich einzuordnen. In Schreinereien wird zum einen massives Holz gelagert, wodurch noch keine feuergefährdete Betriebsstätte vorliegt. Erst durch die Bearbeitung (Sägen, Schleifen etc.) entstehen leicht entzündliche Holzstäube und Holzspäne. Bei anderen Stoffen (Metalle, Kunststoffe, Abfälle, Papier, Fette, Öle, Farben, Zucker, Textilien etc.) ist in ähnlicher Weise vorzugehen. Damit das Risiko einer schnellen Ausbreitung von Feuer bei vorhandenen leicht entzündlichen Stoffen besteht, müssen diese in einer ausreichenden Menge vorhanden sein und sich leicht im Raum verteilen. Ist ein Zusammentreffen von leicht entzündbaren Materialen mit einer Wärme oder Zündquelle wahrscheinlich, liegt eine feuergefährdete Betriebsstätte vor.

27.5 Räume und Orte mit Gefährdungen für unersetzbare Güter

Räume und Orte mit Gefährdungen für unersetzbare Güte sind als sogenannte gleichzustellende Risiken einzustufen.

Im Vergleich zu feuergefährdeten Betriebsstätten steht bei Räumen und Orten mit gleichzusetzenden Risiken im Brandfall oder bei Ausfall der finanzielle Schaden und/oder die Aufrechterhaltung der öffentlichen Sicherheit im Vordergrund.

Bei diesen Räumen und Orten handelt es sich typischerweise um:

- Museen, Kunsthallen, Denkmäler,
- Archive,
- Rechenzentren,
- Labore,
- Bahnhöfe und Flughäfen.

27.6 Stromkreise in feuergefährdeten Betriebsstätten

Versorgungsstromkreise, die feuergefährdete Betriebsstätten versorgen oder durchqueren, müssen sowohl gegen Überlast als auch Kurzschluss geschützt sein. Der Überlastschutz verhindert das Auftreten unzulässig hoher Temperaturen an den Betriebsmitteln und den Kabel- und Leitungsanlagen, während der Kurzschlussschutz die Zündquelle unter Fehlerbedingungen abschaltet. Die Schutzeinrichtungen gegen Überlast und Kurzschluss sind außerhalb der feuergefährdeten Betriebsstätte anzuordnen. PEN-Leiter von Stromversorgungssystemen, die die feuergefährdete Betriebsstätte versorgen, dürfen nicht verwendet werden.

Wird ein Kabel oder eine Leitung beschädigt, besteht bei angeschlossenem Schutzleiter die Chance, dass bei einem Erdschluss ein ausreichend hoher Stromfluss zum Fließen kommt und so die Fehlerstrom-Schutzeinrichtung den Fehlerstrom erkennt und den Stromkreis abschaltet. Es wird demnach empfohlen, Kabel und Leitungen mit metallener Umhüllung zu verwenden. Dem Schutzleiter kommt somit innerhalb feuergefährdeter Betriebsstätten auch die Funktion der Leitungsüberwachung zu. Schutzleiter sind demnach in allen Stromkreisen in gemeinsamer Umhüllung mit den aktiven Leitern zu verlegen und in ortsfeste elektrische Betriebsmittel der Schutzklasse 2 hineinzuführen und fachgerecht zu verwahren. Die Verwendung separat verlegter Schutzleiter ist innerhalb feuergefährdeter Betriebsstätten nicht zulässig. Kann der Schutz bei Überlast- und Kurzschluss nicht sichergestellt werden, sind die Kabel- und Leitungen erd- und kurzschlusssicher zu verlegen (Kapitel 30 *Schutz bei Überstrom*).

27.6.1 TN- und TT-Systeme

Fehlerstrom-Schutzeinrichtungen sind bei TN- und TT-Systemen in feuergefährdeten Betriebsstätten zu verwenden. Damit dienen Fehlerstrom-Schutzeinrichtungen (RCDs) neben dem Schutz durch automatische Abschaltung nach DIN VDE 0100-410 Abs. 411 auch dem Schutz vor Bränden.

In feuergefährdeten Betriebsstätten sind Fehlerstrom-Schutzeinrichtungen mit einem Bemessungsfehlerstrom von höchstens 300 mA zu verwenden.

Ist mit widerstandbehafteten Fehlern zu rechnen, darf der Bemessungsstrom der Fehlerstrom-Schutzeinrichtung (RCD) höchstens 30 mA betragen. Widerstandsbehaftete Fehler treten zum Beispiel bei Deckenheizungen mit Flächenheizelementen auf.

Die Fehlerstrom-Schutzeinrichtung (RCD) ist außerhalb der feuergefährdeten Betriebsstätte anzuordnen.

Können aufgrund der Betriebsmittel Fehlerstrom-Schutzeinrichtungen nicht verwendet werden, sind Ersatzmaßnahmen anzuwenden. Ein besonderer Grund liegt vor, wenn der Bemessungsstrom des zu schützenden Stromkreises größer ist als der verfügbare Bemessungsstrom einer Fehlerstrom-Schutzeinrichtung. In der Regel werden bei Bemessungsströmen über 100 A bzw. über 125 A keine Fehlerstrom-Schutzeinrichtungen mehr verwendet. In solchen Fällen können z. B. folgende Ersatzmaßnahmen angewendet werden:

- Leistungsschalter mit zugeordneter Fehlerstrom-Auslösung (CBR),
- Differenzstrom-Überwachungseinrichtungen (RCM),
- erd- und kurzschlusssichere Verlegung.

27.6.2 IT-Systeme

In IT- Systemen sind Fehlerströme über 300mA aus Brandschutzgründen zu vermeiden. IT-Systeme, die feuergefährdete Betriebsstätten versorgen, sind am Anfang des Stromkreises mit einer Isolationsüberwachungseinrichtung (IMD) zu versehen. Der Endstromkreis ist in IT-Systemen entweder mit einer Differenzstrom-Überwachungseinrichtung (RCM) zu überwachen oder alternativ mit einer Fehlerstrom-Schutzeinrichtung (RCD) zu schützen. Bei Auftreten eines zweiten Fehlers sind zudem Abschaltzeiten nach DIN VDE 0100-410 Abs. 411 sicherzustellen.

27.7 Auswahl von Betriebsmitteln

Elektrische Betriebsmittel innerhalb einer feuergefährdeten Betriebsstätte dürfen durch heiße Oberflächen keine Brände verursachen. Hierfür sind Betriebsmittel mit begrenzter Oberflächentemperatur auszuwählen. Unter normalen Betriebsbedingungen dürfen Oberflächen von Betriebsmitteln eine Temperatur von höchsten 90 °C annehmen. Unter Fehlerbedingungen liegt die Grenze der höchst zulässigen Oberflächentemperatur bei 115 °C.

Behinderungen der Wärmeableitfähigkeit durch Ablagerung von Stäuben und Fasern auf den Oberflächen elektrischer Betriebsmittel sind in feuergefährdeten Betriebsstätten mit geeigneten Maßnahmen zu verhindern. Dies kann zum Beispiel durch die Wahl eines anderen Montageortes oder durch konstruktive Maßnahmen erfolgen.

27.7.1 Kabel und Leitungen

Werden Kabel und Leitungen in feuergefährdeten Betriebsstätten in nicht brennbaren Materialien eingebettet, sind ausschließlich nicht flammausbreitende Kabel- und Leitungsanlagen zu verwenden. Die Kabel und Leitungen müssen mindestens folgende Anforderungen erfüllen:

- Kabel und Leitungen: Spezifizierung unter Brandbedingungen nach DIN EN 60332 (VDE 0482-332),
- Elektroinstallationsrohrsysteme: Widerstandsprüfung gegen Flammausbreitung nach DIN EN 61386 (VDE 0605),
- zu öffnende und geschlossene Elektroinstallationskanalsysteme: Widerstandsprüfung gegen Flammausbreitung nach DIN EN 61385 (VDE 0604),
- Kabelpritschen und Kabelwannensysteme: Prüfung gegen Flammausbreitung nach DIN EN 61537 (VDE 0639),
- Stromschienensysteme: Widerstandsprüfung gegen Flammausbreitung nach DIN EN 61534 (VDE 0634).

Zudem sollte die vertikale Flammausbreitung betrachtet werden. Besteht bei vertikalen Kabelbündeln ein erhöhtes Risiko, sollten die Kabel und Leitungen im Hinblick auf die Flammausbreitung die zutreffenden Teile der Normenreihe DIN EN 60332-3 (VDE 0482-332-3) erfüllen. Bei Kabelführungssystemen wird die vertikale Flammausbreitung bei der Prüfung betrachtet. Eine gesonderte Betrachtung ist demnach nicht notwendig.

Innerhalb feuergefährdeter Betriebsstätten sind die Anforderungen an Kabel und Leitungen hinsichtlich des besseren Brandverhaltens für die in **Tabelle 27.3** aufgeführten Kabel und Leitungen erfüllt. Bis auf Leitungen vom Typ NYM und NYY verfügen diese Leitungen auch über einen verbesserten Schutz vor Korrosionsschäden durch Halogene und vor Rauchschäden.

Bauart-Kurzzeichen	Norm
NYM, NYY	Anforderungen an vertikale Flammausbreitung nach DIN EN 60332-1-2 (VDE 0482-332-1-2)
NHXMH	DIN VDE 0250-214
NHMH	DIN VDE 0250-215
NSHXA	E DIN VDE 0250-606
H05Z-U	DIN EN 50525-3-41 (VDE 0285-525-3-41)
H05Z-K	
H07Z-U	
H07Z-R	
H07Z-K	
H07ZZ-F	DIN EN 50525-3-21 (VDE 0285-525-3-21)
NHXH	DIN VDE 0266
NHXHX	
NHXH FE 180	
NHXCHX FE 180	
NHXCH	
NHXCHX	
NHXCH FE 180	
N2XH	DIN VDE 0276-604
N2XCH	
N2XH FE 180	
N2XCH FE 180	

Tabelle 27.3 Kabel und Leitungen, die nach DIN VDE 0100-420 Tabelle 1 die Anforderungen hinsichtlich des besseren Brandverhaltens erfüllen

27.7.2 Auswahl von Motoren

Motoren, die in feuergefährdeten Betriebsstätten automatisch angesteuert oder fernbedient werden oder nicht dauernd beaufsichtigt sind, sind gegen zu hohe Temperaturen in Form einer temperaturabhängigen Überlast-Schutzeinrichtung zu schützen. Die Motoren sollten zudem gegen Blockieren geschützt sein. Nach Auslösung der Schutzeinrichtung ist, wenn möglich, ein automatischer Wiederanlauf zu verhindern.

27.7.3 Auswahl von Schalt- und Steuergeräten

Schaltgeräte für Schutz, Steuerung und Trennen, wie Überstromschutzeinrichtungen, Relais etc. dürfen in feuergefährdeten Betriebsstätten weder durch Staub oder ähnliche Stoffe beeinträchtigt werden noch dürfen sich brennbare Stoffe auf und im Betriebsmittel ablagern. Deshalb sind nach DIN VDE 0100-420 Abs. 422.3.3 Schaltgerätekombinationen entweder außerhalb der feuergefährdeten Betriebsstätte anzuordnen oder mit einem geeigneten Gehäuse zu versehen. Ausgenommen davon sind Schaltgerätekombinationen, bei denen die Schutzmaßnahme „Schutz durch Kleinspannung" zum Einsatz kommt. Die Betriebsmittel (Umhüllungen) müssen in feuergefährdeten Betriebsstätten und Orten mit unersetzbaren Gütern mindestens über die Schutzart IP 4X verfügen. Im Falle von Staubablagerungen, wie Holzstaub o. Ä., müssen diese mindestens über die Schutzart IP 5X und bei elektrisch leitfähigem Staub über die Schutzart IP 6X verfügen. Wird im Stromkreis die Schutzmaßnahme „Schutz durch Kleinspannung" mittels SELV oder PELV angewendet, ist die Schutzart IP 2X oder IPXXB für den Schutz gegen direktes Berühren ausreichend.

27.7.4 Auswahl von Leuchten

Leuchten in feuergefährdeten Betriebsstätten müssen für die erwarteten äußeren Einflüsse geeignet sein. Leuchten müssen wie Schalt- und Steuergeräte je nach Grad der äußeren Einflüsse den Schutzarten IP4X, IP5X oder IP6X entsprechen.

Zur Vermeidung von zu heißen Temperaturen müssen Leuchten und Betriebsgeräte eine begrenzte Oberflächentemperatur nach DIN EN 60598-2-24 (VDE 0711-2-24) besitzen. Leuchten müssen so konstruiert sein, dass Leuchtmittel und Konstruktionsteile nicht aus der Leuchte fallen können. Besteht in einer Betriebsstätte eine Brandgefahr durch Stäube oder Fasern, sind Leuchten dort anzuordnen, wo das Risiko der Ansammlung gefahrbringender Mengen von Stäuben und Fasern gering ist.

Leuchtmittel von Strahlerleuchten können je nach elektrischer Leistung die Zündtemperatur von Materialien überschreiten und diese somit entzünden. Demnach müssen Leuchten in einem ausreichenden Abstand zu brennbaren Materialien angeordnet werden. Gibt der Hersteller keine Mindestabstände in einer Montage- und Bedienungsanleitung oder auf der Leuchte an, sind gemäß DIN VDE 0100-420 Abs. 422.3.1 die in **Tabelle 27.4** dargestellten Mindestabstände zu brennbaren Materialien einzuhalten.

Leuchtmittelleistung in W	bis 100	>100 bis 300	>300 bis 500	>500
Mindestabstand in m	0,5	0,8	1,0	größere Abstände

Tabelle 27.4 Mindestabstände zu brennbaren Materialien

Leuchtstofflampen schalten betriebsmäßig über einen Starter durch. Daher kommt es beim Öffnen des Starters betriebsmäßig zu einem Lichtbogen. Ebenso können bei defekten Starten die Glühwendeln der Leuchtstoffröhren schnell unzulässig hohe Temperaturen annehmen, sodass hier bei Vorhandensein leicht entzündlicher Stäube eine erhöhte Brandgefahr besteht. Bei Leuchten ist demnach der Erhalt der Schutzart besonders von Bedeutung. Die Leuchten sind deshalb gegen mechanische Beanspruchung in feuergefährdeten Betriebsstätten zu schützen. Hier sollten Schutzgitter oder Schutzkörbe verwendet werden. Durch den mechanischen Schutz darf grundsätzlich die ursprüngliche Beschaffenheit der Leuchte nicht verändert werden. Deshalb dürfen separate mechanische Schutzvorkehrungen grundsätzlich nicht an den Lampenhaltern befestigt werden.

In feuergefährdeten Betriebsstätten sind Leuchten und Lampenbetriebsgeräte entsprechend DIN VDE 0100-420 Abs. 422.3.1 auszuwählen. Auf normal entflammbaren Flächen dürfen Leuchten mit der Kennzeichnung F nach DIN EN 60598-1 (VDE 0711-1) montiert werden.

Leuchten sind mit der Kennzeichnung D auszuwählen, wenn das Risiko von Staubablagerungen innerhalb der Leuchte als gering zu betrachten ist.

Ein geringes Risiko liegt vor, wenn die Leuchte in Strahlungsrichtung mit einer Schutzscheibe oder Wanne ausgestattet ist, die einem Schutzgrad von mindestens IP5X entspricht.

Leuchten mit der Kennzeichnung D verfügen im normalen Betrieb über eine begrenzte Oberflächentemperatur von 90°C. Ist die Leuchte an ihrer waagrechten Oberfläche Staubablagerungen ausgesetzt, darf die Oberflächentemperatur unter Fehlerbedingungen höchstens 115°C annehmen.

Leuchten mit der Kennzeichnung FF sind bei Wiederverwendung zulässig, wenn diese zum Zeitpunkt des Inverkehrbringens der mittlerweile zurückgezogenen Herstellernorm DIN 57710-5 VDE 0710-5:1983-02 entsprechen.

27.8 Maßnahmen gegen Isolationsfehler und Fehlerlichtbögen

Lichtbögen können je nach Isolationsfehlerstelle und dem damit verbundenen Stromfluss seriell und parallel im Stromkreis auftreten.

Serielle und parallele Lichtbögen zwischen aktiven Leitern können betriebsmäßig, d.h. ohne Vorliegen eines Fehlerstromes entstehen. Dies ist zum Beispiel bei Beschädigung eines aktiven Leiters in einer Leitung oder bei unzureichend ausgeführten Klemmverbindungen der Fall.

27.8.1 Parallele und serielle Lichtbögen

Fließt ein Fehlerstrom über eine Kriechstrecke, liegt, bedingt durch die beschädigte Stelle, ein erhöhter Übergangswiderstand (Engewiderstand) vor. Das Kupfer an den beschädigten Stellen am Leiter wird heiß (bis ca. 1.250 °C) und oxidiert zu Kupferoxid, während die Isolierung karbonisiert. Das Kupfer schmilzt und vergast kurzzeitig. Es entsteht ein Luftspalt mit sporadischen Fehlerlichtbögen über das Isolationsmaterial. Letzten Endes entsteht ein stabiler widerstandsbehafteter Fehlerlichtbogen über die karbonisierte Isolierung. Ab einer Fehlerleistung von 60 W an der Fehlerstelle besteht nach VdS 2349 3.1 eine Brandgefahr. Allerdings reicht ein Strom ab 100mA bereits aus, um zu einem Brand zu führen [65].

Damit stellen widerstandsbehaftete Kurz- und Erdschlüsse ab 2,3 kΩ an der Fehlerstelle (230 V/0,1 A = 2,3 kΩ) eine Brandgefahr dar.

$$230\,V \cdot 0{,}3\,A = 69\,W$$

Parallele Lichtbögen zwischen aktiven Leitern entstehen typischerweise durch Nägel oder Schrauben in der Wand, gequetschte Leitungen durch zu geringe Biegeradien, durch scharfkantige Leitungsführung über Profilbleche und Kabelpritschen, auf Verkehrswegen oder wenn sie hinter dem Schrank eingeklemmt werden. Ebenso führen zu kleine Biegeradien durch Stauchung und Dehnung der Leitung an den Biegestellen zu einer nicht homogenen Widerstandsverteilung. Es kommt deshalb zu punktuellen Erwärmungen.

Serielle Fehlerlichtbögen in aktiven Leitern entstehen u.a. durch lose Kontakte, widerstandesbehaftete Anschlussstellen, ungeeignete Klemmverbindungen oder nicht fachgerechte Ausführungen der Klemmtechnik sowie abgeknickte Stecker. Äußere Beanspruchungen sind meist durch falsche Auswahl der Kabel und Leitungen sowie durch unzureichende Verlegung bedingt. UV-Strahlungen oder erhöhte Temperaturen etc. führen beispielsweise zu einer schnelleren Alterung des Isolationsmaterials. Die Isolierung wird spröde und es kommt zu Rissen, die bei Verschmutzungen Kriechstrecken bilden. Ebenso können mechanische Beeinträchtigungen, wie scharfkantige Leitungsführungen oder Nagetierfraß, die Isolation schädigen.

Maßnahmen gegen Isolationsfehler und Störlichtbögen haben den Zweck, Zündquellen ausgehend von der elektrischen Anlage aufgrund von Isolationsfehlern zu erkennen und diese vor Entstehung eines Brandes abzuschalten.

27.8.2 Vorgaben nach DIN VDE 0100-420

In der aktuellen Ausgabe der DIN VDE 0100-420:2019-10 Abs. 421.7 sind besondere Maßnahmen zum Schutz gegen die Auswirkungen von Fehlerlichtbögen in Endstromkreisen als präventive Maßnahme empfohlen für:

- Räume mit Schlafgelegenheiten,
- Räume oder Orte mit besonderem Brandrisiko – feuergefährdete Betriebsstätten,
- bauliche Anlagen, deren Nutzung durch Umgang mit oder ohne Lagerung von Stoffen mit Explosions- oder erhöhter Brandgefahr verbunden ist,
- Räume oder Orte mit Gefährdungen für unersetzbare Güter.

Bisher konnten sich Planer und Errichter darauf verlassen, dass die Einhaltung der zutreffenden Teile der DIN VDE 0100 die Schutzziele erfüllen. Nach der DIN VDE 0100-420 Ausgabe Oktober 2019 ist nach Abs. 421.7 zur Erkennung von besonderen Risiken durch die Auswirkungen von Fehlerlichtbögen in Endstromkreisen die Durchführung und Dokumentation einer Risiko- und Sicherheitsbewertung normativ gefordert. Damit obliegen Planern und Errichtern die Entscheidung über das vertretbare Risiko bei der Anwendung von Fehlerlichtbogen-Schutzeinrichtungen (AFDDs).

Die Durchführung einer Risiko- und Sicherheitsbewertung während der Planungs- und Errichtungsphase ist eng mit den Nutzung- und Beschaffenheitsanforderungen während des Betriebes verbunden. Deshalb sind Planer, Errichter und Betreiber gleichermaßen gefragt. Allerdings legt die DIN VDE 0100-420 hier keine Durchführungsmethode fest, was wiederum zu Verunsicherungen führt.

Tabelle 27.5 stellt die Anforderungen an die Verwendung von Fehlerlichtbogen-Schutzeinrichtungen (AFDDs) hinsichtlich der Raumnutzungen gemäß DIN VDE 0100-420 Abs. 421.7 dar.

Raumnutzung	DIN VDE 0100-420	
	Ausgabe 2016-02	Ausgabe 2019-10
Räumlichkeiten mit Schlafgelegenheiten	Empfehlung	Empfehlung
Schlafräume von Tageseinrichtungen für Kinder (z. B. Kindertageseinrichtungen)	Forderung	nicht genannt
Schlafräume von Tageseinrichtungen für behinderte oder alte Menschen (z. B. Seniorenheime)		
Schlaf- und Aufenthaltsräume von barrierefreien Wohnungen nach DIN 18040-2		
Feuergefährdete Betriebsstätten	Forderung	Empfehlung
Räume oder Orte mit brennbaren Baustoffen	Forderung	Empfehlung
Räume oder Orte mit Gefährdungen für unersetzbare Güter	Forderung	Empfehlung

Tabelle 27.5 Gegenüberstellung der Anforderungen an die Notwendigkeit einer Fehlerlichtbogen-Schutzeinrichtung (AFDD) der DIN VDE 0100-420 Ausgabe 02-2016 und 10-2019

Die Regeln für Ausdrücke in der Normung sind in der DIN 820-2:2018-09 festgelegt. Eine „Empfehlung“ bzw. der Wortlaut „es wird empfohlen“ sind gemäß DIN 820-2 anzuwenden, wenn von mehreren Möglichkeiten eine besonders empfohlen wird, ohne andere Möglichkeiten zu erwähnen oder auszuschließen, oder wenn eine bestimmte Handlungsempfehlung vorzuziehen ist, aber nicht unbedingt gefordert wird. Im Vergleich hierzu ist in der früheren Ausgabe der DIN VDE 0100-420:2016-02 im Abschnitt 421.7 mit dem Wortlaut *„Besondere Maßnahmen zum Schutz gegen die Auswirkungen von Lichtbögen in Endstromkreisen sind wie folgt zu berücksichtigen …“* die Anwendung von Fehlerlichtbogen-Schutzeinrichtungen (AFDDs) verbindlich einzuhalten. Lediglich in Räumen mit Schlafgelegenheiten und Räumen oder Orten mit Feuer verbreitenden Strukturen sprach die alte Norm eine Empfehlung für einphasige Wechselstromkreise mit einem Bemessungsstrom bis 16 A aus.

Stellt man die Anforderungen der zwei Ausgaben gegenüber, wird schnell klar, dass die normative Anforderung von Brandschutzschaltern (AFDDs) in Endstromkreisen in feuergefährdeten Betriebsstätten, Räumen oder Orten mit brennbaren Baustoffen oder mit Gefährdungen für unersetzbare Güter – Räume mit sogenannten gleichzusetzenden Risiken – in eine normative Empfehlung überging. Ebenso fällt auf, dass in der Vorgängerausgabe vom Februar 2016 wie auch in der derzeit gültigen Ausgabe vom Oktober 2019 AFDDs in Räumlichkeiten mit Schlafgelegenheiten empfohlen sind. Jedoch wurde die Anforderung für Schlafräume in Kindertageseinrichtungen, in Schlafräumen von Tageseinrichtungen für behinderte Menschen und Senioren sowie in Schlaf- und Aufenthaltsräumen von barrierefreien Wohnung nach DIN 18040-2 komplett gestrichen.

Ein weiteres Problem stellt den Anwender der Norm vor eine Herausforderung. Die DIN VDE 0100-200 behandelt Begrifflichkeiten rund um den Anwendungsbereich der Reihe DIN VDE 0100. Im Abschnitt NC.3 sind die Raumarten beschrieben. Darunter sind elektrische Betriebsstätten, abgeschlossene elektrische Betriebsstätten sowie trockene, nasse und feuchte Räume definiert. Nach Schlafräumen oder Räumen mit Schlafgelegenheit sucht man hier vergebens. Die allgemeinen Anforderungen an die Auswahl elektrischer Betriebsmittel sind in DIN VDE 0100-510 festgelegt. Die Auswahl obliegt dem Grundsatz, dass Betriebsmittel entsprechend ihrer bestimmungsgemäßen Verwendung, dem Nutzungszweck und ihren zu erwartenden Beanspruchungen auszuwählen sind. Nach DIN VDE 0100-510 Abs. 512.2 wird bzgl. der äußeren Einflüsse auf die informativen Anhänge Anhang A und Anhang ZA verwiesen. Darin ist eine Übersicht über die verschiedenen Umgebungsbedingungen sowie die unterschiedlichen Nutzungen festgelegt. Auch hier sind Schlafräume bzw. Räume mit Schlafgelegenheiten nicht definiert. Im Vergleich zu den anderen nach DIN VDE 0100-420 Abs. 421.7 aufgezählten Raumnutzungen (Räume oder Orte mit besonderem Brandrisiko – feuergefährdete Betriebsstätten (nach MBO: Bauliche Anlagen, deren Nutzung durch Umgang mit oder Lagerung von Stoffen mit Explosions- oder erhöhter Brandgefahr verbunden ist), Räume oder Orte aus Bauteilen mit brennbaren Baustoffen, wenn diese einen geringeren Feuerwiderstand als feuerhemmend aufweisen und Räume oder Orte mit Gefährdungen für unersetzbare Güter) sind damit Räume mit Schlafgelegenheit und Aufenthaltsräume nicht im Anwendungsbereich der Reihe DIN VDE 0100 definiert, wodurch der Anwender selbst die Festlegung im Rahmen seiner Risiko- und Sicherheitsbewertung zu treffen hat.

In der Vorlage des Zentralverbandes Elektrohandwerk, kurz ZVEH, sind die Räume oder Orte mit Schlafgelegenheit unter Berücksichtigung verschiedener Situationen beispielhaft aufgeführt, wodurch dem Anwender einen Leitfaden zur Beurteilung der dort genannten Räumlichkeiten an die Hand gegeben wird. Da jedoch Räume mit Schlafgelegenheiten im Anwendungsbereich der DIN VDE 0100 normativ nicht existieren, verbergen sich hinter der Betrachtung verschiedene Fragestellungen hinsichtlich der zu erreichenden Schutzziele, die z.B. in Anlehnung an DIN VDE 0100-510 Anhang A Tabelle ZA.1 in folgenden äußeren Einflüsse zu einer Lösung führen könnten:

- Welche Fähigkeit besitzen die Personen (BA1 bis BA5: Laien, Kinder, Behinderte, EuP, EFK)?
- Welche Räumungsmöglichkeiten gibt es im Ernstfall BD: Personendichte, Ausgangsmöglichkeiten?
- Welche Gebäudestruktur CB gibt es (z.B. CB3: Ausbreitung von Feuer)?
- Sind die Nutzer im Schlaf in der Lage, einen Brand oder eine Alarmierung wahrzunehmen und körperlich und geistig in der Lage zu reagieren?
- Sind die Nutzer bzw. die anwesenden Personen ortskundig?
- Sind die Nutzer geistig und/oder körperlich in der Lage, die Gefahr zu erkennen und sich aus eigener Kraft im Brandfall in Sicherheit zu bringen?
- Sind für die Evakuierung organisatorische Maßnahmen und/oder Hilfestellungen durch Personal erforderlich?
- ...

27.9 Schutzeinrichtungen zur Vermeidung von Fehlerlichtbögen

Schutzeinrichtungen sind entsprechend den zu erwartenden Betriebsbeanspruchungen und dem Zweck (das Schutzziel) auszuwählen und zu installieren. Sie dürfen nicht aufgrund von Betriebsbeanspruchungen, Umgebungseinflüssen, Wechselwirkungen mit anderen Anlagenteilen unwirksam werden und sind u. a. gemäß DIN VDE 0100-530 auszuwählen und zu installieren.

Nach DIN VDE 0100-530 Abs. 532.1 sind in Bereichen, in denen nach DIN VDE 0100-420 besondere Brandrisiken bestehen, vorbeugende Maßnahmen zu treffen. Die geforderten Maßnahmen können je nach Anwendungs- und Rechtsgebiet zusätzlich durch gesetzliche oder privatrechtliche Obliegenheiten ergänzt werden. Ergänzend zu den weiteren Anforderungen nach der Reihe DIN VDE 0100 zum Schutz gegen elektrischen Schlag, zum Schutz bei Überstrom, zu der Auswahl elektrischer Betriebsmittel, wie u.a. der Dimensionierung und Verlegung der Kabel und Leitungsanlagen, sind nach DIN VDE 0100-530 Abs. 532 folgende Schutzvorkehrungen zum Brandschutz zulässig:

- Fehlerstrom-Schutzeinrichtungen (RCDs),
- Fehlerlichtbogen-Schutzeinrichtungen (AFDDs),

- Differenzstrom-Überwachungseinrichtungen (RCMs),
- Isolationsüberwachungseinrichtungen (IMDs).

Art und Umfang der Schutzvorkehrungen sind in **Tabelle 27.6** gegenübergestellt.

Lichtbogenstrecke	**Überwachungs- und Schutzeinrichtungen**				
	LS-Schalter	**RCD**	**AFDD**	**RCM**	**IMD**
serieller Lichtbogen	nein	nein	ja 2,5 A	nein	nein
paralleler widerstandsbehafteter Lichtbogen zwischen aktiven Leitern	nein	nein	ja 2,5 A (1 s)	nein	nein
paralleler widerstandsbehafteter Lichtbogen zwischen den Außenleitern und Schutzleiter	nein	ja • 300 mA (Brandschutz) • 30 mA (Personenschutz)	ja 2,5 A (1 s)	ja • 300 mA (Einstellert) • in IT-System Überwachung • durch FuP, FFK	ja Ableitkapazität und Anordnung ist zu beachten
Bewertung des Schutzziels (Brandursache elektrische Anlage)	**nicht erfüllt**	**bedingt**	**erfüllt**	**bedingt**	**bedingt**

Tabelle 27.6 Übersicht über die Schutzvorkehrungen zum Brandschutz

27.9.1 Fehlerstrom-Schutzeinrichtungen (RCDs)

Fehlerstrom-Schutzeinrichtungen dürfen als Schutzvorkehrung für den Fehlerschutz, den zusätzlichen Schutz und den Brandschutz verwendet werden. Sie sind insbesondere in feuergefährdeten Betriebsstätten als Maßnahme zur Erkennung und Abschaltung von Isolationsfehlern erforderlich. Kommen Fehlerstrom-Schutzeinrichtungen als Schutzvorkehrung zur automatischen Abschaltung im Fehlerfalle nach DIN VDE 0100-410 zum Einsatz, sind die Unterschreitungen der höchst zulässigen Abschaltzeiten von fest angeschlossenen handgeführten Betriebsmitteln bis 32 A und Steckvorrichtungen bei 63 A nach DIN VDE 0100-410 Tabelle 41.1 relevant. Für Verteilerstromkreise sind die Abschaltzeiten nach DIN VDE 0100 410 Abs. 411.3.2 von 5 s für TN-Systeme und 1 s bei TT-Systemen von Bedeutung. Fehlerstrom-Schutzeinrichtungen mit einem Bemessungsdifferenzstrom von höchstens 30 mA dürfen als Schutzvorkehrung nach DIN VDE 0140-1 Abs. 5.5 ergänzend zum Basis- und Fehlerschutz verwendet werden. Fehlerstrom-Schutzeinrichtungen (RCDs) zum Schutz bei Brandrisiken in DIN VDE 0100-530 Abs. 532.2 sind mit einem Bemessungsfehlerstrom von höchstens 300 mA auszuwählen und aufgrund der Isolationsfehler an Kabel und Leitungen am Anfang des schützenden Stromkreises anzuordnen. Wo widerstandsbehaftete Fehler, wie bei Deckenheizungen mit Flächenheizelementen, einen Brand entzünden können, darf der Bemessungsfehlerstrom höchsten 30 mA betragen. Damit erfüllt die Fehlerstrom-Schutzeinrichtung (RCD) auch die Anforderungen an den Fehlerschutz und zusätzlichen Schutz.

Werden Fehlerstrom-Schutzeinrichtungen mit einem Bemessungsfehlerstrom von 0,3 A bzw. 0,03 A verwendet, ergeben sich an der Isolationsfehlerstelle folgende Verlustleistungen und maximale widerstandbehaftete Fehlerströme:

- RCD mit 300 mA:

$$P_V = U_0 \cdot I_{\Delta N} = 230\,\text{V} \cdot 0{,}3\,\text{A} = 69\,\text{W}$$

$$R_{F,\,max} = \frac{U_0}{I_{\Delta N}} = \frac{230\,\text{V}}{0{,}3\,\text{A}} = 766\,\Omega$$

- RCD mit 30 mA:

$$P_V = U_0 \cdot I_{\Delta N} = 230\,\text{V} \cdot 0{,}03\,\text{A} = 6{,}9\,\text{W}$$

$$R_{F,\,max} = \frac{U_0}{I_{\Delta N}} = \frac{230\,\text{V}}{0{,}03\,\text{A}} = 7.660\,\Omega$$

Die Berechnung zeigt, dass die Fehlerstrom-Schutzeinrichtung mit einem Bemessungsfehlerstrom von 300 mA knapp über 60 W liegt. Bei Auswahl einer Fehlerstrom-Schutzeinrichtung mit einem Bemessungsfehlerstrom von 30 mA würde man grundsätzlich auf der sicheren Seite liegen. Jedoch wären bei nachgeschalteten Fehlerstrom-Schutzeinrichtungen mit den gleichen Bemessungsfehlerströmen die Anforderungen an die Selektivität nicht erfüllt, sodass bei kleineren Anlagen auch ein Bemessungsfehlerstrom des vorgeschalteten RCDs von 100 mA sowohl die Anforderungen an die Selektivität als auch an den Brandschutz erfüllen würde.

Fehlerstrom-Schutzeinrichtungen (RCDs) können jedoch lediglich parallele widerstandsbehaftete und nicht widerstandsbehaftete Fehlerlichtbögen zwischen Außenleitern und Schutzleitern mit einem Widerstand an der Fehlerstelle unterhalb 766 Ω bzw. 7.660 Ω ($R \leq 230\,\text{V}/300\,\text{mA} = 766\,\Omega$ bzw. $R \leq 230\,\text{V}/30\,\text{mA} = 7.660\,\Omega$) erkennen und abschalten. Parallele widerstandsbehaftete und nicht widerstandsbehaftete Lichtbögen sowie serielle Lichtbögen werden nicht erkannt.

Fehlerstrom-Schutzeinrichtungen als Schutzeinrichtungen zur Reduzierung von Brandrisiken können jedoch ausschließlich Isolationsfehler zwischen Außenleiter und Schutzleiter bzw. Erde detektieren und abschalten. Serielle sowie parallele Fehlerlichtbögen zwischen aktiven Leitern werden nicht erfasst, sodass die Fehlerstrom-Schutzeinrichtung keinen vollumfänglichen Schutz darstellt.

27.9.2 Fehlerlichtbogen-Schutzeinrichtungen (AFDDs)

Fehlerlichtbogen-Schutzeinrichtungen, kurz AFDDs, bewirken bei niedrigen Lichtbogenströmen bis 63 A nach DIN EN 62606 (VDE 0665-10) Abs. 5.3.7 Tabelle 1 eine Abschaltung innerhalb 1 s bei einem Prüflichtbogenstrom von 2,5 A (Effektivwert). Wenn der Prüfstrom, den der AFDD erfährt, nicht DIN EN 62606 (VDE 0665-10) Tabelle 1 (**Tabelle 27.7**) entspricht, muss die zulässige Abschaltzeit durch lineare Interpolation zwischen den Ausschaltzeiten oberhalb und unterhalb des tatsächlichen Prüfstromes bestimmt werden. Im Klartext bedeutet das, dass zwischen den Messpunkten in Tabelle 1 eine Gerade gezogen wird. Daraus lässt sich die höchstzulässige Abschaltzeit in Abhängigkeit des Prüflichtbogenstromes ablesen. Allerdings ist im Normentext klar die Ausschaltzeit zwischen den Ausschaltzeiten gemeint, sodass sich die Abschaltzeiten bei Prüflichtbogenströmen unterhalb 2,5 A nicht eindeutig bestimmen lassen können.

Prüflichtbogenstrom (Effektivwerte) in A	2,5	5	10	16	32	63
höchstzulässige Ausschaltzeit in s	1	0,5	0,25	0,15	0,12	0,12

Tabelle 27.7 Grenzwerte der Ausschaltzeit für AFDDs mit Un = 230 V nach DIN EN 62606 (VDE 0665-10) Abs. 5.3.7 Tabelle 1

27.9.3 Differenzstrom-Überwachungseinrichtungen (RCMs)

Differenzstrom-Überwachungseinrichtungen (RCM) dürfen nach DIN VDE 0100-530 als Schutzvorkehrung in IT-Systemen für den Brandschutz angewendet werden.

Ergänzend ist die Anlage von elektrotechnisch unterwiesenen Personen zu überwachen. Dies erfordert organisatorische Maßnahmen, die aus Betreibersicht dem TOP-Prinzip entgegenstehen können.

27.9.4 Isolationsüberwachungseinrichtungen (IMDs)

Isolationsüberwachungseinrichtungen (IMDs) können Isolationsfehler zwischen Außenleiter und Schutzleiter erkennen. Jedoch werden auch kapazitive Ableitströme erfasst. Diese sind geometrisch zu den um 90° verschobenen Lichtbogenströmen zu addieren. Hier sind besonders die Messsystemtoleranzen, die Ansprechwerte sowie die Leitungslängen zu beachten. Zudem erfassen Fehlerstrom-Schutzeinrichtungen (RCDs), Differenzstrom-Überwachungseinrichtungen (RCMs) und Isolationsüberwachungseinrichtungen (IMDs) immer nur die Differenzströme am Einbauort. Damit können sie abgesehen von den Ansprechwerten weder serielle Lichtbögen noch parallele widerstandsbehaftete Lichtbögen zwischen aktiven Leitern erkennen und abschalten.

27.10 Alternative Maßnahmen gegen Fehlerlichtbögen

Grundsätzlich sind Maßnahmen außerhalb der derzeit gültigen VDE-Bestimmungen aus rechtlicher Sicht mit großer Vorsicht zu genießen. Bevor alternative Maßnahmen zur Anwendung kommen, sollten zuvor alle Möglichkeiten der VDE-Bestimmungen ausgeschöpft werden. Hier geht es nun darum einen möglichst gleichwertigen Schutz mit anderen technischen Maßnahmen sicherzustellen. Neben der Erkennung und Abschaltung von Fehlerlichtbögen können im Rahmen der Risikobewertung auch eine zeitliche Begrenzung sowie ergänzend organisatorische Maßnahmen festgelegt werden. Bei Anwendung der organisatorischen Maßnahmen sollte allerding das TOP-Prinzip beachtet werden.

Gerne werden bei solchen alternativen Maßnahmen die Schutzziele aus den Augen verloren. Zur Erinnerung: Wir haben mit der Notwendigkeit der Durchführung einer Risiko- und Sicherheitsbewertung Vorkehrungen zur Erkennung und Abschaltung von Fehlerlichtbögen in Endstromkreisen zu bewerten und präventive Maßnahmen zur Erfüllung des Schutzzieles – die elektrische Anlage darf keine Brandursache durch Fehlerlichtbögen darstellen – festzulegen.

Typische kompensierende Maßnahmen sind:

- Substitutionsmaßnahmen
  - Änderung der Raumnutzung,
  - Weglassen von Endstromkreisen in den Bereichen,

- Auswahl und Verlegung der Kabel und Leitungen,
- brandschutztechnische Einhausung,
- Abschalten der Stromkreise,
- automatische Brandmelde- und Löschanlagen.

Die Ersatzmaßnahmen sind in **Tabelle 27.8** zusammengefasst.

Soll die Verwendung von AFDDs vermieden werden, sind Substitutionsmaßnahmen die erste Wahl. Im ersten Schritt ist hierzu die angedachte Raumnutzug zu prüfen. Kann auf Räume mit Schlafgelegenheit verzichtet

Technische, brandschutztechnische und organisatorische Maßnahmen zur Erhöhung der Sicherheit nach AMEV	**Brandursache: elektrische Anlage**	**Entzündung von Materialien**	**keine Brandfortleitung durch elektrische Anlage**	**Branderkennung**	**Brandlöschung**
Unter-Putzverlegung der Kabel und Leitungen			X		
zusätzlicher Schutz der Kabel und Leitungen gegen mechanische Beschädigung (z. B. Kanal- und Schutzrohrführung)			X		
Verlegung von Kabel und Leitungen nur im Bereich nichtbrennbarer Materialien		X	X		
Einsatz von Kabeln und Leitungen mit verbessertem Verhalten im Brandfall		X	X		
zentrales Abschalten der Endstromkreise für Steckdosen bis 16 A Bemessungsstrom während der Schlafzeit bzw. der Nutzungszeit	X				
Unter-Putzverlegung der Kabel und Leitungen und zentrales Abschalten der Endstromkreise für Steckdosen bis 16 A Bemessungsstrom während der Schlafzeit			X		
Verzicht auf Endstromkreise für Steckdosen bis 16 A Bemessungsstrom und Einsatz von Leuchten mit Explosionsschutz-Zertifizierung (ATEX, IECEx)	X				
automatische Brandmeldeanlage nach DIN 14675 und VDE 0833-2				X	
automatische Brandmeldeanlage mit Aufschaltung				X	
automatische Brandmelde- und Löschanlage				X	X
–Grundrissplanung unter besonderer Beachtung der Brandschutzaspekte (optimale Brandabschnitte), –Optimierung der horizontalen Weggestaltung und die Weggestaltung in den Bereichen selbst, –bauliche Maßnahmen wie Ausführung der Flure und Ausgänge sowie der Türen und Fenster in den relevanten Räumen selbst und –Auswahl der zum Einsatz vorgesehenen Baustoffe/Bauteile hinsichtlich des Brandverhaltens		X	X		
–Grundrissplanung unter besonderer Beachtung der Brandschutzaspekte (optimale Brandabschnitte) und Auswahl der zum Einsatz vorgesehenen Baustoffe/Bauteile hinsichtlich des Brandverhaltens		X	X		

Tabelle 27.8 Maßnahmen zur Risikoreduzierung nach AMEV nach Raumnutzung gemäß DIN VDE 0100-420 Abs. 421.7 den Schutzzielen gegenübergestellt

werden? Können anstelle von brennbaren nicht brennbare Baustoffe verwendet werden? Dadurch entspricht die elektrische Anlage ohne den Einbau von Fehlerlichtbogen-Schutzeinrichtungen den gültigen Anforderungen nach DIN VDE 0100-420 Abs. 421.7, allerdings können solche Maßnahmen die gesamte Planung auf den Kopf stellen. Ob der damit verbundene Mehraufwand im wirtschaftlichen Verhältnis dazu steht, ist fraglich.

Durch geeignete Auswahl und Verlegung von Kabel und Leitungen oder brandschutztechnische Umhausung wird ebenso versucht, den Einbau von AFDDs zu umgehen. Hierzu empfiehlt insbesondere die AMEV die Kabel und Leitungen unter Putz, in zusätzlichen Kanal- und Schutzrohren oder auf nicht brennbaren Materialien zu verlegen bzw. Kabel und Leitungen mit verbessertem Brandverhalten auszuwählen. Dadurch wird das Risiko einer Entzündung von Materialien sowie eine Ausbreitung von Bränden reduziert. Allerdings sorgt keine der genannten Maßnahmen für eine sichere Erkennung und Abschaltung von Fehlerlichtbögen, womit das Schutzziel – die elektrische Anlage darf keinen Brand verursachen – nicht bzw. nur bedingt erreicht wird. Zudem bieten diese Maßnahmen keine Erkennung und Brandeindämmung von Fehlern, ausgehend von ortsveränderlichen Betriebsmitteln, die über die Steckvorrichtung im Endstromkreis betrieben werden. Hierzu sind die Qualifikation der Benutzer (Laie, EFK, EuP) sowie organisatorische Maßnahmen wie beispielsweise Prüfpflichten ortsveränderlicher Betriebsmittel und weitere Maßnahmen zu berücksichtigen.

Hierzu nennt z. B. die AMEV die Möglichkeit einer zentralen Abschaltung der Endstromkreise für Steckdosen während der Schlafzeit bzw. außerhalb der Nutzungszeit in Schlafräumen. Damit ist das Risiko eines Fehlerlichtbogens bei abgeschalteten Stromkreisen reduziert. Allerdings werden diese nicht automatisch erkannt und abgeschaltet. Eine Zeitschaltuhr mit automatischer Abschaltung nach einer bestimmten festgelegten Zeit erfüllt nahezu das Schutzziel. Eine manuelle Abschaltung würde beispielsweise das Schutzziel nicht erfüllen, da hier eine Nutzhandlung erforderlich ist, was wiederum dem TOP-Prinzip entgegensteht.

Eine beliebte Maßnahme ist der Einbau von Abschalteinrichtungen in den betroffenen Endstromkreisen außerhalb der Nutzungszeit. Damit wird das Risiko eines Fehlerlichtbogens und eines Brandes zeitlich begrenzt. Eine automatische Erkennung und Abschaltung erfolgt hier jedoch nicht. Bei der Umsetzung ist deshalb der menschliche Faktor zu berücksichtigen. Eine manuelle Ein- und Ausschaltung ist mit einer organisatorischen Maßnahme, dem Ausschalten, verbunden, was wiederum vom Nutzer abhängt. Eine automatische Abschaltung stellt hingegen eine technische Maßnahme zum Erreichen des sicheren Zustandes, der Ausschaltung, und damit eine zeitliche Begrenzung einer möglichen Gefährdungssituation dar.

Automatische Brandmeldeanlagen und Löschanlagen werden u. a. auch durch die Bauordnungen der Länder bei Sonderbauten und/oder im Rahmen von Brandschutzkonzepten gefordert. Gerne wird mit dem Vorhandensein solcher Anlagen versucht, die Notwendigkeit von Fehlerlichtbogen-Schutzeinrichtungen in Endstromkreisen weg zu argumentieren. Automatische Brandmeldeanlagen und Löschanlagen sind für die Gesamtbetrachtung aus Sicht des Brandschutzes von wesentlicher Bedeutung. Allerdings handelt es sich hierbei um reaktive Maßnahmen zur Brandentdeckung und Brandbekämpfung. Lichtbögen und damit Brände ausgehend von elektrischen Anlagen werden damit nicht verhindert.

Vgl. hierzu [8], [10], [13], [14], [19], [22], [28], [35], [40], [44], [45], [53], [64], [65], [72], [99].

28 Auswahl von Kabeln und Leitungen

Aus mechanischen Gründen dürfen die Außenleiter in Wechselstromkreisen und aktive Leiter in Gleichstromkreisen je nach Verlegung, Ausführung der Leiter und Leiterwerkstoff bestimmte Mindestleiterquerschnitte nicht unterschreiten. Des Weiteren sind die Strombelastbarkeit unter den gegebenen Verlegebedingungen, die Leiterquerschnitte und die Art der Strombelastung zu beachten.

28.1 Auswahl nach mechanischen Aspekten

Fest verlegte Kabel, Mantelleitungen und Aderleitungen für Leistungsstromkreise, die für Beleuchtungsanlagen und Steckvorrichtungen vorgesehen sind, müssen grundsätzlich einen Mindestleiterquerschnitt von 1,5 mm² Kupfer aufweisen. Für Melde- und Steuerstromkreise liegt der Mindestleiterquerschnitt bei 0,5 mm². Bei blanken Leitern ist in Verteilerstromkreisen ein Leiterquerschnitt von mindestens 10 mm² Kupfer oder 16 mm² Aluminium zu wählen (**Tabelle 28.1**). Diese Anforderungen decken sich mit den Mindestleiterquerschnitten für PEN-Leiter aus Stabilitätsgründen gemäß den Anforderungen nach DIN VDE 0100-540. Bei Aluminiumleiter sind ausschließlich nicht bewegliche Leiterverbindungen zulässig. Bewegliche

Art der Kabel- und Leitungsanlage		**Anwendungsfall**	**Leiter**	
			Werkstoff	**Querschnitt in mm²**
feste Verlegung	– Kabel – Mantelleitung – Aderleitung	Leistungsstromkreise – Beleuchtung – Steckdosen	Kupfer	1,5
			Aluminium	10
		Steuerstromkreise, Meldestromkreise	Kupfer	0,5
	– blanke Leiter	Leistungsstromkreise – Verteilerstromkreise	Kupfer	10
			Aluminium	16
bewegliche Leiterverbindungen mit isolierten Leitern und Kabeln		für ein besonderes Betriebsmittel	Kupfer	Angabe in Betriebsmittelnorm
		für andere Anwendungen		0,75
		Schutz- und Funktionskleinspannung		

Tabelle 28.1 Auswahl der Mindestleiterquerschnitte nach DIN VDE 0100-520 für feste und bewegliche Leiterverbindungen aus Gründen der mechanischen Stabilität

Leiterverbindungen sind demnach grundsätzlich ab einem Leiterquerschnitt von 0,75 mm^2 Kupfer zulässig.

Flexible Verlängerungsleitungen mit Steckvorrichtungen und flexible Kabel und Leitungen in Möbeln o. Ä. müssen bis zu einer Länge von 10 m mindestens einen Nennleiterquerschnitt von 0,75 mm^2 aufweisen. In der Regel werden allerdings Leitungen mit Leiterquerschnitten von 1,5 mm^2 Kupfer verwendet.

Für bestimmte Betriebsmittel sind die Mindestleiterquerschnitte aus den zutreffenden Betriebsmittelnormen zu entnehmen.

28.2 Auswahl nach der Strombelastbarkeit von Kabeln und Leitungen

Im ersten Schritt ist zwischen Belastbarkeit und Belastung zu unterscheiden. Mit Strombelastbarkeit werden die höchst zulässigen Ströme unter bestimmten Bedingungen bezeichnet. Die Strombelastbarkeit ist damit der höchst mögliche zulässige Strom, mit der ein Kabel oder eine Leitung belastet werden darf. Als Strombelastung werden die während des Betriebes tatsächlich auftretenden Ströme bezeichnet. Die Strombelastung ist durch eine bestimmte Betriebsart oder einen Fehlerfall gegeben. Die Strombelastbarkeit eines Kabels oder einer Leitung wird durch folgende Faktoren bestimmt:

- Anzahl der belasteten Adern,
- das Isolationsmaterial der Kabel und Leitungen,
- die Umgebungstemperatur,
- die Verlegeart,
- die Häufung,
- die Wärmedämmung,
- die Art der Strombelastung durch Oberschwingungen durch Stromversorgungssysteme mit abweichenden Frequenzen von 50/60 Hz.

Die Kabel und Leitungen sind demnach unter den genannten Aspekten zu dimensionieren. Die Kabel und Leitungen sind hinsichtlich der Strombelastbarkeit unter folgenden Fällen zu betrachten:

- ungestörter Betrieb,
- Kurzschlussfall.

28.3 Physikalische Betrachtung im thermischen Ersatzschaltbild

28.3.1 Thermische und elektrische Größen

Physikalische Systeme bestehen hinsichtlich der Berechnung und mathematischen Beschreibung aus Widerständen, Kapazitäten und Induktivitäten. Die Anregung solcher Systeme erfolgt über verschiedene Spannungs- oder Stromquellen. Bei der Systembeschreibung spielt es demnach keine Rolle, ob es sich um elektrische, mechanische (**Bild 28.1**) oder thermische Größen (**Bild 28.2**) handelt. Man spricht in der Systembeschreibung auch von den sogenannten konjungierten Größen.

Im thermischen Ersatzschaltbild (Bild 28.2) stellt sich der Zustand als Stromquelle mit einer Parallelschaltung eines Wirkwiderstandes und eines Kondensators dar. Im thermischen Ersatzschaltbild ist die thermische Stromquelle der Stromwärmeverlust des Leiters. Der Wärmewiderstand R_{th} berechnet sich analog zum elektrischen Ersatzschaltbild aus der thermischen Spannung dividiert durch den thermischen Strom. Er beschreibt die thermisch isolierenden Eigenschaften eines Materials. Wie im elektrischen Ersatzschaltbild fällt die thermische Spannung am thermischen Widerstand in Form der Temperarturdifferenz $\Delta\vartheta$ ab. Die Wärmekapazität C ist analog zum elektrischen Kondensator als Verhältnis der Ladung zur Spannung definiert.

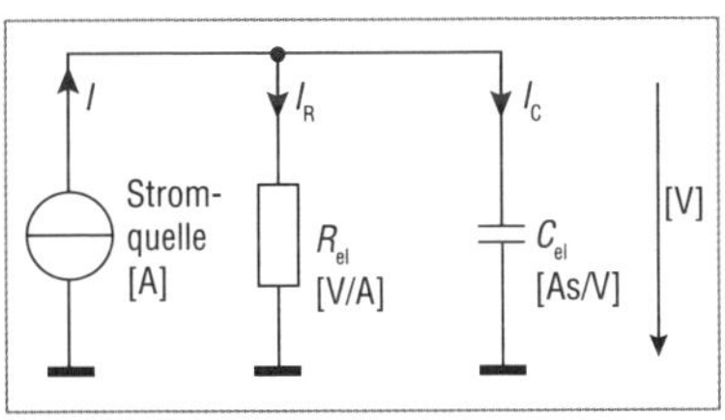

Bild 28.1 Elektrisches Ersatzschaltbild

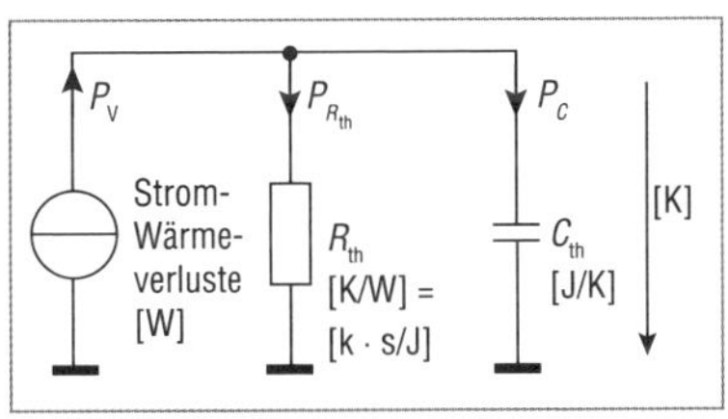

Bild 28.2 Thermisches Ersatzschaltbild

Im elektrischen Ersatzschaltbild (Bild 28.1) der *RC*-Schaltung mit elektrischer Stromquelle erfolgt die Aufteilung der Ströme I_R und I_C anhand der Knotenregel. Im thermischen Ersatzschaltbild (Bild 28.2) stellt die Stromquelle die Stromwärmeverluste dar. Demzufolge hat im thermischen Ersatzschaltbild der thermische Strom die Einheit W.

Formel zu Bild 28.1	Formel zu Bild 28.2
$I = I_R + I_C$	$P_V = P_{R_{th}} + P_{C_{th}}$

Ein Kondensator stellt im Einschaltmoment zum Zeitpunkt $t = 0$ unter der Voraussetzung, dass dieser komplett entladen ist, einen Kurzschluss dar, wodurch kein Strom über den Widerstand fließt. Ist der Kondensator vollständig geladen, stellt dieser idealisiert einen unendlich hohen Widerstand dar. Das System hat seinen Beharrungszustand erreicht, wodurch der von der Stromquelle gespeiste Strom vollständig über den Widerstand fließt. Der Ausgleichvorgang verläuft in Form einer E-Funktion.

Formel zu Bild 28.1	**Formel zu Bild 28.2**
$I_C\,(t=0)=I$ $I_R\,(t=0)=0$ $I_C\,(t>>5\tau)=I_C\rightarrow 0$ $I_R\,(t>>5\tau)=I$	$P_{C_{th}}\,(t=0)=P_V$ $P_{R_{th}}\,(t=0)=0$ $P_{C_{th}}\,(t>>5\tau)=P_{C_{th}}\rightarrow 0$ $P_{R_{th}}\,(t>>5\tau)=P_V$
$I_R\,(t)=I\cdot\left(1-e^{-\frac{t}{\tau}}\right)$	$P_{R_{th}}\,(t)=P_V\cdot\left(1-e^{-\frac{t}{\tau_{th}}}\right)$

Im elektrischen Ersatzschaltbild (Bild 28.1) ist die Spannung damit proportional zum Strom im Widerstand. Im thermischen Ersatzschaltbild (Bild 28.2) ist die Temperaturdifferenz als thermische Spannung proportional zum thermischen Strom. Die Aufteilung der Stromwärmeverluste erfolgt in Form eines Stromes analog zum elektrischen Ersatzschaltbild. Die Spannungen werden über das Produkt von Strom und Widerstand berechnet.

Formel zu Bild 28.1	**Formel zu Bild 28.2**
$U\,(t)=I_R\,(t)\cdot R$ $=I\cdot R\cdot\left(1-e^{-\frac{t}{\tau}}\right)$	$\Delta\vartheta\,(t)=P_{R_{th}}\,(t)\cdot R_{th}$ $=P_V\cdot R_{th}\cdot\left(1-e^{-\frac{t}{\tau_{th}}}\right)$
Die elektrische Zeitkonstante wird über das Produkt vom elektrischen Widerstand und der Kapazität berechnet. $\tau=R\cdot C$ Einheitengleichung: $[\tau]=[R]\cdot[C]=$ $\frac{V}{A}\cdot\frac{As}{V}=$ s (Sekunden)	Analog zum elektrischen Ersatzschaltbild wird die thermische Zeitkonstante über den Wärmewiderstand und die thermische Kapazität berechnet. $\tau_{th}=R_{th}\cdot C_{th}$ Einheitengleichung: $[\tau_{th}]=[R_{th}]\cdot[C_{th}]=$ $\frac{K}{W}\cdot\frac{J}{K}=\frac{K}{W}\cdot\frac{Ws}{K}=$ s (Sekunden)

Die Zeitkonstanten werden über das Produkt von Widerstand und Kapazität berechnet. Die Einheitengleichungen ergeben in beiden Fällen die Einheit Sekunden. In der Praxis sind allerdings die thermischen Zeitkonstanten wesentlich höher als die der elektrischen *RC*-Schaltung. Dies bedeutet, dass im Kurzzeitbetrieb oder Aussetzbetrieb, wenn die Einschaltdauer geringer ist als die thermische Zeitkonstante, die beiden Systeme voneinander als entkoppelt zu betrachten sind (Abschnitt 28.3.4 *Die Betriebsarten*).

28.3.2 Das thermische Ersatzschaltbild der Stromwärmeverluste

Die ideale Strombelastbarkeit von Kabel und Leitungen wird durch die Reduktionsfaktoren reduziert. Die unterschiedlichen Reduktionsfaktoren können über das thermische Ersatzschaltbild eines Kabels oder einer Leitung veranschaulicht werden.

Bild 28.3 zeigt auf der linken Seite das vereinfachte elektrische Ersatzschaltbild einer Leitung. Dieses besteht aus einem Wirkwiderstand und einem induktiven Blindwiderstand. Am Leitungsanfang liegt die Versorgungsspannung U_1 an, diese ist die Ursache für den Betriebsstrom. Auf der Leitung fällt über dem Wirk- und induktiven Blindwiderstand eine Spannung ab [110].

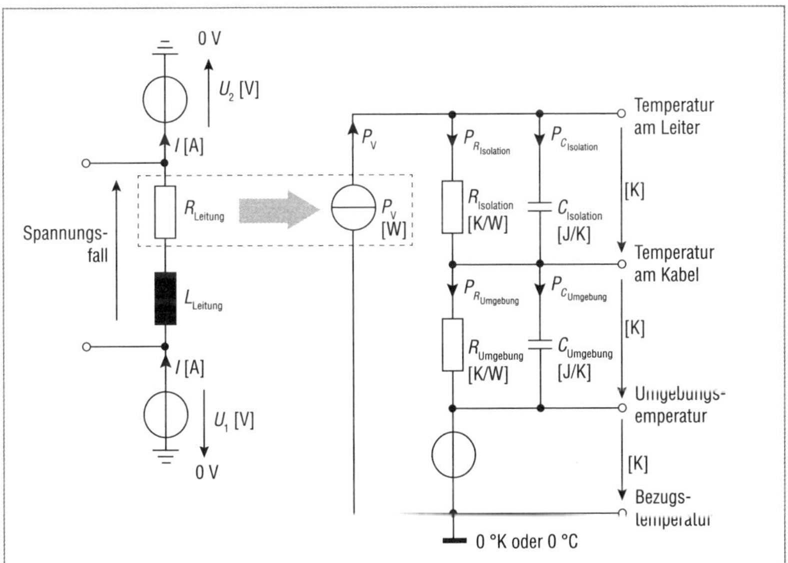

Bild 28.3 Thermisches Ersatzschaltbild einer Leitung

Der Wirkanteil (R_{Leitung}) stellt den ohmschen Widerstand der Leitung dar. Dieser Wirkanteil der Leitung verursacht mit dem Betriebsstrom die Erwärmung des Leiters.

Diese Erwärmung wird im thermischen Ersatzschaltbild als Stromquelle dargestellt.

Die Kopplung vom elektrischen zum thermischen Ersatzschaltbild erfolgt somit über die Stromwärmeverluste am Leiter. Für die Stromwärmeverluste gilt:

$$P_{\text{V}} = I^2 \cdot R_{\text{Leitung}}$$

Bezieht man die Verlustleistung auf eine Leitungslänge von einem Meter und setzt im fehlerfreien Betrieb den Betriebsstrom ein, gilt:

$$P'_{\text{V}} = I^2 \cdot R'_{\text{Leitung}} = I_{\text{B}} \cdot R'_{\text{Leitung}}\,(\vartheta_{\text{Betrieb}})$$

Mit der Grundgleichung $P = I^2 \cdot R$ hängen damit die Stromwärmeverluste quadratisch vom Betriebsstrom ab. Der Betriebsstrom wird durch die Betriebsart und die Oberschwingungen bestimmt. Bei linearen Verbrauchern bewirken die Stromwärmeverluste ausschließlich die Grundschwingung von 50Hz. Werden nicht lineare Verbraucher wie Umrichter mit Leitungshalbleiter, Schaltnetzteilen etc. betrieben, erhöhen sich die Stromwärmeverluste infolge der Oberschwingungen zusätzlich (Abschnitt 29.2.3 *Oberschwingungsströme*). Bei dem Leiterquerschnitt wird gemäß der Strombelastbarkeit unter den gegebenen Referenzverlegearten von einer Dauerstrombelastung ausgegangen. Für abweichende Betriebsarten von der Dauerstrombelastbarkeit ist die Erwärmung der Leitung auf den Kurzzeitbetrieb oder Aussetzbetrieb umzurechnen (Abschnitt 28.3.4 *Die Betriebsarten*). Ebenso ist der Anteil der Oberschwingungen zu berücksichtigen.

28.3.3 Die Betriebstemperatur am Leiter

Die Betriebstemperatur am Leiter ergibt sich aus der Summe der Umgebungstemperatur und der durch den Betriebsstrom verursachten Erwärmung am Leiter. Die höchst zulässige Strombelastbarkeit der Leitung I_z wird anhand der Verlegeart sowie durch die entsprechenden Reduktionsfaktoren nach DIN VDE 0298-4 bestimmt. Zweck der Bestimmung der höchst zulässigen Strombelastbarkeit ist, dass im Betrieb die höchst zulässige Betriebstemperatur am Leiter nicht überschritten wird. Dadurch kann folgende Beziehung abgeleitet werden:

$$\vartheta_{\text{max}} = \vartheta_{\text{Umgebung}} + \Delta\vartheta_{\text{Stromwärme}}$$

Im Leerlauf bzw. im abgeschalteten Stromkreis entstehen keine Stromwärmeverluste und folglich keine Temperaturerhöhung am Leiter, wodurch die Leitertemperatur der Umgebungstemperatur entspricht. Entspricht jedoch der Betriebsstrom der zulässigen Strombelastbarkeit I_z, verursacht die Wärmeenergie eine Temperaturerhöhung am Leiter. Die zulässige Strombelastbarkeit I_z ist der Strom, an dem am Leiter aufgrund der Stromwärmeverluste das Isolationsmaterial nicht thermisch unzulässig beansprucht wird. Die Höhe der Temperaturdifferenz, also die Erwärmung am Leiter, hängt von der Wärmeenergie bedingt durch die Stromwärmeverluste ab. Wie hoch sich die Temperatur erhöht, bestimmt die Wärmekapazität.

Die Wärmekapazität eines Materials wird analog zum elektrischen Kondensator durch das Verhältnis von Ladung zu Spannung bestimmt. In thermischen Ersatzschaltbildern ist die „Ladung“ die durch die Stromwärmeverluste bedingte Wärmeenergiemenge. Die Temperaturdifferenz wird in thermischen Ersatzschaltbildern auch als „thermische Spannung“ bezeichnet.

Damit ergibt sich analog zum elektrischen Kondensator für die Wärmekapazität eines Materials folgende Beziehung:

$$C_\vartheta = \frac{Q_{\text{W}}}{\Delta\vartheta}$$

Q_{W} Stromwärmeverluste [Ws] = [J]
$\Delta\vartheta$ Temperaturdifferenz [K]
C_ϑ Wärmekapazität [Ws/k] = [J/K]

Die Stromwärmeverluste stellen die Schnittstellen zwischen elektrischen Größen und thermischer Betrachtung dar. Sie werden aus der Verlustleistung des Leiters über die Dauer berechnet.

$$Q_{\text{W}} = I^2 \cdot R \cdot t$$

Setzt man für den Strom I die zulässige Strombelastbarkeit I_z ein und für R den Leiterwiderstand, wird sich die Temperatur am Leiter bis zur zulässigen Betriebstemperatur am Leiter erwärmen. Damit gilt folgender Zusammenhang:

$$C_\vartheta = \frac{Q_{\text{W, Z}}}{\Delta\vartheta} = \frac{I_{\text{Z}}^2 \cdot R_{\text{Z}} \cdot t}{\vartheta_{\text{max}} - \vartheta_{\text{Umgebung}}}$$

$$C_\vartheta = \frac{Q_{W,Z}}{\Delta\vartheta_Z} = \frac{I_Z^2 \cdot R_Z \cdot t}{\vartheta_{max} - \vartheta_{Umgebung}}$$

$$C_\vartheta = \frac{Q_{W,X}}{\Delta\vartheta_X} = \frac{I_B^2 \cdot R_B \cdot t}{\vartheta_x - \vartheta_{Umgebung}}$$

mit

$$\frac{I_B^2 \cdot R_X \cdot t}{\Delta\vartheta_X} = \frac{I_Z^2 \cdot R_Z \cdot t}{\vartheta_{max} - \vartheta_{Umgebung}}$$

$$\frac{I_B^2 \cdot R_X \cdot t}{I_Z^2 \cdot R_Z \cdot t} = \frac{\Delta\vartheta_X}{\vartheta_{max} - \vartheta_{Umgebung}}$$

$$\frac{I_B^2 \cdot \cancel{R_X \cdot t}}{I_Z^2 \cdot \cancel{R_Z \cdot t}} = \frac{\Delta\vartheta_X}{\vartheta_{max} - \vartheta_{Umgebung}} \Rightarrow \left(\frac{I_B}{I_Z}\right)^2 = \frac{\Delta\vartheta_X}{\vartheta_{max}}$$

$$\vartheta_{Betrieb} = \vartheta_{Umgebung} + \Delta\vartheta_{max} \cdot \left(\frac{I_B}{I_Z}\right)^2$$

Der Leitungswiderstand erhöht sich demnach infolge der Stromwärmeverluste, wodurch dieser mit steigendem Betriebsstrom aufgrund der Temperaturabhängigkeit des Leitermaterials ansteigt.

Im thermischen Ersatzschaltbild ist die Temperatur am Leiter als thermische Spannung zwischen Leiter und Umgebungstemperatur dargestellt. Die Erwärmung am Leiter gegenüber der Umgebungstemperatur wird zudem neben den Isolationseigenschaften der Kabelisolierung und den thermischen Eigenschaften des Kabelmantels durch die thermischen Eigenschaften der Umgebung bestimmt. Wird ein Kabel oder eine Leitung frei in Luft verlegt, kann es die Verlustwärme direkt an die Umgebung abgeben. Ist das Kabel oder die Leitung in Materialien mit dämmenden Eigenschaften oder gemeinsam mit mehreren Kabeln und Leitungen verlegt, reduziert das die Wärmeleitfähigkeit. Diese Umstände werden durch die Reduktionsfaktoren für Häufungen und die Referenzverlegearten festgelegt. Die Häufungen wirken sich auf zwei Faktoren im thermischen Ersatzschaltbild aus. Zum einen wirken die benachbarten Kabel und Leitungen wie eine Isolierschicht, sodass diese wärmeisolierend wirken. Zum anderen erhöhen die Stromwärmeverluste der gemeinsam verlegten Kabel und Leitungen im unmittelbarem Umfeld die Umgebungstemperatur, sodass die Wärmeabgabe an die Umgebung beeinträchtigt ist.

Im thermischen Ersatzschaltbild ist die Umgebungstemperatur als „thermische" Spannungsquelle dargestellt. Der Bezugspunkt, als das Äquivalent zur Bezugserde des elektrischen Ersatzschaltbildes, ist durch den Gefrierpunkt von 0°C festgelegt. Dieser Punkt kann jedoch je nach Temperaturskala auch in Grad Kelvin oder Grad Fahrenheit festgelegt werden.

Die thermische Spannung der Temperatur am Leiter zur Umgebungstemperatur und die Umgebungstemperatur zur Bezugstemperatur bilden einen thermischen Spannungsteiler, der in Summe die zulässige Betriebstemperatur am Leiter nicht überschreiten darf. Folglich wird bei Reduzierung der Umgebungstemperatur bei gleichbleibender Strombelastung die zulässige Betriebstemperatur des Leiters nicht erreicht und das Kabel oder die Leitung mit einem höheren Strom belastet.

28.3.4 Die Betriebsarten

Die Strombelastbarkeit für Kabel und Leitungen liegt dem Dauerbetrieb zugrunde. Der Dauerbetrieb ist der Betrieb mit einer konstanten Stromentnahme bzw. Stromeinspeisung, dessen Dauer ausreicht, um den thermischen Beharrungszustand eines Betriebsmittels zu erreichen. Neben dem Dauerbetrieb zählen Kurzzeitbetrieb und Aussetzbetrieb zu den gängigsten Betriebsarten. Der Kurzzeitbetrieb ist dadurch charakterisiert, dass die Einschaltdauer zur Abschaltdauer relativ gering ist, sodass die höchst zulässige Temperatur am Leiter entweder nur kurzzeitig oder nicht erreicht wird. Im Vergleich zum Kurzzeitbetrieb handelt es sich beim Aussetzbetrieb um periodische An- und Abschaltvorgänge, bei denen die Temperatur am Leiter während der Abschaltphase teilweise bzw. bis hin zur Umgebungstemperatur abkühlt.

Typischerweise sind die unterschiedlichen Betriebsarten für Motoren und Antriebe aufgrund von Anlaufströmen, Lastwechsel und Drehzahlregelungen oder dergleichen festgelegt.

Während im Dauerbetrieb ein konstanter Strom fließt und die Leitertemperatur nach dem thermischen Ausgleichsvorgang ihren Beharrungswert erreicht, werden im Kurzzeit- und Aussetzbetrieb die thermischen Speicher (siehe thermisches Ersatzschaltbild) während des Einschaltvorganges geladen und in den Pausenzeiten entladen. Dadurch kühlt sich die Leitung ab, wodurch über eine Periode oder einen Betrachtungszeitraum die Leitung nicht ihre zulässige Betriebstemperatur erreicht. Dadurch kann die Leitung kurzzeitig höher belastet werden. Der Betriebsstrom wird anhand des quadratischen Mittelwertes berechnet.

$$I_m = \sqrt{\frac{\sum_{i=1}^{n} I_i^2 \cdot t_i}{\sum_{i=1}^{n} t_i}} = \sqrt{\frac{I_1^2 \cdot t_1 + I_2^2 \cdot t_2 + \ldots + I_n^2 \cdot t_n}{t_1 + t_2 + \ldots + t_n}}$$

I_m quadratischer Mittelwert
$I_{1...n}$ Belastungsströme
$t_{1...n}$ Einschaltdauer der Belastungsströme

Für die höchst zulässige Strombelastbarkeit des Kabels oder der Leitung gilt:

$$I_m \leq I_Z$$

Bei der Betrachtung des quadratischen Mittelwerts der Belastungsströme ist die höchst zulässige Einschaltdauer in Abhängigkeit des Leiterquerschnittes zu beachten (**Tabelle 28.2**).

Tabelle 28.3 zeigt die Nennbetriebsarten nach DIN VDE 0530-1.

Nennleiterquerschnitt für Kupferleiter in mm²	höchst zulässige Einschaltdauer in s
$S \leq 6$	4
$10 \leq S \leq 25$	8
$35 \leq S \leq 50$	15
$70 \leq S \leq 150$	30

Tabelle 28.2 Zulässige Einschaltdauer in Abhängigkeit des Leiterquerschnitts

Nennbetriebsart	
S1	Dauerbetrieb mit konstanter Last
S2	Kurzzeitbetrieb mit konstanter Last
S3	Aussetzbetrieb ohne Einfluss des Anlaufstromes auf die Temperatur
S4	Aussetzbetrieb mit Einfluss des Anlaufstromes auf die Temperatur
S5	Aussetzbetrieb mit Einfluss des Anlaufstromes und des Bremsstromes auf die Temperatur
S6	Durchlaufbetrieb mit Aussetzbelastung
S7	Dauerbetrieb mit Anlauf- und Bremsvorgang
S8	Dauerbetrieb mit Laständerung

Tabelle 28.3 Zusammenfassung der Betriebsarten elektrischer Maschinen

28.4 Strombelastbarkeit im ungestörten Betrieb

Der Betriebsstrom I_B kommt im normalen fehlerfreien Betrieb zum Fließen. In der Regel wird der Stromkreis über das öffentliche Stromversorgungsnetz gespeist, sodass der Strom über die Kundenanlage in den Endstromkreis bzw. den Verteilerstromkreis fließt. Bei Stromkreisen mit dezentralen netzgekoppelten Erzeugungsanlagen fließt der Betriebsstrom von der Erzeugungsanlage in das Stromversorgungssystem der Kundenanlage. Gleiches gilt bei Speichern im netzgekoppelten Betrieb. Beim Laden wirken diese wie ein Verbraucher, sodass der Betriebsstrom I_B vom Stromversorgungssystem der Kundenanlage zum Speicher fließt, während sich beim Entladen des Speichers das Vorzeichen des Betriebsstromes wie bei einer netzgekoppelten Erzeugungsanlage umdreht. Der Betriebsstrom kann demnach in zwei Richtungen fließen. Der Betriebsstrom wird bei fest angeschlossenen Betriebsmitteln, z. B. Haushaltsgeräten, Maschinen oder Leitungsumrichtern, vom Hersteller angegeben. Bei Stromkreisen, die zum Anschluss von Geräten mit Steckvorrichtung vorgesehen sind, ist der Betriebsstrom mit dem Bemessungsstrom der Steckvorrichtung gleichzusetzen, z. B. Steckdosen mit CEE-Steckvorrichtungen mit Bemessungsströmen von 16 A, 32 A oder 63 A. Gerätesteckvorrichtungen für den Hausgebrauch und ähnliche allgemeine Zwecke dürfen einen Bemessungsstrom von höchstens 16 A besitzen [104].

Die Strombelastbarkeit im ungestörten Betrieb wird durch den Betriebsstrom I_b bzw. die Summe der Betriebsströme aller gleichzeitig betriebenen Verbraucher oder Erzeugungsanlagen im normalen Betrieb bestimmt. Die Strombelastbarkeit I_z eines Leiters bzw. einer mehradrigen Leitung ist durch ihre zulässige Betriebstemperatur am Leiter im ungestörten Betrieb bestimmt. Die zulässige Betriebstemperatur am Leiter bzw. die zulässige Manteltemperatur bei mineralisolierten Leitungen sind als Grenzwert für die Berechnung der Strombelastbarkeit anzusetzen.

Die Strombelastbarkeit kann mit folgenden Methoden ermittelt werden:

- Rechnung,
- Versuch,
- nach IEC 60287.

28.5 Maximale Betriebstemperatur am Leiter

Die maximale Betriebstemperatur am Leiter ergibt sich anhand der thermischen Eigenschaften des Isolationsmaterials. Die zulässigen Betriebstemperaturen am Leiter der verschiedenen Kabel und Leitungen sind aus den Herstellernormen zu entnehmen. Die DIN VDE 0298-4 enthält hierzu eine Zusammenstellung der gängigsten Kabel und Leitungen (**Tabelle 28.4**).

Bauart	**Kurzzeichen**	**zulässige Betriebs-temperatur am Leiter in °C**
Leitungen für feste Verlegung		
PVC-Installationsleitung	NYM	70
halogenfreie Mantelleitung mit verbessertem Verhalten im Brandfall	NHXMH	
Installationsleitung NHMH mit speziellen Eigenschaften im Brandfall	NHMH	
wärmebeständige Silikon-Fassungsader	N2GFA N2GFAF	180
Starkstromkabel mit verbessertem Verhalten im Brandfall	NHXHX FE180 NHXCHX FE180 NHXH FE180 NHXCH FE180 NHXHX NHXCHX	90
Kabel mit verbessertem Verhalten im Brandfall	N2XH N2XCH	
Kabel mit Isolierung und Mantel aus thermo-plastischem PVC mit Nennspannung 0,6/1 kV	NYY NYCY NAYY NAYCY	70
flexible Leitungen		
flexible Standardleitungen mit vernetzter Elastomer-Isolierung	H05RR-F H05RN-F H07RN-F	60
wasserbeständige flexible Leitungen mit vernetzter Elastomer-Isolierung	H07RN8-F	
Gummischlauchleitung	NMHVÖU NSHCÖU NSHTÖU	
	NSSHÖU	90

Tabelle 28.4 Zusammenfassung der zulässigen Betriebstemperaturen unterschiedlicher Kabel und Leitungen nach DIN VDE 0298-4
Liste nicht vollständig. Weitere Grenzwerte sind aus den betreffenden Produktnormen zu entnehmen.

In der Praxis stellt sich häufig die Frage nach der Auswahl der Leitung hinsichtlich der zulässigen Betriebstemperatur am Leiter. Für die Umrechnung des Reduktionsfaktors zwischen zwei Leitungen mit unterschiedlichen Betriebstemperaturen am Leiter ergibt sich für folgender Zusammenhang:

$$\frac{I_Z'}{I_Z} = \sqrt{\frac{\vartheta_{\text{Leiter 2}} - \vartheta_{\text{Umgebung}}}{\vartheta_{\text{Leiter 1}} - \vartheta_{\text{Umgebung}}}}$$

Folglich liegt bei einem Leiter (Leiter 2), dessen zulässige Betriebstemperatur geringer ist, eine Reduktion der Strombelastbarkeit vor.

29 Die Referenzverlegearten und Reduktionsfaktoren

29.1 Die Referenzverlegearten

Die zulässigen Strombelastbarkeiten liegen den vereinbarten Betriebsarten, den Verlegebedingungen sowie den Umgebungsbedingungen zugrunde. Die Betriebsangaben, darunter die zulässige Strombelastbarkeit von Kabel und Leitungen, werden unter Angabe der sogenannten Referenzverlegearten angegeben. Diese umfassen die Betriebsart, die Verlegebedingungen und Umgebungsbedingungen der Leitung.

Die Referenzverlegearten sind in fünf Kategorien unterteilt:

- Verlegung in wärmegedämmten Wänden,
- Verlegung in Elektroinstallationsrohren,
- direkte Verlegung,
- Verlegung im Erdboden,
- Verlegung in Luft.

Im Grundsatz sind die Referenzverlegearten in Verlegung in Luft und Verlegung in Erde unterteilt. Bei ausreichender Belüftung der Räume oder ausreichend großen Räumen ist der Anteil der Wärmeabfuhr durch die Umgebung nicht wesentlich beeinträchtigt. Für die Verlegung in Luft (Verlegearten: B1, B2, C) wird eine Umgebungstemperatur von 30 °C angesetzt. Durch Abdeckung oder Sonneneinwirkung kann die Wärmestrahlung der Kabel und Leitungen beeinträchtigt werden.

Für in Erde verlegte Kabel und Leitungen ist im Normalfall eine Umgebungstemperatur von 20 °C anzusetzen. Im Vergleich zur Verlegung in Luft sind die Kabel und Leitungen nicht der direkten Sonneneinstrahlung ausgesetzt. Die Wärmeabfuhr wird vom spezifischen Erdbodenwiderstand bestimmt.

Die Verlegung von Kabel und Leitungen in wärmegedämmten Wänden sind den Referenzverlegearten A1 und A2 zugeordnet. Die Referenzverlegeart A1 ist bei Verlegung von Aderleitungen im Elektroinstallationsrohr anzuwenden. Handelt es sich um mehradrige Kabel und ummantelte Leitungen in einem Elektroinstallationsrohr, welches in einer wärmegedämmten Wand verlegt ist, ist dies der Referenzverlegeart A2 zuzuordnen. Die Verlegung von Kabel und Leitungen in Elektroinstallationsrohren an der Wand sind den Referenzverlegearten B1 und B2 zuzuordnen. Die Referenzverlegeart C beschreibt die Verlegung von ein- oder mehradrigen Kabel und Leitungen auf einer Wand. Die Strombelastbarkeiten von den Referenzverlegearten B1, B2 und C wurden für die Verlegung auf Holzplatten ermittelt, sodass hier der thermisch ungünstigste Fall ermittelt wurde. Demnach können diese Referenzverlegearten für andere Wandarten aus Mauerwerk, Putz, Gipskartonplatten grundsätzlich angewendet werden. Bei den Verlegearten B1 und B2 sind die Elektroinstallationsrohre so auf der Wandoberfläche befestigt, dass der Abstand dazwischen kleiner als der 0,3-fache Rohrdurchmesser ist. Bei der Verlegeart C gilt das Gleiche für den Außendurchmesser des Kabels.

Die Referenzverlegeart D beschreibt die Verlegeart von ein- oder mehradrigen Kabeln und Leitungen, die in einem Elektroinstallationsrohr oder einem Elektroinstallations-Kanal aus Kunststoff, Steingut oder Metall sowie einem Kabelschacht im Erdreich verlegt sind.

Die Verlegung von Kabeln und Leitungen in Luft sind den Referenzverlegearten E, F und G zugeordnet. Die Referenzverlegeart E ist anzusetzen, wenn ein mehradriges Kabel oder eine mehradrige Leitung frei in Luft mit einem Abstand von mindestens dem 0,3-fachem Durchmesser zu Wand befestigt ist. Bei der Referenzverlegeart D sind einadrige Kabel oder einadrige Leitungen mit einem Abstand, der mindestens dem Außendurchmesser der Kabel entspricht, angeordnet. Im Vergleich zur Referenzverlegeart F sind bei der Referenzverlegeart G die einadrigen Kabel und Leitungen mit einem Abstand in Höhe ihres einfachen Außendurchmessers zueinander und zur Wand montiert.

29.2 Die Reduktionsfaktoren

Die Strombelastbarkeit von Kabel und Leitungen sind neben den Verlegebedingungen durch folgende Reduktionsfaktoren beeinflusst:

- Umgebungstemperatur,
- Häufung,
- Oberschwingungen.

Diese Faktoren sind in den Verlegebedingungen nach DIN VDE 0298-4 durch die sogenannten Reduktionsfaktoren berücksichtigt.

$$I'_Z = \prod_{i=1}^{n} f_i = I_Z = f_{ges} = I_Z$$

I_Z Bemessungswert der Strombelastbarkeit bei vereinbarten Betriebsbedingungen gemäß der Referenzverlegeart

I'_Z Strombelastbarkeit bei tatsächlichen Bedingungen mit Berücksichtigung der Reduktionsfaktoren

f_{ges} Produkt aller zu beachtenden Reduktionsfaktoren f_i

29.2.1 Umgebungsbedingungen

Die Stromwärmeverluste sind hinsichtlich der Umgebungstemperatur und der Verlustwärme des Leiters bei der Planung zu berücksichtigen.

Die Umgebungstemperatur ist die Temperatur des umgebenden Mediums. Die Umgebungstemperatur ist für den unbelasteten Fall zu betrachten. Im unbelasteten Fall fließt im Leiter kein Strom, sodass keine Stromwärmeverluste entstehen. Demnach entspricht die Leitertemperatur im Beharrungszustand der Umgebungstemperatur. Der Sachverhalt kann anhand des thermischen Ersatzschaltbildes veranschaulicht werden. Führen die Leiter im Kabel bzw. in den Leitungen keinen Strom, so entstehen keine Stromwärmeverluste, wodurch die Stromquelle im thermischen Ersatzschaltbild 0 W in das thermische System einspeist (Abschnitt 28.3 *Physikalische Betrachtung im thermischen Ersatzschaltbild*).

Vorausgesetzt, dass der Leiter durch den Betriebsstrom seinen Beharrungszustand im Dauerbetrieb erreicht hat, sind die thermischen Kapazitäten „geladen“. Die Temperatur am Leiter entspricht demnach der Betriebstemperatur. Bei Abschaltung erfolgt ein Ausgleich zwischen der in den thermischen Kapazitäten gespeicherten Wärmeenergie über die thermischen Parallelwiderstände.

Die Entladung der gespeicherten Wärme erfolgt über die thermischen Widerstände der Isolation und der Umgebung. Sind die thermischen Kapazitäten vollständig entladen, fließt keine Leistung (thermischer Strom) über die Widerstände, wodurch an diesen keine thermische Spannung abfällt. Das System hat damit seinen Beharrungszustand im „entladenen“ Zustand erreicht, wodurch die Temperatur am Leiter der Umgebungstemperatur entspricht (Bild 28.3).

Im Betrieb ist die Umgebungstemperatur als thermische Spannungsquelle dargestellt. Bei hohen Umgebungstemperaturen ist die thermische Spannungsdifferenz zwischen Umgebung und Leiter geringer, wodurch der thermische Strom geringer ist und so die Stromwärmeverluste des Leiters langsamer an die Umgebung abgegeben werden können. Bei niedrigen Umgebungstemperaturen erfolgt die Abgabe der Stromwärmeverluste daher schneller an die Umgebung.

Für die Strombelastbarkeit von zwei Leitungen mit gleichen zulässigen Betriebstemperaturen gilt für unterschiedliche Umgebungstemperaturen folgender Zusammenhang:

$$\frac{I'_Z}{I_Z} = \sqrt{\frac{\vartheta_{\text{Leiter}} - \vartheta_{\text{Umgebung 2}}}{\vartheta_{\text{Leiter}} - \vartheta_{\text{Umgebung 1}}}}$$

Die Umgebungstemperatur ist als Reduktionsfaktor für die Strombelastbarkeit von Kabel und Leitungen zu berücksichtigen. Nach DIN VDE 0298-4 Abs. 5.3.3 sind Umrechnungsfaktoren für die Strombelastbarkeit anzuwenden. Hinsichtlich der Umgebungstemperaturen ist zwischen der Verlegung in Luft und der Verlegung in Erde zu unterscheiden.

Es gelten folgende Umgebungstemperaturen:

- Verlegung in Luft: 30 °C,
- Verlegung in Erde: 20 °C.

Bei der Auslegung sind hierzu die entsprechenden Strombelastbarkeitstabellen hinzuzuziehen.

- Umrechnungsfaktoren für Umgebungstemperaturen abweichend von 30 °C für die Strombelastbarkeit von Kabel und Leitungen in Luft, siehe DIN VDE 0298-4 Tabelle 17
- Umrechnungsfaktoren für Umgebungstemperaturen abweichend von 20 °C für die Strombelastbarkeit von im Erdreich verlegten Kabeln, siehe DIN VDE 0298-4 Tabelle 19
- Umrechnungsfaktoren für abweichende Umgebungstemperaturen für wärmebeständige Leitungen, siehe DIN VDE 0298-4 Tabelle 18

29.2.2 Häufung

Für geschlossene Räume, Kabelkanäle, Kabelzwischenböden und Gehäuse sind neben der Umgebungstemperatur die Reduktionsfaktoren für die Häufungen anzuwenden. Die Reduktionsfaktoren nach DIN VDE 0298-4 sind anzuwenden für Häufungen isolierter Leiter, Kabel und Leitungen mit gleichen maximalen Betriebstemperaturen. Liegen diese auseinander, ist die niedrigste zulässige Betriebstemperatur für die Betrachtung hinzuzuziehen.

Sind die Kabel und Leitungen lediglich bis 30 % ihrer zulässigen Strombelastbarkeit belastet, ist davon auszugehen, dass durch Häufung die Wärmeabgabe an die Umgebung sowie die gegenseitige thermische Beeinträchtigung zu vernachlässigen ist.

Unterschiedliche Leiterquerschnitte sind bei der Häufung gesondert zu betrachten. Als unterschiedliche Leiterquerschnitte gelten Querschnitte, die mindestens zwei Nennleiterquerschnitte auseinanderliegen. Der Reduktionsfaktor für die Häufung unterschiedlicher Querschnitte in Rohren oder Elektroinstallationskanälen und auf Kabelrinnen richtet sich nach dem kleinsten Leiterquerschnitt. Es gilt folgender Zusammenhang zwischen Reduktionsfaktor f und der Anzahl n der Kabel und Leitungen:

$$f = \frac{1}{\sqrt{n}}$$

Der mit dieser Gleichung abgeleitete Reduktionsfaktor für Häufung reduziert die Gefahr der Überlastung der kleineren Querschnitte, kann aber zu einer nur geringen Belastung der größeren Querschnitte führen. Solch eine Unterbelastung kann vermieden werden, wenn große und kleine Querschnitte von Kabeln/Leitungen oder isolierten Leitern nicht in einer Gruppe verlegt werden.

29.2.3 Oberschwingungsströme

Mit linearen Verbrauchern ist eine Überlastung des Neutralleiters nicht zu erwarten. Bei symmetrischer Belastung addieren sich die Außenleiterströme in einer Sternschaltung aufgrund der gleichen Ströme und der Phasenverschiebungen von jeweils 120° geometrisch zu Null auf, sodass rechnerisch im Neutralleiter durch die 50-Hz-Grundschwingung kein Strom fließt. Nicht lineare Verbraucher wie Phasenanschnittsteuerungen, Leistungselektronik, Leuchtstofflampen, Frequenzumrichter etc. verursachen Oberschwingungen. Hierbei ist die dritte Oberschwingung mit einer Frequenz von 150 Hz besonders ausgeprägt. Die dritte Oberschwingung mit ihren 150 Hz sowie deren vielfache Oberschwingungen, die sogenannten Verzerrungsströme, addieren sich geometrisch im Sternpunkt nicht zu null. Diese Verzerrungsströme addieren sich im Neutralleiter. Übersteigt der Effektivwert des Verzerrungsstroms I_v im Neutralleiter die zulässige Strombelastbarkeit I_z, wird dieser überlastet (**Bild 29.1**).

Ab einem Oberschwingungsanteil bzw. ab einem Verzerrungsstromanteil im Neutralleiter größer als 15 % muss der Leiterquerschnitt des Neutralleiters mindestens dem Leiterquerschnitt der Außenleiter entsprechen. Demnach sind Reduktionsfaktoren für die Oberschwingungen bei der Auswahl des Leiterquerschnitts zu berücksichtigen. Die Auswahl erfolgt je nach Oberschwingungsanteil bezogen auf den Außenleiter- oder Neutralleiterstrom. Beträgt der Neutralleiterstrom mehr als 135 % des Außenleiterstromes, und wurde das Kabel bzw. die Leitung nach dem Neutralleiterstrom dimensioniert, werden die drei Außenleiter nicht bis zur Dauerstrombelastbarkeit I_z belastet. Die Reduzierung der Strombelastbarkeit mit den entsprechenden Reduktionsfaktoren wird demnach ab einem Oberschwingungsanteil von 33 % in den Außenleitern vom Neutralleiter bestimmt (**Tabelle 29.1**)

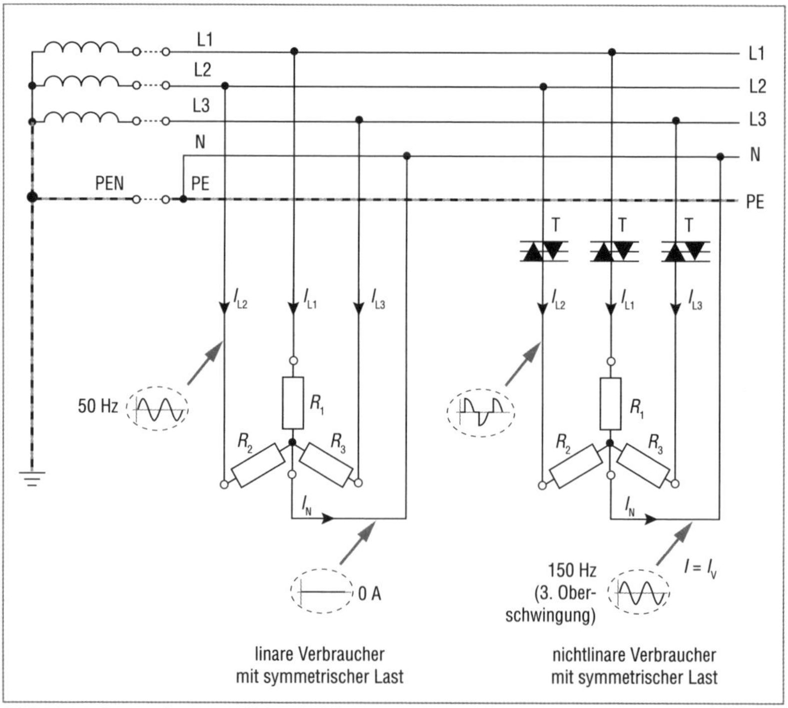

Bild 29.11 Ströme im Neutralleiter bei linearen und nichtlinearen symmetrischen Lasten

Dritte Oberschwingung	**Reduktionsfaktoren**	
Anteil am Außenleiterstrom in %	**Auswahl des Querschnitts nach dem Außenleiterstrom**	**Auswahl des Querschnitts nach dem Neutralleiterstrom**
0 bis 15	1,0	–
> 15 bis 33	0,86	–
> 33 bis 45	–	0,86
> 45	–	1,0

Tabelle 29.1 Reduktionsfaktoren für Oberschwingungsströme nach DIN VDE 0100-520 Bbl. 3

Die Durchführung einer Beurteilung der Strombelastbarkeit der Kabel und Leitungen setzt eine genaue Kenntnis der in der Anlage installierten bzw. vorgesehenen Verbrauchsmittel voraus. Hierzu eignet sich eine Betriebsmittelleiste, die der Prüfer mit der Anzahl und dem Anschluss an den Stromkreisen zu bewerten hat. Hierzu sind in einem Drehstromkreis die typischen Verzerrungsströme (I_V) in Erfahrung zu bringen.

Für jedes Verbrauchsmittel sind die Außenleiterströme, die Verzerrungsströme in den Außenleitern und der Verzerrungsstrom im Neutralleiter zu ermitteln. Die Berechnung erfolgt unter der Annahme, dass die Verbrauchsmittel symmetrisch auf alle Außenleiter verteilt sind.

- Außenleiterstrom:
  $I_{L(m)ges.} = n_{(m)} \cdot I_{L(m)}$
- Verzerrungsstrom im Außenleiter:
  $I_{V,\,L(m)} = n_{(m)} \cdot I_{V(m)}$
- Verzerrungsstrom im Neutralleiter:
  $I_{V(m)ges.} = 3 \cdot I_{V,\,L(m)}$

$n_{(m)}$	Anzahl der Geräte des Typs m je Außenleiter
$I_{L(m)}$	Laststrom des Gerätes m
$I_{V(m)}$	mittlerer Verzerrungsstrom des Gerätes m
$I_{V,L(m)}$	mittlerer Verzerrungsstrom je Außenleiter

Typische Verzerrungsströme elektronischer Verbrauchsmittel können aus DIN VDE 0100-520 Bbl. 3 Tabelle A.2 oder aus den Herstellerangaben der Betriebsmittel entnommen werden.

30 Schutz bei Überstrom

Die elektrische Anlage darf infolge zu hoher Temperaturen oder elektromechanischer Beanspruchung weder Personen- noch Sachschäden verursachen. Hierzu dürfen Betriebsmittel der elektrischen Anlage sowie Kabel und Leitungen keine unzulässig hohen Temperaturen infolge von Stromwärmeverlusten oder Fehlerlichtbögen annehmen und so bei Isolierungen, elektrischen Verbindungen, Anschlüssen oder Umgebung der Leiter eine Gefahr hervorrufen.

Als Überstrom wird im allgemeinen der Strom bezeichnet, der den zulässigen Bemessungswert einer Anlage oder in einem Betriebsmittel übersteigt. Überströme in elektrischen Anlagen können als Überlastströme und als Kurzschlussströme auftreten.

Als Überlaststrom wird der Strom bezeichnet, der aufgrund der Anzahl und Leistung der angeschlossenen Verbrauchsmittel und/oder Erzeugungsanlagen unter fehlerfreien Bedingungen auftritt.

Die Strombelastbarkeit von Kabeln und isolierten Leitungen ist unter den zutreffenden Verlegebedingungen nach DIN VDE 0100-520 Abs. 523 unter Beachtung der DIN VDE 0298-4 zu dimensionieren.

30.1 Schutz bei Überlast

Kabel und Leitungen der elektrischen Anlage dürfen aufgrund der Betriebsströme nicht unzulässig thermisch beansprucht werden. Für die Auslegung der Betriebsmittel sind deshalb die zulässigen Strombelastbarkeiten nach DIN VDE 0100-520 und DIN VDE 0298-4 unter Berücksichtigung der Reduktionsfaktoren und des Gleichzeitigkeitsfaktors zu beachten.

Der Betriebsstrom des Stromkreises darf die zulässige Strombelastbarkeit nicht überschreiten. Zum Schutz vor Überstrom, bestehend aus Kurzschluss und Überlast, sind nach DIN VDE 0100-430 die Nennstromregel und die Auslöseregel einzuhalten (**Bild 30.1**).

Nennstromregel: $I_B \leq I_n \leq I_Z$

Auslöseregel: $I_2 \leq 1{,}45 \cdot I_Z$

I_B Betriebsstrom des Stromkreises

I_Z zulässige Dauerstrombelastbarkeit der Leitung

I_n Bemessungsstrom der Schutzeinrichtung
I_2 großer Prüfstrom (der Strom, der eine wirksame Abschaltung innerhalb der festgelegten Zeit sicherstellt)

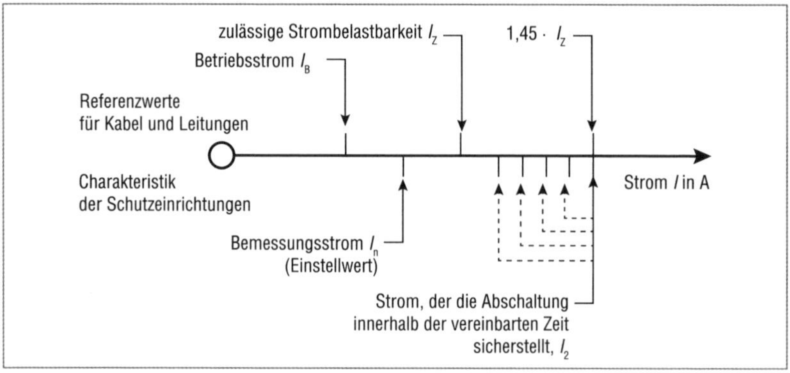

Bild 30.1 Koordinierung des Überlastschutzes nach DIN VDE 0100-430

Im ersten Schritt ist der Betriebsstrom I_B und die Anzahl der belasteten Adern des Stromkreises zu bestimmten. Bei fest angeschlossenen Betriebsmitteln ist der Betriebsstrom I_B anhand der Typenschild- und Leistungsangaben der Betriebsmittel zu bestimmen. Bei Betriebsmitteln für Haushaltsanwendungen und ruhenden Energiewandlern, wie zum Beispiel Transformatoren o. Ä., wird in der Regel die elektrisch ausgenommene Leistung angegeben. Bei drehenden elektrischen Maschinen hingegen wird die mechanisch abgegebene Leitung an der Welle angegeben. Die Ströme sind demnach, sofern nicht anders angegeben, anhand der Typenschilder rechnerisch zu ermitteln. Bei Steckvorrichtungen ist der Betriebsstrom mit dem Nennstrom der Überstrom-Schutzeinrichtung gleichzusetzen. Liegt keine Dauerstrombelastung vor, ist der Betriebsstrom entsprechend (Abschnitt 28.3.4 *Die Betriebsarten*) umzurechnen.

Der Nennstrom I_n ist der Bemessungsstrom der Überstrom-Schutzeinrichtung. Der Bemessungsstrom eines Sicherungseinsatzes sollte nach DIN EN 60269-1 (VDE 0636-1) unter folgenden Werten ausgewählt werden:

2 A – 4 A – 6 A – 8 A – 10 A – 12 A – 16 A – 20 A – 25 A – 32 A – 35 A – 40 A – 50 A – 63 A – 80 A – 100 A – 125 A – 160 A – 200 A – 250 A – 315 A – 400 A – 500 A – 630 A – 800 A – 1.000 A – 1.250 A.

I_Z ist die zulässige Dauerstrombelastbarkeit des Kabels oder der Leitung gemäß der nach DIN VDE 0298-4 festgelegten Verlegearten und ggf. unter Berücksichtigung der Reduktionsfaktoren.

Der Schutz bei Überlast ist nach DIN VDE 0100-430 Abs. 433 zu koordinieren. Der Bemessungsstrom der Überstrom-Schutzeinrichtung I_N ist so zu wählen, dass

- die zulässige Dauerstrombelastbarkeit des Leiters I_Z unter den vorliegenden Verlegebedingungen (Kapitel 28 *Auswahl von Kabeln und Leitungen*) nicht überschritten wird und
- die Stromwärmeverluste die zulässige Betriebstemperatur des Leiters nicht übersteigen und
- der Betriebsstrom I_B keine ungewollte Abschaltung der Überstrom-Schutzeinrichtung bewirkt.

Die zweite Bedingung ist die Auslöseregel. Die Auslöseregel besagt, dass der große Prüfstrom einer Überstrom-Schutzeinrichtung höchstens das 1,45-fache der zulässigen Dauerstrombelastbarkeit des Kabels oder der Leitung haben darf. Der große Prüfstrom einer Überstrom-Schutzeinrichtung ist der Strom, der eine wirksame Abschaltung innerhalb einer festgelegten Zeit, der sogenannten konventionellen Prüfdauer, sicherstellt. Der große Prüfstrom wird im Anwendungsbereich der DIN VDE 0100-430 mit I_2 bezeichnet, während die Produktnormen der Überstrom-Schutzeinrichtungen diesen mit I_f bezeichnen.

Neben dem großen Prüfstrom wird auch der kleine Prüfstrom angegeben. Dieser wird mit den Formelzeichen I_1 bzw. I_{nf} bezeichnet. Im Gegensatz zum großen Prüfstrom, der innerhalb der konventionellen Prüfdauer zu einer Abschaltung führen muss, darf der kleine Prüfstrom innerhalb dieser Zeit nicht zu einer Abschaltung führen.

30.2 Schutz des Neutralleiters

Gemäß DIN VDE 0100-520 Abs. 524.2 muss der Leiterquerschnitt des Neutralleiters mindestens dem Leiterquerschnitt der Außenleiter entsprechen. Diese Anforderung gilt grundsätzlich:

- in einphasigen Wechselstromsystemen mit zwei Leitern unabhängig vom Leiterquerschnitt,
- in dreiphasigen Wechselstromsystemen, sofern der Leiterquerschnitt der Außenleiter nicht mindestens 16 mm² Kupfer oder 25 mm² Aluminium beträgt.

Eine Reduzierung des Neutralleiters ist somit in Drehstromsystemen ab einem Leiterquerschnitt von 16 mm² Kupfer und 25 mm² Aluminium zulässig.

Entspricht der Leiterquerschnitt des Neutralleiters mindestens dem Querschnitt der Außenleiter und ist nicht zu erwarten, dass der Neutralleiterstrom den Wert der Außenleiter übersteigt, ist weder eine Erfassung der Überströme noch eine Abschalteinrichtung im Neutralleiter erforderlich.

Weist der Neutralleiter eines Stromkreises oder eines Stromversorgungssystems einen geringeren Leiterquerschnitt als den der Außenleiter auf, ist eine Überstromerfassung im Neutralleiter vorzusehen.

Übersteigt der Effektivwert der Ströme im Neutralleiter die Dauerstrombelastbarkeit des Leiters, ist eine Überlasterfassung im Neutralleiter vorzusehen. Diese darf jedoch nicht den Neutralleiter alleine trennen, sondern muss die gleichzeitige Abschaltung aller aktiven Leiter bewirken.

30.3 Auswahl der Überlast-Schutzeinrichtung

Nach der Ermittlung der zulässigen Strombelastbarkeit unter Berücksichtigung der Verlegebedingungen, des Leiterquerschnitts und der Reduktionsfaktoren stellt sich insbesondere bei der Anwendung in Verteilerstromkreisen bis 63 A und Endstromkreisen die Frage nach der Wahl der Schutzeinrichtung.

Schmelzsicherungen und Leitungsschutzschalter sind hier die gängigsten Schutzeinrichtungen.

Schmelzsicherungen mit Bemessungsströmen ab 16 A bis 63 A verfügen über einen großen Prüfstrom, der dem 1,6-fachem ihres Bemessungsstromes entspricht. Ab diesem Strom muss die Schmelzsicherung innerhalb einer Stunde eine Abschaltung bewirken. Bei Leitungsschutzschaltern liegt das Vielfache des Bemessungsstromes hingegen bei einem Faktor von 1,45 (**Tabelle 30.1**).

Setzt man die Auslöseregel nach DIN VDE 0100-430 mit den großen Prüfströmen der Überstrom-Schutzeinrichtungen gleich, erhält man für den Leitungsschutzschalter folgenden Zusammenhang:

$$I_2 \leq 1{,}45 \cdot I_Z$$

mit

$$I_2 = 1{,}45 \cdot I_N$$

$$1{,}45 \cdot I_N \leq 1{,}45 \cdot I_Z$$

folgt daraus:

$$I_N \leq I_Z \quad \text{bzw.} \quad I_e \leq I_Z$$

Bemessungsstrom in A	konventionelle Prüfdauer in h	kleiner Prüfstrom I_{nf}***	großer Prüfstrom I_f***
Schmelzsicherungen (Charakteristik gG nach DIN VDE 0636-1)			
$I_n = 4$	1	$1{,}5 \cdot I_n$	$2{,}1 \cdot I_n$
$6 \leq I_n \leq 10$		$1{,}9 \cdot I_n$	
$16 \leq I_n \leq 25$		$1{,}4 \cdot I_n$	$1{,}75 \cdot I_n$
$35 \leq I_n \leq 63$		$1{,}25 \cdot I_n$	$1{,}6 \cdot I_n$
$63 \leq I_n \leq 160$	2		
$160 < I_n \leq 400$	3		
$400 < I_n$	4		
Leitungsschutzschalter			
Typ B, C bis 63 A	1	$1{,}13 \cdot I_n$	$1{,}45 \cdot I_n$
Typ D bis 63 A*			
Typ E (SLS-Schalter)	2	$1{,}05 \cdot I_n$	$1{,}2 \cdot I_n$
Typ G*	1	$1{,}05 \cdot I_n$	$1{,}35 \cdot I_n$
Typ K	2	$1{,}05 \cdot I_n$	$1{,}2 \cdot I_n$
Typ L bis 4 A**	1	$1{,}5 \cdot I_n$	$2{,}1 \cdot I_n$
Typ L bis 6 A, bis 10 A**		$1{,}5 \cdot I_n$	$1{,}9 \cdot I_n$
Typ L bis 16 A, bis 25 A**		$1{,}4 \cdot I_n$	$1{,}75 \cdot I_n$
Typ L bis 32 A, bis 63 A**		$1{,}3 \cdot I_n$	$1{,}6 \cdot I_n$
Leistungsschalter			
Leistungsschalter nach DIN EN 60947-2 (VDE 0660-101)			$1{,}3 \cdot I_n$

* nicht mehr zulässig
** wird nicht mehr angewendet, teilweise in alten Anlagen noch eingebaut
*** großer und kleiner Prüfstrom wird in DIN VDE 0100-430 als I_2 bzw. I_1 bezeichnet

Tabelle 30.1 Übersicht große und kleine Prüfströme von Überstrom-Schutzeinrichtungen nach DIN VDE 0636-1 und DIN EN 60947-2 (VDE 0660-101)

Bei einstellbaren Überstromschutzeinrichtungen ist der I_N mit dem Einstellwert I_e der Schutzeinrichtung gleichzusetzen.

Da sich der Faktor 1,45 bei Leitungsschutzschaltern beim Einsetzen in die Auslöseregel kürzt, kann grundsätzlich davon ausgegangen werden, dass bei Bemessungsströmen bis zur maximalen zulässigen Strombelastbarkeit beide Bedingungen erfüllt sind. Das Kabel darf somit eine Stunde mit seiner zulässigen Dauerstrombelastbarkeit betrieben werden.

Werden hingegen Schmelzsicherungen eingesetzt, ist für den großen Prüfstrom das 1,6-fache des Bemessungsstromes einzusetzen:

$$I_2 \leq 1{,}45 \cdot I_Z$$

mit

$$I_2 = 1{,}6 \cdot I_N$$

$$1{,}6 \cdot I_N \leq 1{,}45 \cdot I_Z$$

$$I_N \leq \frac{1{,}45}{1{,}6} \cdot I_Z \leq 0{,}9 \cdot I_Z$$

folgt daraus:

$$I_N \leq 0{,}9 \cdot I_Z$$

Die Gleichung zeigt, dass der Bemessungsstrom bei Schmelzsicherungen aufgrund des höheren Faktors von 1,6 10 % unterhalb der zulässigen Dauerstrombelastbarkeit des Kabels oder der Leitung sein muss. Das Kabel kann demnach nur mit 90 % seiner zulässigen Dauerstrombelastbarkeit eine Stunde betrieben werden. Damit ist bei Schmelzsicherungen nicht grundsätzlich von der Einhaltung der Nennstromregel auszugehen, weshalb die Einhaltung der Nennstromregel zu prüfen ist.

Beispiel

Für einen Stromkreis mit einem fest angeschlossenen Lüfter soll eine Mantelleitung vom Typ NYM-J mit einem Leiterquerschnitt $5 \cdot 2{,}5\,\text{mm}^2$ in einem Elektroinstallationsrohr auf der Wand verlegt werden. Die Umgebungstemperatur beträgt 30 °C. Es ist somit die Referenzverlegeart B2 ohne Reduktionsfaktoren nach DIN VDE 0298-4 hinzuzuziehen. Die zulässige Strombelastbarkeit I_Z beträgt bei drei belasteten Leitern 26 A. Die Strombelastbarkeit für den nächst höheren Leiterquerschnitt von $5 \cdot 4\,\text{mm}^2$ beträgt bei derselben Verlegeart 35 A.

Im ersten Fall soll die Wahl eines Leitungsschutzschalters vom Typ C mit einem Bemessungsstrom von 25 A überprüft werden. Da sich der Faktor 1,45 bei Gleichsetzen des großen Prüfstromes mit der Auslöseregel kürzt, ist die Bedingung bei Wahl des Leitungsschutzschalters mit $I_N \leq I_Z$ (25 A ≤ 26 A) erfüllt.

Im zweiten Fall nehmen wir anstatt des Leitungsschutzschalters eine Schmelzsicherung vom Typ gG mit einem Bemessungsstrom von 25 A.

Damit gilt für den großen Prüfstrom das 1,6-fache des Bemessungsstromes (1,6 · 25 A = 51,2 A). Setzten wir diesen in die Bedingung der Auslöseregel ein, besteht folgende Ungleichung:

$$1{,}6 \cdot I_N \leq 1{,}45 \cdot I_Z \Rightarrow 1{,}6 \cdot 25\,\text{A} \leq 1{,}45 \cdot 26\,\text{A}$$

$$40\,\text{A} \leq 37{,}7\,\text{A}$$

Die Auslöseregel wäre somit bei Einsatz von Schmelzsicherungen nicht erfüllt, wodurch entweder der Bemessungsstrom herabzusetzen ist oder die Strombelastbarkeit eines höheren Leiterquerschnitts zu wählen ist.

30.3.1 Nutzungs- und Schutzgrad

Neben der Einhaltung der Nennstromregel und Auslöseregel gemäß DIN VDE 0100-430 wird auch der sogenannte Nutzungsgrad und Schutzgrad definiert.

Der Nutzungsgrad N ist das Verhältnis vom Bemessungsstrom zur zulässigen Dauerstrombelastbarkeit des Kabels oder der Leitung.

Nutzungsgrad:

$$N = \frac{I_n}{I_Z} \cdot 100\,\%$$

mit

$$I_n \leq \frac{1{,}45}{\text{Faktor } I_2} \cdot I_Z$$

folgt

$$N = \frac{1{,}45}{\text{Faktor } I_2} \cdot 100\,\%$$

Bei Verwendung von Leitungsschutzschaltern ist der Fall eindeutig. Mit dem Faktor für I_2 von 1,45 darf das Kabel oder die Leitung bis zur maximalen Dauerstrombelastbarkeit belastet werden. Der Nutzungsgrad liegt demnach bei 100 %. Anders sieht es bei Verwendung von Schmelzsicherungen aus. Hier liegt der Faktor für I_2 bei 1,6. Folglich liegt der Nutzungsgrad bei 90%. Die Ergebnisse decken sich somit mit dem Ergebnis der Auslöseregel. Je kleiner der Faktor für I_2, desto höher liegt demnach der Nutzungsgrad.

Der Schutzgrad S ist das Verhältnis vom großen Prüfstrom zur maximalen Dauerstrombelastbarkeit des Kabels oder der Leitung. Der Schutzgrad gibt an, wie gut eine Überlastschutzeinrichtung im Überlastfall den Stromfluss unterbricht.

Schutzgrad:

$$S = \frac{I_2}{I_Z} = \frac{\text{Faktor } I_2 \cdot I_n}{I_Z}$$

Am Beispiel des Leitungsschutzschalters mit einem Faktor für I_2 von 1,45 liegt der Schutzgrad bei 1,45. Bei Leitungsschutzschaltern des Typs B oder

C liegt der Schutzgrad folglich bei 1,45. Wie aus dem Beispiel oben zu erkennen, darf die Leitung mit dem Bemessungsstrom des Leitungsschutzschalters belastet werden.

Vergleicht man das Ergebnis mit einem Leitungsschutzschalter der Charakteristik K mit einem Faktor für I_2 von $1{,}2 \cdot I_n$, wird deutlich, dass hier der Schutzgrad bei 1,2/1,45 = 0,82 liegt. Der Schutzgrad des Leitungsschutzschalters mit der Charakteristik K bietet demnach einen besseren Schutzgrad. Bei einem Leitungsschutzschalter vom Typ B20 und einer zulässigen Dauerstrombelastbarkeit ergibt sich beispielsweise folgender Schutzgrad:

$$S = \frac{I_2}{I_Z} = \frac{1{,}45 \cdot 20\,\text{A}}{20\,\text{A}} = 1{,}45$$

Die Bedingung ist demnach erfüllt. Werden hingegen anstatt eines Leitungsschutzschalters des Typs B oder C Schmelzsicherungen der Charakteristik gG nach DIN VDE 0636-1 verwendet, sind aufgrund des geringeren Nutzungsgrades der Bemessungsstrom der Schutzeinrichtung und die Strombelastbarkeit des Kabels oder der Leitung genauer zu betrachten.

$$S = \frac{I_2}{I_Z} = \frac{1{,}6 \cdot 20\,\text{A}}{20\,\text{A}} = 1{,}6$$

Dadurch ist die Anforderung nicht erfüllt, sodass entweder der Bemessungsstrom der Schmelzsicherung herabgesetzt oder die Strombelastbarkeit durch Wahl eines höheren Leiterquerschnitts erhöht werden muss.

30.3.2 Schutz bei Überlast paralleler Leitungen

Schützt eine Überstrom-Schutzeinrichtung mehrere parallele Leiter, sind Abzweige und Einrichtungen zum Schalten oder Trennen in den parallelgeschalteten Leitern unzulässig. Da Überlast ohne Isolationsfehler durch die Betriebsströme auftreten kann, darf die Schutzeinrichtung wie bei einem Leiter im Leitungsabschnitt beliebig angeordnet werden.

Voraussetzung ist eine gleichmäßige Stromaufteilung in den parallel geschalteten Leitern. Als gleichmäßig aufgeteilt gelten Ströme, die in den einzelnen Parallelleitern höchstens 10 % voneinander abweichen.

Diese kann nach DIN VDE 0298-4 Abs. 4.3 angenommen werden, wenn:

- die Leiter aus demselben Werkstoff sind,
- die Leiter denselben Nennquerschnitt haben,

- die Leiter die gleiche Leitungslänge aufweisen,
- die Leiter in der gleichen Verlegeart und Umgebungstemperatur verlegt sind,
- die Leiter keine Verzweigungen im gesamten Verlauf aufweisen,
- die parallel geschalteten Leiter in mehradrigen oder verseilten einadrigen Kabeln und Leitungen enthalten sind,
- die parallel geschalteten Leiter in einadrigen Kabeln und Leitungen bei enger Bündelung oder ebener Anordnung einen Nennleiterquerschnitt $\leq 50\,mm^2$ aufweisen,
- die parallel geschalteten einadrigen Kabel und Leitungen bei enger Bündelung oder ebener Anordnung einen Nennleiterquerschnitt $\geq 50\,mm^2$ ausweisen und besondere Maßnahmen hinsichtlich einer geeigneten räumlichen Anordnung und Anordnung der Phasenfolge verlegt sind.

Liegt eine gleichmäßige Stromaufteilung vor, erhöht sich die Strombelastbarkeit auf die Summe der Strombelastbarkeiten der einzelnen parallelen Leiter. Die Stromaufteilung in den einzelnen parallelen Leitern erfolgt anhand der Leitwerte. Diese sind proportional zu ihren Strombelastbarkeiten, wodurch sich die Betriebsströme in den Leitern im Verhältnis der Strombelastbarkeit aller parallel geschalteten Leiter berechnet. Bei Leiterquerschnitten bis $120\,mm^2$ Kupfer kann so verfahren werden.

In die Bedingung für die Auslöseregel ist anlog ebenso die Summe der einzelnen Dauerstrombelastbarkeiten der parallel geschalteten Leiter einzusetzen (**Bilder 30.2** und **30.3**).

Sind die Leiterquerschnitte der parallel geschalteten Kabel und Leitungen nicht gleich, ist von einer ungleichen Stromaufteilung auszugehen. In diesem Fall ist der Überlastschutz für jeden parallelen Leiter getrennt zu betrachten.

Bei parallel geschalteten Leitern mit unterschiedlichen Leiterquerschnitten wird der Betriebsstrom des parallel geschalteten Leiters mit dem kleinsten Leiterquerschnitt als erstes an die Grenze der höchst zulässigen Dauerstrombelastbarkeit $I_{z,k}$ kommen. Der Leiter mit dem größten Nennleiterquerschnitt wird folglich mit dem geringsten Anteil des gesamten Betriebsstromes belastet und erreicht als letztes die Grenze seiner Dauerstrombelastbarkeit $I_{z,k}$. Bei ungleichen Leiterquerschnitten parallel geschalteter Kabel und Leitungen können somit nicht alle Leiter bis zu ihrer höchst zulässigen Strombelastbarkeit betrieben werden, was aus Sicht der Materialkosten keine wirtschaftliche Lösung darstellt.

$$I_{Z,\,ges} = I_{Z,\,S_{max}} \cdot \left(1 + \frac{S_1}{S_{max}} + \frac{S_2}{S_{max}} + \ldots + \frac{S_{m-1}}{S_{max}}\right)$$

$I_{Z,\,ges}$ zulässige Strombelastbarkeit der parallel geschalteten Kabel und Leitungen mit unterschiedlichen Leiterquerschnitten

$I_{Z,\,max}$ höchst zulässige Dauerstrombelastbarkeit der Leitung mit dem größten Leiterquerschnitt

S_{max} parallel geschalteter Leiter mit dem größten Leiterquerschnitt

S_{m-1} Leiterquerschnitte der übrigen parallel geschalteten Leiter (m = 1,2,3, … m)

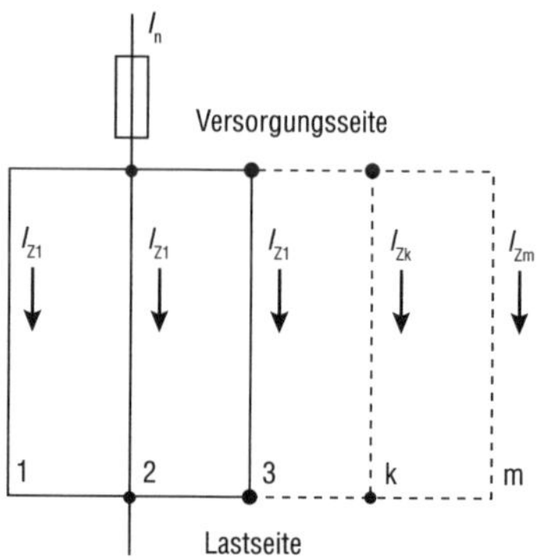

$$I_{B,\,k} = I_B \cdot \frac{I_{Z,\,k}}{\sum_{i=1}^{m} I_{Z,\,k}}$$

$$I_B \leq I_n \leq \sum_{i=1}^{m} I_{Z,\,k}$$

$$I_2 \leq 1{,}45 \cdot \sum_{i=1}^{m} I_{Z,\,k}$$

Bild 30.2 Parallel geschaltete Leiter mit gleicher Stromaufteilung

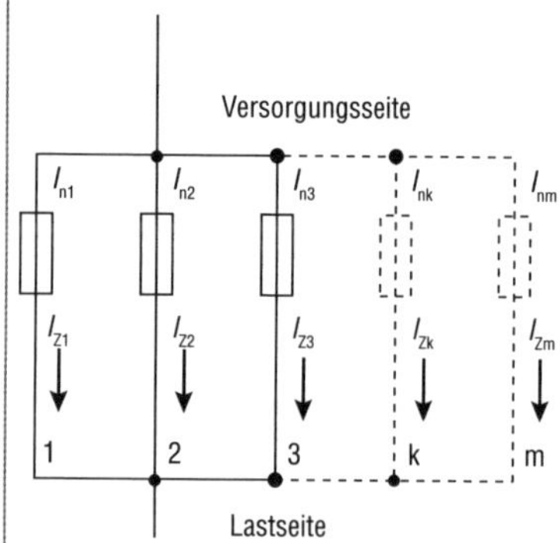

$$I_{B,\,k} = I_B \cdot \frac{I_{Z,\,k}}{\sum_{i=1}^{m} I_{Z,\,k}}$$

$$I_{B,\,k} \leq I_{n,\,k} \leq I_{Z,\,k}$$

$$I_{2,\,k} \leq 1{,}45 \cdot I_{Z,\,k}$$

Bild 30.3 Parallel geschaltete Leiter mit ungleicher Stromaufteilung

30.4 Schutz bei Kurzschluss

Im Kurzschlussfall ist davon auszugehen, dass die vom Kurzschlussstrom verursachte Verlustleistung als Wärme hauptsächlich im Leiter gespeichert wird. Ziel der Auslegung von Kabel- und Leitungen im Kurzschlussfall ist, dass bedingt durch die Stromwärmeverluste, die bei einem Kurzschluss entstehen, die zulässige Kurzschlusstemperatur am Leiter nicht überschritten wird.

Bei der Auslegung der Belastbarkeit im Kurzschlussfall ist die Leitertemperatur zu Beginn des Kurzschlusses zu berücksichtigen. Diese liegt im Leerlauf bei der Umgebungstemperatur. Unter Betriebsbedingungen steigt diese mit steigendem Betriebsstrom I_B. Wird die Leitung mit der zulässigen Strombelastbarkeit I_Z unter den vorliegenden Verlegebedingungen betrieben, entspricht der Betriebsstrom I_B der Strombelastbarkeit I_Z. Damit entspricht die Leitertemperatur der zulässigen Betriebstemperatur des Leiters. Ist bei der Berechnung nichts Anderes bekannt, ist für die Leitertemperatur ϑ_a am Anfang des Kurzschlusses die zulässige Betriebstemperatur am Leiter einzusetzen.

Tritt ein Kurzschluss ein, erwärmt sich die Leitung. Während der Kurzschlussdauer von maximal 5 s ist von einer adiabatischen Erwärmung auszugehen. Das heißt dass die Erwärmung des Leiters bedingt durch den Kurzschlussstrom ausschließlich zur Erwärmung des Leitermaterials führt. Thermische Ausgleichvorgänge zwischen Leiterisolierung und Umgebung finden innerhalb dieses Zeitraumes nicht statt.

Der Schutz bei Kurzschluss begrenzt durch Abschalten des Stromkreises die Kurzschlusszeit und verhindert dadurch, dass die zulässige Kurzschlusstemperatur ϑ_e, bei deren Überschreitung eine dauerhafte Schädigung des Leiters und der Isolierung zu erwarten ist, nicht überschritten wird.

Es gelten nach DIN VDE 0298-4 Abs. 6.4 folgende zulässige Kurzschlusstemperaturen:

- weichgelötete Leiterverbindungen 160 °C,
- verzinnte Leiter 200 °C.

Weitere Werte sind DIN VDE 0298-4 Tabelle 28 „Bemessungs-Kurzzeitstromdichten für Kabel und Leitungen mit Kupfer- und Aluminiumleiter“ zu entnehmen.

30.4.1 Bemessungs-Kurzzeitstrom

Die Kabel und Leitungen sind hinsichtlich ihres Leiterquerschnittes so auszulegen, dass der thermisch wirksame Strom unterhalb der zulässigen Kurzschlussbelastbarkeit liegt. Hierzu ist der Bemessungs-Kurzzeitstrom zu ermitteln. Dieser ist gemäß DIN VDE 0298-4 Abs. 6.5 für eine Dauer von 1 s definiert und über die Bemessungs-Kurzzeitstromdichte multipliziert mit dem Nennleiterquerschnitt zu ermitteln.

$$I_{thr} = J_{thr} \cdot S_n$$

Der Bemessungs-Kurzzeitstrom von 1 s ist nun auf die Kurzschlussdauer umzurechnen. Hierfür gilt folgender Zusammenhang:

$$I_{thz} = I_{thr} \cdot \sqrt{\frac{t_{kr}}{t_k}}$$

Tabelle 30.2 zeigt das Verhältnis der Kurzschlussdauer zur Bemessungs-Kurzschlussdauer von 1 s. Liegt die Kurzschlussdauer unterhalb 1 s liegt die Kurzschlussbelastbarkeit höher.

t_k/t_{kr}	0,1	0,2	0,3	0,4	0,5	0,6	0,7	0,8	0,9
I_{thz}/I_{thr}	3,16	2,23	1,82	1,58	1,41	1,30	1,10	1,10	1,05

Tabelle 30.2 Bemessungskurzzeitstrom und Kurzschlussdauer nach DIN VDE 0298-4

Hinsichtlich des Kurzschlussstromes ist der Leiterquerschnitt so zu wählen, dass der thermisch wirksame Kurzzeitstrom unterhalb der Kurzschlussbelastbarkeit liegt.

Es gilt:

$$I_{thz} \geq I_{th}$$

I_{th} thermisch wirksame Kurzzeitstrom
I_{thr} Bemessungs-Kurzzeitstrom
I_{thz} Kurzschlussbelastbarkeit
J_{thr} Bemessungs-Kurzzeitstromdichte
S_n Nennquerschnitt des Leiters
t_k Kurzschlussdauer
t_{kr} Bemessungs-Kurzschlussdauer

Beispiel

Eine PVC-Leitung für feste Verlegung mit einem Nennleiterquerschnitt von 1,5 mm² hat eine zulässige Betriebstemperatur am Leiter von 70 °C. Nach DIN VDE 0298-4 Tabelle 28 beträgt die zulässige Kurzschlusstemperatur ϑ_e 160 °C. Da der Betriebsstrom nicht bekannt ist, ist anzunehmen, dass zu Beginn des Kurzschlusses die Temperatur am Leiter der zulässigen Betriebstemperatur von 70 °C entspricht.

Aus der Tabelle ist demnach eine Bemessungs-Kurzzeitstromdichte für 1 s von 103 A/mm² zu entnehmen. Daraus wird der Bemessungs-Kurzzeitstrom für 1 s ermittelt:

$$I_{thr} = J_{thr} \cdot S_n = \frac{103\,\text{A}}{\text{mm}^2} \cdot 1{,}5\,\text{mm}^2 = 154{,}5\,\text{A}$$

Die Isolation der Leitung nimmt somit bei einem Bemessungs-Kurzzeitstrom von 1 s in Höhe von 154,5 A keine dauerhaften Schäden.

Bei einem Kurzschluss ist bei einem Leitungsschutzschalter vom Typ B16 davon auszugehen, dass dieser bei einem Abschaltstrom von 80 A innerhalb 0,4 s abschaltet. Gemäß Tabelle 30.2 liegt bei einer Kurzschlussdauer von 0,4 s die zulässige Kurzschlussbelastbarkeit bei dem 1,58-fachen des Bemessungskurzzeitstromes.

$$1{,}58 \cdot 154{,}5\,\text{A} \geq 80\,\text{A}$$

Die Bedingung ist demnach erfüllt.

30.4.2 Nachweis des Schutzes bei Kurzschluss

Der Schutz bei Kurzschluss ist gegeben, wenn die Schutzeinrichtung vor Erreichen der zulässigen Kurzschlusstemperatur des Kabels oder der Leitung den Stromkreis abschaltet. Vereinfacht ausgedrückt: Die beim Kurzschluss entstehende Wärmeenergie darf die höchst zulässige Wärmeenergie des Isolationsmaterials nicht überschreiten. Hierzu darf bei Kurzschlüssen bis maximal 5 s in erster Näherung folgende Gleichung angewendet werden:

$$I_{\text{th}}^2 \cdot t \leq (k \cdot S)^2$$

Die linke Seite der Ungleichung beschreibt den sogenannten Strom-Wärme-Impuls. Dieser setzt sich zusammen aus dem Quadrat des wirksamen Effektivwerts des Kurzschlussstromes und der Kurzschlussdauer und ist damit das Maß für die beim Kurzschluss umgesetzte Wärmeenergie am Leiter.

Die rechte Seite der Ungleichung beschreit das sogenannte Joule-Integral. Es wird berechnet über den sogenannten *k*-Faktor und den Leiterquerschnitt. Der *k*-Faktor ist der Materialbeiwert. Er berücksichtigt dabei den Widerstand, den Temperaturkoeffizienten und die Wärmekapazität des Leitermaterials. Je höher der Leiterquerschnitt ist, desto geringer sind die beim Kurzschluss entstehenden Stromwärmeverluste und desto geringer ist folglich die thermische Beanspruchung des Isolationsmaterials.

Für PVC-isolierte Leiter gelten folgende *k*-Faktoren:

- 115 für PVC-isolierte Kupferleiter,
- 76 für PVC-isolierte Aluminiumleiter.

Weitere Faktoren sind DIN VDE 0298-4 Tabelle 43A zu entnehmen. Andernfalls ist der *k*-Faktor zu berechnen.

Im ersten Schritt ist der Kurzschlussstrom und die zulässige Ausschaltzeit zu ermitteln. Hierfür ist die Ungleichung der Bedingung für den Kurzschlussschutz nach der Zeit *t* umzustellen. Im Kurzschlussfall muss der Abschaltstrom der Schutzeinrichtung mindestens erreicht werden. Demnach ist für die Dimensionierung der kleinste einpolige Kurzschlussstrom in die Gleichung einzusetzen. Für die höchst zulässige Abschaltzeit gilt demnach folgende Ungleichung:

$$t \leq \left(k \cdot \frac{S}{I_{k1}}\right)^2$$

Im nächsten Schritt ist anhand der Zeit-Strom-Bereiche die Abschaltzeit der Schutzeinrichtung bei dem vorliegenden Kurzschlussstrom abzulesen. Liegt die Abschaltzeit der Schutzeinrichtung unterhalb der höchst zulässigen Abschaltzeit, ist der Schutz bei Kurzschluss gegeben.

30.4.3 Auswahl und Anordnung von Schutzeinrichtungen

Im Gegensatz zum Schutz bei Überstrom kommt ein Kurzschluss durch einen Isolationsfehler zustande, sodass hier sowohl die Leitung als auch das Betriebsmittel zu schützen sind. Die Schutzeinrichtungen für den Kurzschlussschutz sind grundsätzlich am Speispunkt des Stromkreises anzuordnen. Die Schutzeinrichtungen müssen in der Lage sein, den Kurzschlussstrom sicher abzuschalten. Hierfür darf ihr Bemessungsausschaltvermögen nicht unterhalb des zu erwartenden Kurzschlussstromes liegen.

Liegt der unbeeinflusste Kurzschlussstrom am Speisepunkt des Stromkreises oberhalb dem Bemessungsausschaltvermögen der Schutzeinrichtung, ist durch eine vorgeschaltete Überstrom-Schutzeinrichtung ein sogenannter Back-up-Schutz vorzusehen.

Nicht immer können aus konstruktiven Gründen zwischen der Reduzierung des Leiterquerschnitts Einrichtungen zum Kurzschlussschutz angeordnet werden. Die Schutzeinrichtung für den Schutz bei Kurzschluss darf nach DIN VDE 0100-430 Abs. 434.2 unter folgenden Bedingungen auch nach der Reduzierung des Leiterquerschnitts angeordnet werden:

- Die Länge des Leitungsabschnitts darf höchstens 3 m betragen.
- Das Kurzschlussrisiko muss durch Verlegung auf ein Minimum, z. B. durch eine erd- und kurzschlusssichere Verlegung, reduziert sein.
- Die Leiter dürfen nicht in der Nähe brennbarer Materialien errichtet werden.

30.4.4 Schutz bei Kurzschluss paralleler Kabel und Leitungen

Die Schutzeinrichtung bei Kurzschluss ist grundsätzlich am Anfang des Stromkreises anzuordnen. Bei einem Isolationsfehler im Kabel oder der Leitung wird die Fehlerstelle vom Speisepunkt gespeist, sodass eine auf der Lastseite angeordnete Kurzschlussschutzeinrichtung den Kurzschluss nicht erkennen könnte. Die Anordnung im Strang 3 im **Bild 30.3** ist demnach unzulässig.

Parallel verlegte Kabel und Leitungen (**Bild 30.4**) sind jeweils einzeln am Anfang und am Ende des parallelen Stranges anzuordnen.

Im Kurzschlussfall (**Bild 30.5**) wird die Fehlerstelle zum einen über die Versorgungsseite der vorgeschalteten Überstrom-Schutzeinrichtung gespeist. Zum anderen wird die Fehlerstelle über die Lastseite über die anderen parallelen Kabel und Leitungen gespeist. Die Aufteilung der Ströme erfolgt in Abhängigkeit der Leiterwiderstände und folglich der Leitungslängen bzw. des Ortes der Fehlerstelle. Schaltet die auf der Versorgungsseite angeordnete Schutzeinrichtung $I_{n3.1}$ den parallelen Strang (Strang 3) ab, wird die Fehlerstelle lastseitig weiter gespeist (**Bild 30.6**). Wären lastseitig keine

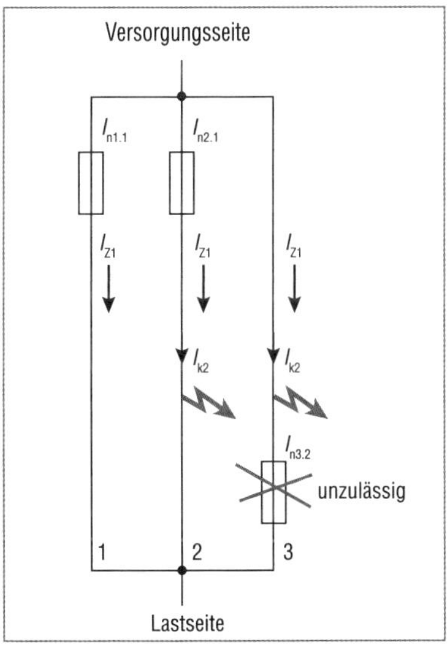

Bild 30.3 Kurzschlussschutz ist im dritten parallelen Leiter an der Lastseite angeordnet

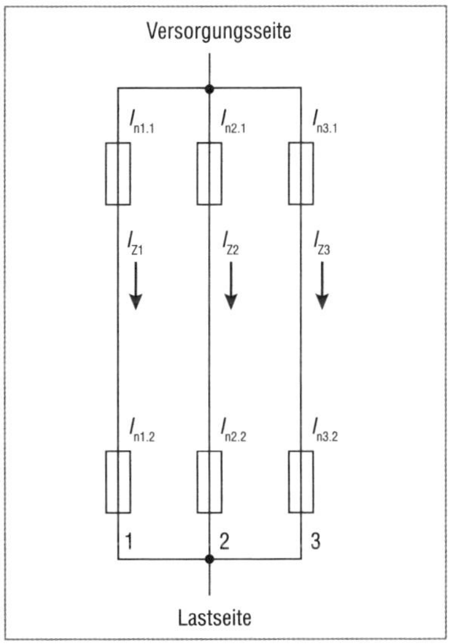

Bild 30.4 Anordnung des Kurzschlussschutzes bei parallelen Kabeln und Leitungen an der Versorgungs- und Lastseite der parallel geschalteten Leiter

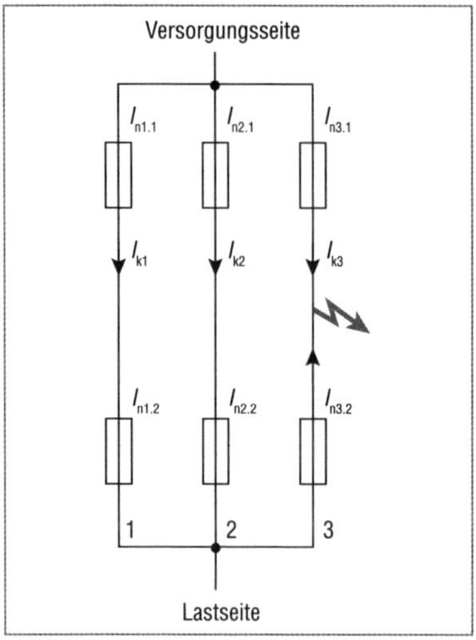

Bild 30.5 Parallel geschaltete Leiter mit Schutzeinrichtung für den Kurzschlussschutz bei Fehlereintritt

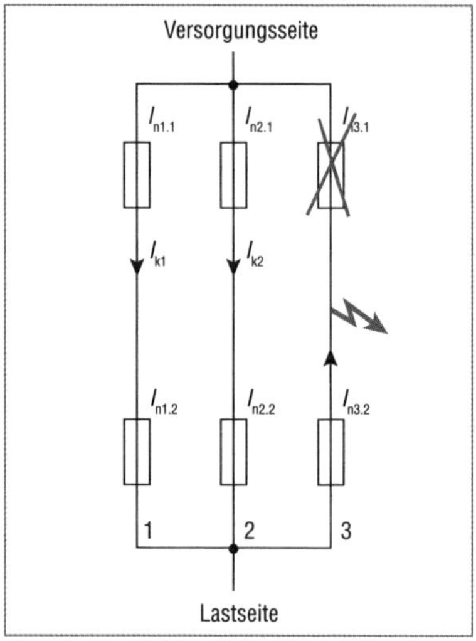

Bild 30.6 Parallel geschaltete Leiter mit Schutzeinrichtung für den Kurzschlussschutz nach Abschaltung der Versorgungsseite und Rückspeisung der Fehlerstelle über die Lastseite

Schutzeinrichtungen angeordnet, würde vermutlich die Aufteilung des Kurzschlussstromes auf die ersten beiden Stränge nicht zur Abschaltung der Schutzeinrichtungen $I_{n1.1}$ und $I_{n2.1}$ führen, sodass der Schutz bei Kurzschluss nicht gegeben ist. Zur endgültigen Abschaltung des fehlerhaften Stranges (Strang 3) führt nun die lastseitig angeordnete Schutzeinrichtung $I_{n3.2}$ (**Bild 30.7**).

Nach Abschaltung des fehlerbehafteten Stranges kann der Stromkreis weiter betrieben werden. Allerdings teilt sich nun der Betriebsstrom auf weniger parallel geschaltete Kabel oder Leitungen auf, sodass der Leiterquerschnitt und

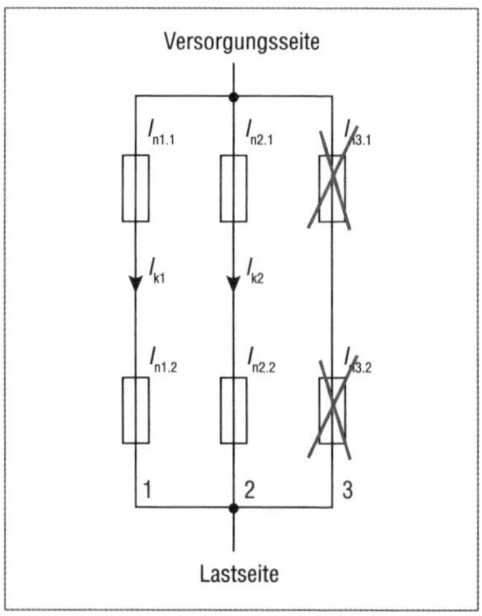

Bild 30.7 Parallel geschaltete Leiter mit Schutzeinrichtung für den Kurzschlussschutz nach Abschaltung des Stanges Nr.3 versorgungsseitig und lastseitig

damit die Strombelastbarkeit des Stromkreises reduziert ist. In den übrigen Strängen kann es somit zur Überlastung kommen und der Überlastschutz eine Abschaltung der Stränge bewirken.

Alternativ kann auf die Anordnung zusätzlicher Schutzeinrichtungen auf der Lastseite verzichtet werden, wenn die Schutzeinrichtungen funktionell so gekoppelt sind, dass im Fehlerfall die Abschaltung aller parallelen Stränge bewirkt wird. Durch die Abschaltung wird somit eine Rückspeisung nach Abschaltung des einzelnen Stranges über die Lastseite der nicht fehlerhaften Stränge verhindert. Zudem kann es durch die Abschaltung aller parallel geschalteten Stränge nicht zur Überlastung der verbleibenden Stränge kommen (**Bilder 30.8, 30.9** und **30.10**).

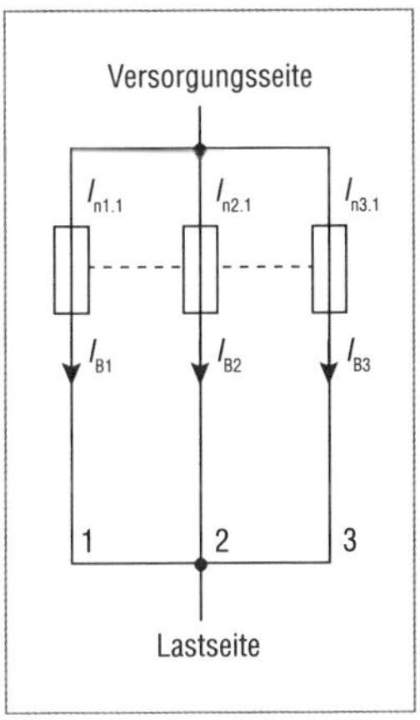

Bild 30.8 Parallel geschaltete Leiter mit mechanisch gekoppelten Schutzeinrichtungen für den Kurzschlussschutz bei Fehlereintritt

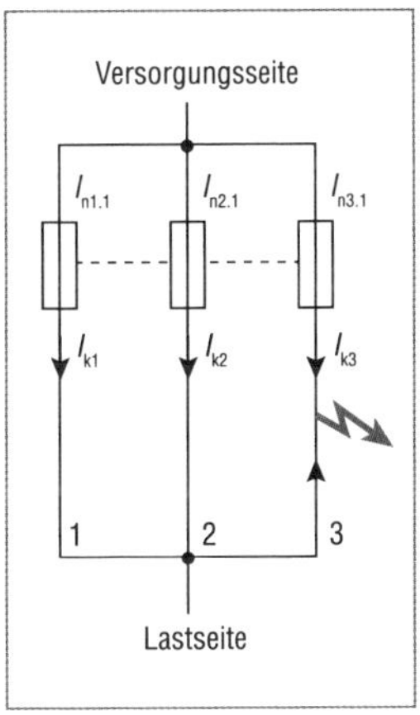

Bild 30.9 Parallel geschaltete Leiter mit mechanisch gekoppelten Schutzeinrichtungen für den Kurzschlussschutz bei Fehlereintritt

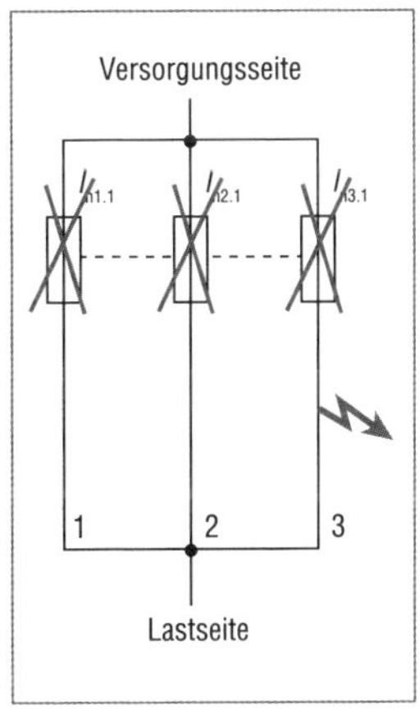

Bild 30.10 Abschaltung aller Stränge auf der Versorgungsseite der parallel geschalteten Stränge

30.5 Erd- und kurzschlusssicheres Verlegen

Können Schutzeinrichtungen zum Schutz bei Kurzschluss nach DIN VDE 0100-430 nicht eingesetzt werden oder würde ein Abschalten des Stromkreises eine erhöhte Gefährdung hervorrufen, ist das Risiko eines Erd- oder Kurzschlusses und das Übergreifen auf brandbegünstigende Materialien durch die Verlegung und/oder den Schutz der Kabel- und Leitungen gering zu halten.

In folgenden Fällen darf bzw. muss auf eine Schutzeinrichtung zum Schutz bei Kurzschluss verzichtet werden:

- Leitungsabschnitte von Generatoren, Transformatoren, Leistungsumrichter, Akkumulationsbatterien und sonstige Stromquellen, die nicht abschaltbar sind,
- Erregerstromkreise drehender Maschinen,
- Speisestromkreise für Hubmagneten,
- Sekundärstromkreise von Stromwandlern,
- Speisestromkreise für Feuerlöscheinrichtungen,
- Stromkreise zur Versorgung von Sicherheitseinrichtungen,
- nach dem Übergabepunkt zwischen öffentlichem Stromversorgungsnetz und Hauptverteilung, wenn der Netzbetreiber eine oder mehrere Schutzeinrichtungen zum Schutz bei Kurzschluss vorsieht und dem Vorgehen einwilligt.

Nach DIN VDE 0100-520 Abs. 521.11 gilt eine Anordnung aus blanken oder isolierten Einzelleitern, bei denen eine gegenseitige Berührung und die Berührung mit geerdeten Teilen verhindert wird, als kurz- und erdschlusssicher. Bei blanken Leitern, z. B. in abgeschlossenen elektrischen Betriebsstätten, ist besonders zu vermeiden, dass Teile herabfallen, die einen Kurzschluss verursachen können.

Folgende Verlegungen gelten als erd- und kurzschlusssicher:

- ausreichend hohe Abstände zwischen blanken Einzelleitern durch Abstandhalter,
- isolierte Einleiterkabel, die in getrennten Elektroinstallationskanälen, in getrennten Zügen im Elektroinstallationkanal oder in getrennten Elektroinstallationsrohren verlegt sind,
- eine Anordnung aus einadrigen Kabeln, mehradrigen Kabeln oder einadrigen Gummischlauchleitungen,
- Mantelleitungen, die mit einem mechanischen Schutz versehen sind, der zugänglich ist; die Leitungen sind zudem nicht in der Nähe brennbarer Stoffe verlegt,
- Verlegung von Aderleitungen mit Nennspannungen von mindestens 1,8/3 kV, z. B. vom Typ NSGAFÖU, NSHXAÖ, NSHXAFÖ, NSHXAFCMÖ.

Können Kabel und Leitungen ohne Gefahr für ihre Umgebung ausbrennen, gelten diese bzgl. der erd- und kurzschlusssicheren Verlegung als gleichwertig. Diese Gleichwertigkeit ist zum Beispiel bei im Erdreich verlegten Kabeln und Leitungen gegeben.

Literatur- und Quellenverzeichnis

[1] Gesetz über die Durchführung von Maßnahmen des Arbeitsschutzes zur Verbesserung der Sicherheit und des Gesundheitsschutzes der Beschäftigten bei der Arbeit (Arbeitsschutzgesetz – ArbSchG)

[2] CENELEC Guide 32 – Leitfaden für die sicherheitsrelevante Risikobeurteilung und Risikominderung für Niederspannungsbetriebsmittel, 1. Ausgabe 2014/07

[3] DGUV Vorschrift 1 – Unfallverhütungsvorschrift Grundsätze der Prävention, November 2013

[4] DGUV Vorschrift 3 – Unfallverhütungsvorschrift Elektrische Anlagen und Betriebsmittel vom 1. April 1979 in der Fassung vom 1. Januar 1997

[5] DGUV Vorschrift 4 mit Durchführungsanweisungen vom Oktober 1999 (Aktualisierte Ausgabe 2005)

[6] DIN 31051:2012-09 Grundlagen der Instandhaltung

[7] DIN 820-2:2020-03 Normungsarbeit – Teil 2: Gestaltung von Dokumenten

[8] DIN EN 50102 (VDE 0470-100):1997-09 Schutzarten durch Gehäuse für elektrische Betriebsmittel (Ausrüstung) gegen äußere mechanische Beanspruchungen (IK-Code)

[9] DIN EN 60038 (VDE 0175-1):2012-04 CENELEC-Normspannungen

[10] DIN EN 60079-14 (VDE 0165-1):2014-10 Explosionsgefährdete Bereiche – Teil 14: Projektierung, Auswahl und Errichtung elektrischer Anlagen

[11] DIN EN 60204-1 (VDE 0113-1):2019-06 Elektrische Ausrüstung von Maschinen

[12] DIN EN 60529 (VDE 0470-1):2014-09 Schutzarten durch Gehäuse (IP-Code)

[13] DIN EN 60598-1 (VDE 0711-1):2018-09 Leuchten – Teil 1: Allgemeine Anforderungen und Prüfungen

[14] DIN EN 60598-2-24 (VDE 0711-2-24):2014-04 Leuchten – Teil 2-24: Besondere Anforderungen – Leuchten mit begrenzter Oberflächentemperatur

[15] DIN EN 61140 (VDE 0140-1):2016-11 Schutz gegen elektrischen Schlag – Gemeinsame Anforderungen für Anlagen und Betriebsmittel

[16] DIN EN 61439-1 (VDE 0660-600-1):2012-06 Niederspannungs-Schaltgerätekombinationen – Teil 1: Allgemeine Festlegungen

[17] DIN EN 61511-1:2019-02 Funktionale Sicherheit – PLT-Sicherheitseinrichtungen für die Prozessindustrie – Teil 1: Allgemeines, Begriffe, Anforderungen an Systeme, Hardware und Anwendungsprogrammierung

[18] DIN EN 61851-1 (VDE 0122-1):2012-01 Elektrische Ausrüstung von Elektro-Straßenfahrzeugen – Konduktive Ladesysteme für Elektrofahrzeuge – Teil 1: Allgemeine Anforderungen

[19] DIN EN 62606 (VDE 0665-10):2014-08 Allgemeine Anforderungen an Fehlerlichtbogen-Schutzeinrichtungen

[20] DIN EN ISO 12100:2011-03 Sicherheit von Maschinen – Allgemeine Gestaltungsleitsätze – Risikobeurteilung und Risikominderung

[21] DIN IEC/TS 60479-1 (VDE V 0140-479-1):2007-05 Wirkungen des elektrischen Stromes auf Menschen und Nutztiere – Teil 1: Allgemeine Aspekte

[22] DIN VDE 0100 Beiblatt 5 (VDE 0100 Beiblatt 5):2017-10 Errichten von Niederspannungsanlagen; Beiblatt 5: Maximal zulässige Längen von Kabeln und Leitungen unter Berücksichtigung des Fehlerschutzes, des Schutzes bei Kurzschluss und des Spannungsfalls

[23] DIN VDE 0100-100:2009-06 Errichten von Niederspannungsanlagen – Teil 1: Allgemeine Grundsätze, Bestimmungen allgemeiner Merkmale, Begriffe

[24] DIN VDE 0100-200:1998-06 Beiblatt 1 Elektrische Anlagen von Gebäuden Teil 200: Begriffe Beiblatt 1: Zusammenfassung der deutschsprachigen Begriffe

[25] DIN VDE 0100-200:2006-06 Errichten von Niederspannungsanlagen – Teil 200: Begriffe

[26] DIN VDE 0100-300:1996-01 Errichten von Starkstromanlagen mit Nennspannungen bis 1.000 V Teil 3: Bestimmungen allgemeiner Merkmale (zurückgezogen)

[27] DIN VDE 0100-410:2018-10 Errichten von Niederspannungsanlagen – Teil 4-41: Schutzmaßnahmen – Schutz gegen elektrischen Schlag

[28] DIN VDE 0100-420:2019-10 Errichten von Niederspannungsanlagen – Teil 4-42: Schutzmaßnahmen – Schutz gegen thermische Auswirkungen

[29] DIN VDE 0100-430:1991-11 Beiblatt 1 Errichten von Starkstromanlagen mit Nennspannungen bei 1.000 V Schutzmaßnahmen; Schutz

von Kabeln und Leitungen bei Überstrom; Empfohlene Werte für die Strombelastbarkeit I_z und die Zuordnung von Überstrom-Schutzeinrichtungen zum Schutz bei Überlast

[30] DIN VDE 0100-430:2010-10 Errichten von Niederspannungsanlagen – Teil 4-43: Schutzmaßnahmen – Schutz bei Überstrom

[31] DIN VDE 0100-443:2016-10 Errichten von Niederspannungsanlagen – Teil 4-44: Schutzmaßnahmen – Schutz bei Störspannungen und elektromagnetischen Störgrößen – Abschnitt 443: Schutz bei transienten Überspannungen infolge atmosphärischer Einflüsse oder von Schaltvorgängen

[32] DIN VDE 0100-444:2010-10 Errichten von Niederspannungsanlagen – Teil 4-444: Schutzmaßnahmen – Schutz bei Störspannungen und elektromagnetischen Störgrößen

[33] DIN VDE 0100-450:1990-03 Errichten von Niederspannungsanlagen – Teil 4-42: Schutzmaßnahmen – Schutz gegen thermische Auswirkungen

[34] DIN VDE 0100-460:2018-06 Errichten von Niederspannungsanlagen – Teil 4-46: Schutzmaßnahmen – Trennen und Schalten

[35] DIN VDE 0100-510:2011-03 Errichten von Niederspannungsanlagen – Teil 5-51: Auswahl und Errichtung elektrischer Betriebsmittel – Allgemeine Bestimmungen

[36] DIN VDE 0100-520:2016-10 Beiblatt 1 Errichten von Niederspannungsanlagen – Teil 5-52: Auswahl und Errichtung elektrischer Betriebsmittel – Kabel und Leitungsanlagen; Beiblatt 1: Erläuterungen zur Anwendung der normativen Anforderungen aus DIN VDE 0100-520 (VDE 0100-520):2013-06

[37] DIN VDE 0100-520:2010-10 Beiblatt 2 Errichten von Niederspannungsanlagen – Auswahl und Errichtung elektrischer Betriebsmittel – Teil 520: Kabel- und Leitungsanlagen – Beiblatt 2: Schutz bei Überlast, Auswahl von Überstrom- Schutzeinrichtungen, maximal zulässige Kabel- und Leitungslängen zur Einhaltung des zulässigen Spannungsfalls und der Abschaltzeiten zum Schutz gegen elektrischen Schlag

[38] DIN VDE 0100-520:2012-10 Beiblatt 3 Errichten von Niederspannungsanlagen – Auswahl und Errichtung elektrischer Betriebsmittel – Teil 520: Kabel- und Leitungsanlagen – Beiblatt 3: Strombelastbarkeit von Kabeln und Leitungen in 3-phasigen Verteilungsstromkreisen bei Lastströmen mit Oberschwingungsanteilen

[39] DIN VDE 0100-520:2013-06 Errichten von Niederspannungsanlagen – Teil 5-52: Auswahl und Errichtung elektrischer Betriebsmittel – Kabel- und Leitungsanlagen

[40] DIN VDE 0100-530:2018-06 Errichten von Niederspannungsanlagen – Teil 530: Auswahl und Errichtung elektrischer Betriebsmittel – Schalt- und Steuergeräte

[41] DIN VDE 0100-534:2016-10 Errichten von Niederspannungsanlagen – Teil 5-53: Auswahl und Errichtung elektrischer Betriebsmittel – Trennen, Schalten und Steuern – Abschnitt 534: Überspannungs-Schutzeinrichtungen (SPDs)

[42] DIN VDE 0100-540:2012-06 Errichten von Niederspannungsanlagen – Teil 5-54: Auswahl und Errichtung elektrischer Betriebsmittel – Erdungsanlagen und Schutzleiter

[43] DIN VDE 0100-560:2011-03 Errichten von Niederspannungsanlagen – Teil 5-56: Auswahl und Errichtung elektrischer Betriebsmittel – Einrichtungen für Sicherheitszwecke

[44] DIN VDE 0100-718:2016-06 Beiblatt 1 Errichten von Niederspannungsanlagen – Teil 7-718: Anforderungen für Betriebsstätten, Räume und Anlagen besonderer Art – Öffentliche Einrichtungen und Arbeitsstätten

[45] DIN VDE 0100-718:2014-06 Errichten von Niederspannungsanlagen – Teil 7-718: Anforderungen für Betriebsstätten, Räume und Anlagen besonderer Art – Öffentliche Einrichtungen und Arbeitsstätten

[46] DIN VDE 0100-722:2016-10 Errichten von Niederspannungsanlagen – Teil 7-722: Anforderungen für Betriebsstätten, Räume und Anlagen besonderer Art – Stromversorgung von Elektrofahrzeugen

[47] DIN VDE 0105-100:2009-10 Betrieb von elektrischen Anlagen – Teil 100: Allgemeine Festlegungen

[48] DIN VDE 0105-100/A1:2019-06 Betrieb von elektrischen Anlagen – Teil 100: Allgemeine Festlegungen; Änderung A1: Wiederkehrende Prüfungen; DIN EN 60204-1 (VDE 0113-1) Sicherheit von Maschinen – Elektrische Ausrüstung von Maschinen – Teil 1: Allgemeine Anforderungen

[49] DIN VDE 0298-300:2009-09 Leitfaden für die Verwendung harmonisierter Niederspannungsstarkstromleitungen

[50] DIN VDE 0298-4:2013-06 Verwendung von Kabeln und isolierten Leitungen für Starkstromanlagen – Teil 4: Empfohlene Werte für die Strombelastbarkeit von Kabeln und Leitungen für feste Verlegung in und an Gebäuden und von flexiblen Leitungen

[51] DIN VDE 0701-0702:2008-06 Prüfung nach Instandsetzung, Änderung elektrischer Geräte – Wiederholungsprüfung elektrischer Geräte – Allgemeine Anforderungen für die elektrische Sicherheit

[52] DIN VDE 1000-10:2009-01 Anforderungen an die im Bereich der Elektrotechnik tätigen Personen

[53] DIN EN 50102 (VDE 0470-100):1997-09 Schutzarten durch Gehäuse für elektrische Betriebsmittel (Ausrüstung) gegen äußere mechanische Beanspruchungen (IK-Code)

[54] DKE Verlautbarung: Erläuterung zum Konzept der DIN VDE 0100-410

[55] Durchführungsanweisung zur DGUV Vorschrift 3 – Unfallverhütungsvorschrift Elektrische Anlagen und Betriebsmittel vom 1. April 1979 in der Fassung vom 1. Januar 1997 mit Durchführungsanweisungen

[56] EltAnlagen 2020 Planung und Bau von elektrischen Anlagen in öffentlichen Gebäuden, Empfehlung Nr. 159; Stand: 9. Oktober 2020

[57] Erste Verordnung zum Produktsicherheitsgesetz (Verordnung über elektrische Betriebsmittel – 1.ProdSV); 17. März 2016

[58] EU-Vertrag Vertrag über die Europäische Union vom 26.10.2012

[59] Gesetz über die Bereitstellung von Produkten auf dem Markt (Produktsicherheitsgesetz – ProdSG); Ausfertigungsdatum: 08.11.2011

[60] Gesetz über die Durchführung von Maßnahmen des Arbeitsschutzes zur Verbesserung der Sicherheit und des Gesundheitsschutzes der Beschäftigten bei der Arbeit (Arbeitsschutzgesetz – ArbSchG); Ausfertigungsdatum: 07.08.1996

[61] Gesetz über die Elektrizitäts- und Gasversorgung (Energiewirtschaftsgesetz – EnWG); Ausfertigungsdatum: 07.07.2005

[62] Gesetz über die elektromagnetische Verträglichkeit von Betriebsmitteln Elektromagnetische-Verträglichkeit-Gesetz – EMVG); Ausfertigungsdatum: 14.12.2016

[63] Grundgesetz für die Bundesrepublik Deutschland GG; Ausfertigungsdatum: 23.05.1949

[64] *Schmolke, H.:* Brandschutztechnische Bewertung und Prüfung elektrischer Anlage. Berlin: VDE Verlag, 2018

[65] *Hochbaum, H.; Callondann, K.:* Schadensverhütung in elektrischen Anlagen. Berlin: VDE Verlag, 2009.

[66] https://eur-lex.europa.eu/homepage.html (abgerufen 05. Mai 2021)

[67] https://www.dke.de/de/arbeitsfelder/core-safety/din-vde-0100-normenreihe-sicherheit-schutz-elektroinstallation (abgerufen 05. Mai 2021)

[68] https://www.dke.de/de/suche?q=Verlautbarung&a=area (abgerufen 05. Mai 2021)

[69] https://www.dke.de/de/ueber-uns/dke-organisation-auftrag/dke-fachbereiche (abgerufen 05. Mai 2021)

[70] Landesbauordnung für Baden-Württemberg (LBO) in der Fassung vom 5. März 2010

[71] Richtlinie 2006/42/EG des Europäischen Parlaments und des Rates vom 17. Mai 2006 über Maschinen und zur Änderung der Richtlinie 95/16/EG Maschinenrichtlinie 2006/42/EG

[72] Musterbauordnung (MBO) in der Fassung November 2002

[73] Richtlinie (EU) 2015/1535 des Europäischen Parlaments und des Rates vom 9. September 2015 über ein Informationsverfahren auf dem Gebiet der technischen Vorschriften und der Vorschriften für die Dienste der Informationsgesellschaft

[74] Richtlinie 2003/54/EG des Europäischen Parlaments und des Rates vom 26. Juni 2003 über gemeinsame Vorschriften für den Elektrizitätsbinnenmarkt und zur Aufhebung der Richtlinie 96/92/EG

[75] Richtlinie 2014/30/EU des europäischen Parlaments und des Rates vom 26. Februar 2014 zur Harmonisierung der Rechtsvorschriften der Mitgliedstaaten über die elektromagnetische Verträglichkeit (Neufassung) 2006/42/EG

[76] Richtlinie 2014/34/EUATEX-Leitlinien zur Richtlinie 2014/34/EU, 3. Ausgabe vom Mai 2020

[77] Richtlinie 2014/35/EU des Europäischen Parlaments und des Rates vom 26. Februar 2014 zur Harmonisierung der Rechtsvorschriften der Mitgliedstaaten über die Bereitstellung elektrischer Betriebsmittel zur Verwendung innerhalb bestimmter Spannungsgrenzen auf dem Markt

[78] Richtlinie 98/37/EG des europäischen Parlamentes und des Rates vom 22. Juni 1998 zur Angleichung der Rechts- und Verwaltungsvorschriften der Mitgliedstaaten für Maschinen (abgelöst durch Richtlinie 2006/42/EG)

[79] Siebtes Buch Sozialgesetzbuch – Gesetzliche Unfallversicherung – (Artikel 1 des Gesetzes vom 7. August 1996, BGBl. I S. 1254) SGB 7, Ausfertigungsdatum: 07.08.1996

[80] Sozialgesetzbuch (SGB) – Achtes Buch (VIII) – Kinder- und Jugendhilfe (Artikel 1 des Gesetzes v. 26. Juni 1990, BGBl. I S. 1163)

[81] *Häberle, G. et al.*: Tabellenbuch Elektrotechnik: Tabellen – Formeln – Normenanwendungen. Haan-Gruiten: Europa Verlag, 2020.

[82] TRBS 1111 Technische Regeln für Betriebssicherheit – Gefährdungsbeurteilung; März 2018

[83] TRBS 1201 Technische Regeln für Betriebssicherheit – Prüfungen von Arbeitsmitteln und überwachungsbedürftigen Anlagen; August 2012

[84] TRBS 1203 Technische Regeln für Betriebssicherheit – Befähigte Personen; März 2010

[85] VDE 0022 Satzung für das Vorschriftenwerk des VDE Verband der Elektrotechnik Elektronik Informationstechnik e. V.; August 2008

[86] VDE-AR-N 4100:2019-04 Anwendungsregel: Technische Regeln für den Anschluss von Kundenanlagen an das Niederspannungsnetz und deren Betrieb (TAR Niederspannung)

[87] VDE-AR-N 4105:2018-11 Anwendungsregel: Erzeugungsanlagen am Niederspannungsnetz

[88] VdS 2033:2007-09 Elektrische Anlagen in feuergefährdeten Betriebsstätten und diesen gleichzustellende Risiken

[89] VdS 2228:2018-02 Richtlinien für die Anerkennung von Sachverständigen zum Prüfen elektrischer Anlagen

[90] VdS 2871:2020-03 Prüfrichtlinien nach VdS SK 3602 – Hinweise für den anerkannten Elektrosachverständigen

[91] Verordnung (EU) 2016/1388 der Kommission vom 17. August 2016 zur Festlegung eines Netzkodex für den Lastanschluss (NC DCC)

[92] Verordnung (EU) 2016/631 der Kommission vom 14. April 2016 zur Festlegung eines Netzkodex mit Netzanschlussbestimmungen für Stromerzeuger (NC RfG)

[93] Verordnung des Wirtschaftsministeriums über anerkannte Sachverständige für die Prüfung technischer Anlagen und Einrichtungen nach Bauordnungsrecht (Bausachverständigenverordnung – BauSVO) vom 15. Juli 1986 BauSVO

[94] Verordnung über Allgemeine Bedingungen für den Netzanschluss und dessen Nutzung für die Elektrizitätsversorgung in Niederspannung (Niederspannungsanschlussverordnung – NAV); Ausfertigungsdatum: 01.11.2006

[95] Verordnung über Arbeitsstätten (Arbeitsstättenverordnung – ArbStättV); Ausfertigungsdatum: 12.08.2004

[96] Verordnung über Sicherheit und Gesundheitsschutz bei der Verwendung von Arbeitsmitteln (Betriebssicherheitsverordnung – BetrSichV); Ausfertigungsdatum: 03.02.2015

[97] Verordnung zum Schutz vor Gefahrstoffen (Gefahrstoffverordnung – GefStoffV); Ausfertigungsdatum: 26.11.2010

[98] Vertrag über die Europäische Union EU-Verordnung (Art. 249 II EG); in der Fassung vom 26.10.2012

[99] *Schuft, W.:* Taschenbuch der elektrischen Energietechnik. München: Hanser Verlag, 2007

[100] DIN VDE 0100-520:2013-06 Errichten von Niederspannungsanlagen – Teil 5-52: Auswahl und Errichtung elektrischer Betriebsmittel – Kabel- und Leitungsanlagen

[101] DIN VDE 0100-520 Beiblatt 2 (VDE 0100-520 Beiblatt 2):2010-10 Errichten von Niederspannungsanlagen – Auswahl und Errichtung elektrischer Betriebsmittel – Teil 520: Kabel- und Leitungsanlagen – Beiblatt 2: Schutz bei Überlast, Auswahl von Überstrom- Schutzeinrichtungen, maximal zulässige Kabel- und Leitungslängen zur Einhaltung des zulässigen Spannungsfalls und der Abschaltzeiten zum Schutz gegen elektrischen Schlag

[102] DIN VDE 0100-520 Beiblatt 3 (VDE 0100-520 Beiblatt 3):2012-10 Errichten von Niederspannungsanlagen – Auswahl und Errichtung elektrischer Betriebsmittel – Teil 520: Kabel- und Leitungsanlagen – Beiblatt 3: Strombelastbarkeit von Kabeln und Leitungen in 3-phasigen Verteilungsstromkreisen bei Lastströmen mit Oberschwingungsanteilen

[103] DIN VDE 0298-4:2010-10 Verwendung von Kabeln und isolierten Leitungen für Starkstromanlagen – Teil 4: Empfohlene Werte für die Strombelastbarkeit von Kabeln und Leitungen für feste Verlegung in und an Gebäuden und von flexiblen Leitungen

[104] DIN EN 60320-1 (VDE 0625-1):2016-04 Gerätesteckvorrichtungen für den Hausgebrauch und ähnliche allgemeine Zwecke. Teil 1: Allgemeine Anforderungen

[105] DIN VDE 0100-430:2010-10 Errichten von Niederspannungsanlagen – Teil 4-43: Schutzmaßnahmen – Schutz bei Überstrom

[106] *Ayx, R.; Kasikci, I.*: Projektierungshilfe elektrischer Anlagen in Gebäuden. Berlin: VDE Verlag, 2018.

[107] *Schmolke, H.:* Brandschutztechnische Bewertung und Prüfung elektrischer Anlagen. Berlin: VDE Verlag, 2018.

[108] *Spindler, U.*: Schutz bei Überlast und Kurzschluss in elektrischen Anlagen. Berlin: VDE Verlag, 2010

[109] *Knies, W., Schierack, K.*: Elektrische Anlagentechnik. München: Carl Hanser Verlag, 2021.

[110] *Fengel, M.*: Prüfung elektrischer Anlage. Band 2: Durchführung von Erst- und Wiederholungsprüfungen. Hüthig GmbH: Frühjahr 2022

Stichwortverzeichnis

F

T

U

W

Z

Notizen

Notizen

Notizen

Notizen

Notizen

Notizen